AF821203

जीती जागती कहानी जंगल की

जिम कॉर्बेट

अनुवाद
संजीव दत्त

नटराज पब्लिशर्स
देहरादून • नई दिल्ली

प्रथम संस्करणः 2004
पुनर्मुद्रणः 2017, 2022

आईएसबीएनः 978-81-8158-021-4

दि कार्बेट फाउण्डेशन

कार्बेट फाउण्डेशन के प्रति हम उनसे मिले आर्थिक सहयोग के लिए कृतज्ञ हैं। दि कार्बेट फाउण्डेशन बाघ को संरक्षित करने वाली अग्रणी संस्था है।

lore: knowledge and information related to a particular subject, especially when this is not written down; the stories and traditions of a particular group of people: weather lore, Celtic lore - See also Folk Lore.

प्रकाशकः
नटराज पब्लिशर्स
17, राजपुर रोड, देहरादून
फोनः 0091-135-2654584, 2653382
ईमेलः natrajbooks@gmail.com
www.natrajbooks.in

मुद्रणः चमन एन्टरप्राईजिस, नई दिल्ली

इस किताब के बारे में

❋ आप एक बढ़िया इंसान हैं यह इसी से साबित होता है कि जिम कॉर्बेट की किताब "जंगल लोर" आपके हाथों में है और किताब के भीतर क्या है वह तो आप पढ़ ही लेंगे इसलिए उसके बारे में यहां कुछ नहीं लिख रहा।

इस किताब के शुरू में ही मार्टिन बूथ का आलेख है। जिम और जंगल लोर के बारे में। मार्टिन बूथ ने अपने लड़कपन में जिम की किताबें पढ़ी थीं और वो किताबें हमेशा उनके दिलो-दिमाग पर छायी रहीं। बड़े होकर मार्टिन बूथ जब लेखक बने तो उन्होंने जिम की जीवनी लिखी- 'कारपेट साहब।'

अमेरिकन साइंटिस्ट बेंजमिन फ्रैंकलिन ने कहा था कि अपना वजूद साबित करने के लिए इंसान को ऐसा ज़रूर लिखना चाहिये जो दूसरे पढ़ना चाहें, और यदि कोई लिख नहीं पाये तो उसे ऐसे काम ज़रूर करने चाहिये कि लोग उन कामों के बारे में ऐसा कुछ लिखें जो पढ़ने लायक हो।

जिम कार्बेट के मामले में दोनों ही बातें लागू होती हैं। जिम ने खुद भी खूब लिखा और दूसरों ने भी उनके बारे में खूब लिखा। जिम के बारे में मार्टिन बूथ के अलावा डी.सी. काला और जेरी जलील ने भी सुंदर किताबें लिखी हैं। दोनों किताबें पढ़ने लायक हैं। रांची यूनिवर्सिटी में अंग्रेज़ी के प्रोफेसर एन.के. सिंह साहब ने तो जिम कॉर्बेट की किताबों के साहित्यिक पहलू पर डॉक्टरेट की है। उनकी डॉक्टरेट की थीसिस *"जिम कॉर्बेट : पोर्टेट ऑफ एन आर्टिस्ट"* नाम से किताब की शक्ल में बाज़ार में मौजूद है।

जिम ने खुद छह किताबें लिखीं। सबकी सब एकदम फर्स्ट क्लास किताबें हैं, जिन्हें आप बार-बार पढ़ना चाहेंगे। सभी किताबें ऑक्सफोर्ड यूनिवर्सिटी प्रेस ने छापी हैं। ये किताबें अलग-अलग भी मिलती हैं और दो जिल्दों में ओमनी बस की शक्ल में भी। ये किताबें हैं : *मैनईटर्स ऑफ कुमाऊं, माई इंडिया, मैनईटिंग लेपर्ड ऑव रुद्र प्रयाग, टेंपल टाइगर, ट्री टॉप्स* और *जंगल लोर।*

इनमें से ज्यादातर किताबों के हिंदी तर्जुमे अब बाज़ार में मौजूद हैं। *'कुमाऊं के नरभक्षी'* और *'रुद्रप्रयाग का नरभक्षी तेंदुआ'* तो नटराज पब्लिशर्स ने ही छापी हैं। *'माई इंडिया'* का एक अनुवाद प्रोफेसर वेदालंकार ने किया है- *'मेरा भारत'* नाम से। इसे दिल्ली के प्रकाशक आत्माराम एंड संस ने छापा है।

आत्माराम नाम से जुड़े एक बढ़िया संजोग के बारे में आपको बताना चाहता हूं। भोपाल में मेरे एक सहयोगी और दोस्त हैं। नाम आत्माराम। बेहतरीन इंसान। हमेशा कुछ कर दिखाने की ललक से भरपूर और अपना रोज़मर्रा का काम बेहतर से बेहतर ढंग से करने की आदत उन्होंने बना ली है। कविताएं लिखते हैं। खूब पढ़ते हैं और खूब बहस करते हैं।

आत्माराम कम्प्यूटर पर ग्राफिक्स डिजाइन के एक्सपर्ट हैं लेकिन उन्होंने अपना रोज़गार कंपोज़िंग से शुरू किया था। कंपोज़िंग में दो बातों की दरकार होती है- तेज रफ्तार और गलतियां कम से कम। आत्माराम आज भी इन दोनों खूबियों को बचाये हुए हैं। कम्प्यूटर की-बोर्ड पर उनकी उंगलियां वैसे ही थिरकती हैं जैसे उस्ताद ज़ाकिर हुसैन की तबले पर। कम्प्यूटर पर आत्माराम कोई छोटे जादूगर नहीं हैं।

बहरहाल, एक सुबह आत्माराम को फिर खयाल आया कि कुछ कर दिखाना है, तो चलो मिलकर कुछ कर डालें। यहां किस्सा वो नहीं है कि अंधा और लंगड़ा मेला देखने कैसे गये। उसी सुबह यह तय हो गया कि हम जिम कॉर्बेट की सारी किताबों का अनुवाद कर डालेंगे। अगली सुबह से काम शुरू हो गया। अपने जोश में हम ये भी भूल गये कि पता कर लें कि जिम की कौन सी किताबों के तर्जुमे बाज़ार में पहले से मौजूद हैं। काम शुरू हो गया- *माई इंडिया* के तर्जुमे से। हर सुबह नियम से आत्माराम आते। मैं किताब खोल कर अंग्रेजी से हिंदी बोलता जाता और आत्माराम

की उस्तादी की-बोर्ड के रास्ते कम्प्यूटर की स्क्रीन पर दिखायी देती जाती। आत्माराम की घरेलू जिम्मेदारियां भी कोई कम नहीं थीं। उसका बेटा अभी छोटा ही था कि घर में बिटिया भी आ गयी। बिटिया रात भर जागती, खेलती, हंसती-रोती थी और सबेरे आत्माराम उनींदी लाल आंखें लिए फिर काम को तैयार। चाय के बड़े-बड़े मगों और विल्स नेवीकट के धुएं के बीच काम चलता था और बीच-बीच में हम दोनों जिम कॉर्बेट को छोड़कर कोई और बात करने लगते थे। ऐसे मौके अक्सर तब आते थे जब जिम कॉर्बेट का कोई वाकया बोलते-बोलते मेरा गला रूंध जाता था और आत्माराम की आंखों के सामने कम्प्यूटर स्क्रीन धुंधला जाती थी। थोड़ी देर में जब हम एक-दूसरे की आंखों में देखने के काबिल हो जाते थे तो काम दुबारा शुरू हो जाता था। *'माई इंडिया'* वाकई दिल को छू लेने वाली किताब है।

कई बार कड़कड़ाती ठंड में या बरसते पानी में भी आत्माराम सबेरे आया तो उसकी लगन के अलावा एक वजह यह भी होती थी कि वह जानना चाहता था कि कहानी में आगे क्या हुआ। जिम की किताबों की यही खूबी है कि वे आपको बांध लेती हैं।

बहरहाल, आत्माराम और मैं--दोनों 'माई इंडिया' से तब तक बंधे रहे जब तक किताब का नाम *'मेरा हिंदुस्तान'* नहीं हो गया। आपने देखा होगा एथलीट जब दौड़ लगाते हैं तो फिनिशिंग लाईन पर पहुंच कर एकदम रुक नहीं जाते। थोड़ा आगे तक दौड़ते चले जाते हैं। हमारे साथ भी यही हुआ। जिस दिन *'मेरा हिन्दुस्तान'* किताब पूरी हुई उसके अगले दिन से *'जंगल लोर'* का काम शुरू हो गया। फर्क सिर्फ यही था कि इस बार देहरादून के नटराज पब्लिशर्स के उपेंद्र अरोड़ा साहब से टेलीफोन पर मेरी बात हो गयी थी। उनके पास इस किताब के अनुवाद का अधिकार था मैं अनुवाद करने को तैयार था। अरोड़ा साहब से रूबरू मुलाकात तो अभी तक नहीं हो पायी लेकिन टेलीफोन और ईमेल से बातचीत होती रही और काम चलता रहा।

किताब जल्दी पूरी हो जाये इसमें अरोड़ा साहब की दिलचस्पी थी, लेकिन इस बीच कई ऐसी बातें हुईं जिनकी वजह से करीब-करीब पूरी हो चुकी किताब मैं अरोड़ा साहब को छापने के लिए भेज नहीं सका।

आत्माराम के भानजे की किडनी का ऑपरेशन बंबई में हुआ। फिर मुझे काफी दौरे करने पड़े। अपने दौरों पर मैं किताब साथ ले जाता था और हर रोज़ जहां मौका मिले कुछ पन्ने हिंदी में कर लेता था। खुशकिस्मती ये थी कि मेरे बहुत से दौरे मध्यप्रदेश के घने जंगलों में हुए- कान्हा, बांधवगढ़, अमरकंटक, पचमढ़ी वगैरह। इस अनुवाद को लेकर पचमढ़ी की यादें बहुत खूबसूरत हैं। होटल के बरामदे में सबेरे चाय के दौर के साथ जंगल लोर को एक हद तक मैंने जी कर देखा चारों तरफ पहाड़ और जंगल। माहौल में बसंत की खुशगवारी और दर्जनों तरह की चिड़ियों का संगीत। मेरे टेबल पर पेंटैक्स की 10x50 की बढ़िया दूरबीन होती थी जिसे मैं बीच-बीच में परिंदों को पहचानने के लिए इस्तेमाल करता था। जंगल लोर पढ़ते वक्त जहां आपको यह तर्ज़ुमा ओरिजनल का मज़ा दे तो समझिये कि वो पन्ने पचमढ़ी में लिखे गये हैं।

इस किताब का काम पूरी तरह खत्म होने के पहले बेहतर रोज़ी-रोटी के सिलसिले में मैंने अहमदाबाद आना तय किया और यहां आकर किताब के आखरी दस पन्नों का तर्ज़ुमा करने में दस महीने लग गये। वजह वक्त की कमी नहीं बल्कि अपनी जड़ों से उखड़ना था। इस बीच भोपाल में मेरे पिता बीमार हुए और पुराने मलेरिया की वजह से चल बसे। उनके आखरी दिनों मैं वहां मौजूद था। इस किताब का मेरे पिता से गहरा रिश्ता है। उन्होंने ओरिजनल किताब कई बार पढ़ रखी थी और मेरे अनुवाद की क्वालिटी जांचने और प्रूफरीडिंग का ज़िम्मा उन्होंने ले रखा था। अपने कमरे में उन्होंने मेरे अनुवाद के अलावा नयी पुरानी कई डिक्शनरी, हिंदी थिसारस वगैरह अपने सिरहाने रखे हुए थे। बारीकी और सख्ती से लाल कलम का इस्तेमाल उन्होंने किया। कई बार शब्दों के इस्तेमाल को लेकर उनसे बहसें होतीं, डिक्शनरी उलटी-पलटी जातीं और फिर हम किसी नतीज़े पर पहुंचते। यहां मैं यह कतई नहीं कहना चाह रहा हूं कि आपके हाथों में पहुंची इस किताब में कोई गलती नहीं होगी। यदि कोई बात आपकी पकड़ में आये, तो मुझे जरूर लिखें। जो गलतियां हम बाप-बेटा मिलकर ठीक नहीं कर पाये, वे यदि आपकी मदद से ठीक हो जायें तो मैं आपका शुक्रगुज़ार रहूंगा।

मेरे पिता के देहांत के कुछ दिनों बाद उपेंद्र अरोड़ा साहब का फोन आया कि किताब का क्या हुआ। मैंने उन्हें बताया। यह उपेंद्र जी का ही ख्याल था कि यह

अनुवाद मैं अपने पिता को समर्पित करूं। बहरहाल, मैं लौटकर अहमदाबाद आ गया और फिर अपने पिता के हाथों ठीक की गयी टाइपशुदा पांडुलिपि के पन्ने जैसे ही मैं पलटाने लगता लाल स्याही से सुंदर अक्षरों में किये गये करेक्शन एकदम धुंधले पड़ जाते और मेरे पिता के मुस्कुराते चेहरे में तब्दील हो जाते। मुझे बार-बार याद आता कि उन्होंने कितना ज़ोर देकर कहा था कि मैं खुद नैनीताल, कालाढुंगी और मोकामाघाट जाकर *'माई इंडिया'* और *'जंगल लोर'* दोनों किताबों के लिए फोटोग्राफी करूं। इस काम के लिए वे मुझे पांच हजार रुपये अपने पास से दे रहे थे। मैं जाना भी चाहता था लेकिन जिंदगी में बहुत से अच्छे काम यूं ही टल जाते हैं- बगैर किसी वजह के। यदि इस किताब का अगला एडीशन निकलता है तो उसमें ये फोटो जरूर होंगे। बहरहाल, जहां मुझे इस बात का मलाल है कि ये दोनों अनुवाद उनके सामने नहीं छप पाये वहीं मुझे इस बात का बहुत संतोष है कि इन दोनों अनुवादों को उन्होंने कई-कई बार पढ़ा था-- पढ़ने के लिए और भाषा की गलतियां ठीक करने के लिए भी।

झा साहब यानी काली दत्त झा साहब भी यदि होते तो यह किताब देखकर बहुत खुश होते। झा साहब चलते-फिरते एनसाइक्लोपीडिया थे। मैं जब भी इस काम में कहीं अटकता तो उन्हीं को फोन करता। डबल-फाइव-डबल-टू-डबल-थ्री। झा साहब के बारे में भी सब कुछ उनके फोन नंबर की तरह डबल था- डबल कद-काठी, डबल दिलो-दिमाग और बड़े-बड़े जानकारों से भी डबल जानकारी। मैंने उनसे पूछा कि उस ज़माने में वॉइसरॉय को हिन्दुस्तानी लोग क्या कहते थे। तुरंत जवाब मिला 'बड़ा लाट'। गुज़रे ज़माने की ऐसी कई बातें जिन्हें वैसे पता करना आसान नहीं था वे सब झा साहब के दिमागी कम्प्यूटर में दर्ज़ थीं। मुझे उनसे बहुत मदद मिली।

मुझे यकीन है कि इस अनुवाद की भाषा में आपको कुछ खास महसूस होगा। आम तौर पर हिंदी इस तरह नहीं लिखी जाती और किताब जैसी किसी संजीदा चीज़ में तो कतई नहीं। यदि आसानी से समझ में आने वाली बोलचाल की भाषा में मैं लिख पाया हूं तो इसके लिए मैं सुदीप बैनर्जी साहब का शुक्रगुज़ार हूं। जब मैं सरकारी नौकरी में नया-नया आया तो बैनर्जी साहब हमारे डायरेक्टर थे। उनकी ज़िद थी कि हम लोग सरकारी फाइलों वाली या संस्कृत शब्दों से लदी हिंदी के इस्तेमाल से बचें और अपने

प्रेसनोट, आर्टिकल वगैरह सब बोलचाल की हिंदी में लिखें। मैं अपने तजुर्बे से यहां कह सकता हूं कि संस्कृतनिष्ठ, क्लिष्ट हिंदी लिखना बेहद आसान काम है और बोलचाल की भाषा में लिखना खासा मुश्किल। बैनर्जी साहब की यह सीख कितने लोगों ने अपनायी, मैं कह नहीं सकता लेकिन अपने साथियों में सबसे कम उम्र मैं ही था और इंप्रेशनेबल भी।

बातें बहुत हो गयी हैं लेकिन फिर भी कुछ और बाते हैं जिन्हें बताये बगैर मेरी बात अधूरी रह जायेगी।

मैं एल.के. जोशी साहब का बहुत शुक्रगुज़ार हूं। जब मैंने उन्हें इन अनुवादों को शुरू करने के बारे में बताया तो वे बेहद खुश हुए। उनकी पत्नी श्रीमती रेखा जोशी और बेटे ऋषि ने जिम कॉर्बेट की बहुत सी कहानियां मुझसे तर्ज़ुमे के दौरान सुनीं और मेरी हौसला अफज़ाई की।

मेरी बीवी कविता का पुख्ता यकीन है कि यदि मेरी शादी बजाये उसके किसी और से हुई होती तो मुझमें ये तर्ज़ुमे करने की काबिलियत नहीं आयी होती। यह बात वह इतने यकीन से कहती है कि अब मुझे भी इसमें कोई शुबहा नहीं होता। अब जाकर मैं कहीं समझ पाया हूं कि बड़े-बड़े लेखक अपनी किताबें बीवियों को क्यों समर्पित कर देते हैं।

मेरी बेटियों गौरी और राधा को लगता है कि मैं जिम कॉर्बेट का पुराना दोस्त हूं। उन्होंने जिम की कहानियां मुझसे सुनी हैं और यदि उन्हें ऐसा लगता है तो गलती उनकी नहीं। जिम का अंदाज़े-बयां ही कुछ ऐसा है कि कहानी पढ़ते-सुनते खुद ब खुद आपका दोस्ताना रिश्ता कायम हो जाता है जिम कॉर्बेट से।

जिम कॉर्बेट की किताब 'जंगल लोर' की खूबी यही है कि पूरी किताब के दौरान आप जिम के साथ होते हैं- कभी बच्चा जिम आपके आगे दौड़ते-दौड़ते आपको जंगल की सैर कराता है, कभी नौजवान जिम एक दोस्त के तौर पर आपके कंधे पर हाथ रखे जंगल में आपके साथ टहलता है तो कभी बुज़ुर्ग जिम आपको उंगली पकड़ कर सही पगडंडी पर ले जाता है और जंगल में जिम के साये में आप पूरी हिफाज़त महसूस करते हैं।

आखरी बात, यदि आपके बच्चे इतने बड़े हैं कि वे खुद इस किताब को पढ़ सकते हैं तो उन्हें ज़रूर पढ़वाइये और यदि बच्चे छोटे हैं तो उन्हें जरूर पढ़कर सुनाइये। बच्चों को अच्छे संस्कार देना हमारी ही तो जिम्मेदारी है।

मैं नहीं कह सकता कि इस किताब को पढ़ने के बाद आप उड़ती चिड़ियां पहचानने के काबिल होंगे या नहीं, शेर और तेंदुए की पगछाप में फर्क कर पायेंगे या नहीं, दरख्तों को उनके नाम से जान पायेंगे या नहीं- लेकिन एक बात की गारंटी ज़रूर है कि जंगल लोर पढ़ने के बाद आप एक ज्यादा दिलचस्प इंसान ज़रूर बन जायेंगे क्योंकि अपने आसपास की दुनिया को देखने-समझने में हमारी दिलचस्पी ही हमें दिलचस्प इंसान बनाती है.... और 'जंगल लोर' हमें यही सिखाती है कि हम अपने माहौल में दिलचस्पी कैसे लें। इस किताब को पढ़ने के बाद हर पेड़, परिंदा और जानवर को आप नयी निगाह से देखेंगे और आपको वह प्यार भरी खूबसूरती दिखने लगेगी जो कुदरत ने हमेशा से संजो रखी है- हमारे लिए और आने वाली हमारी पुश्तों के लिए।

संजीवदत्त

अहमदाबाद, 2 अप्रैल 2003

इस किताब के कवर पर जिम कॉर्बेट के हुलिये में मेरे दोस्त डडली हैरिस हैं जो टैक्सस, अमेरिका में रहते हैं और वहां के जाने माने फोटोग्राफर हैं। अपने खाली वक्त में वे आंखों की सर्जरी करते हैं। मेरी गुज़ारिश पर उन्होंने अपनी तस्वीर खुद खींच कर भेजी है। डडली को मुझे कुछ बताना नहीं पड़ा--क्योंकि वे खुद जिम कॉर्बेट को कई-कई बार पढ़ चुके हैं और उनका जिम से वही रिश्ता है जो इस किताब को पढ़ने के बाद जिम के साथ आपका भी हो जाएगा- एक भरोसेमंद दोस्ती का रिश्ता।

www.dudleyharrisphotography.com

परिचय

❋ 1985 की बात है। बसंत का मौसम था और मैं जिम कॉर्बेट के गांव कालाढुंगी में एक अहाते में बैठा था। हिमालय की निचली पहाड़ियां यहां से शुरू होती हैं और मैदान यहीं खत्म होते हैं। मेरे इर्द-गिर्द सिनेमा की दुनिया का सामान बिखरा पड़ा था। मैं यहां पर एक ड्रामा-डाक्युमेन्ट्री बनाने के सिलसिले में आया हुआ था और इस ड्रामा-डाक्युमेन्ट्री को मैंने बरसों की खोजबीन के बाद लिखा था। मेरा यह काम जिम कॉर्बेट की ज़िंदगी के बारे में था। जिम कॉर्बेट वह इंसान था जिससे मैं कभी मिला नहीं लेकिन उसकी किताबों के जरिये मेरे दिल में उसके लिये मोहब्बत और तारीफ का जो जज़्बा पैदा हो गया था उसने मेरी जिंदगी का फलसफा ही तय कर दिया और कुदरती दुनिया को देखने-समझने के लिये मुझे एक नया नज़रिया दिया।

दिन बहुत ज्यादा गर्म था हालांकि गर्मी अभी ठीक से पड़नी शुरू नहीं हुई थी और फिल्म बनाने वालों की टीम गांव के एक घर में सेट बनाने में जुटी हुई थी। जिस सीन की तैयारी चल रही थी वह था कुंवरसिंह की बीमारी का और जिम के हाथों उसकी अफीम की लत छुड़ाने का। जो लोग सेट बनाने में नहीं लगे थे वो चढ़ते सूरज के साथ पेड़ों की छोटी होती छाया में यहां-वहां बैठे थे। मैं जिम कॉर्बेट का किरदार निभाने वाले एक्टर फ्रेडरिक ट्रेवेस के साथ बैठा था। फ्रेडरिक की शक्ल-सूरत जिम कॉर्बेट से बहुत ज्यादा मिलती-जुलती है— वह भी खासतौर पर तब जब वह मेकअप और जिम जैसे कपड़ों में होता है। हम दोनों भी एक पेड़ की छांव में बैठे थे कि तभी हमारी टीम का एक लोकल आदमी हमारे पास आया।

"सर" उसने मुझसे कहा "एक बूढ़ा आदमी आया है और वह कारपेट साहब से मिलना चाहता है।" जैसा कि कुमांऊ जिले में चलन है उसने कार्बेट की जगह 'कारपेट' कहा।

मेरा ख्याल था कि यह बूढ़ा आदमी एक्टर से मिलना चाहता होगा। फिल्मी दुनिया की चमक-दमक से खिंचकर बहुत से लोग ऐसी ख्वाहिश जाहिर कर चुके थे इसलिये मैंने फ्रेडी से पूछा कि क्या तुम इस बूढ़े से मिलना चाहोगे। फ्रेडी जिस तरह का नेक इंसान है उसने फौरन हामी भर दी हालांकि यह अलग बात है और मैं यह जानता हूं कि आम तौर पर एक्टर लोग जनता से इस तरह की मुलाकातों से बचने की कोशिश करते हैं।

एक बहुत बूढ़ा आदमी नमूदार हुआ। उसकी उम्र हर हाल में अस्सी बरस से ज्यादा रही होगी और उम्र की वजह से वह करीब-करीब दोहरा हो रहा था। उसके हाथ में किसी पेड़ से काटी एक ताजी छड़ी थी जिसमें से अभी भी गाढ़ा दूध रिस रहा था। जैसे ही उसने फ्रेडी को देखा उसने अपना सिर फ्रेडी के कदमों में डाल दिया।

बेवकूफाना ढंग से सोचते हुए मैंने यह मान लिया था कि यह बूढ़ा शायद उम्र की वजह से सनक चुका है इसलिये मैंने अपनी टीम के एक आदमी से कहा "मेरा ख्याल है कि तुम इसे बता दो कि ये महज़ एक एक्टर है।"

तर्जुमा करके यह बात बूढ़े को बता दी गयी और जवाब में कुमांउनी बोली में बूढ़ा काफी कुछ बोला।

टीम के आदमी ने मुझे बताया "मैंने बूढ़े को आपकी बात कह दी है कि यह आदमी इंग्लैंड से आया हुआ एक एक्टर है लेकिन बूढ़ा यह बात मानने को ही तैयार नहीं। यह तो बोलता है कि उसने हमेशा से यह सुना है कि कारपेट साहब एक दिन लौट कर आयेंगे और उसका यकीन है कि यही असली कारपेट साहब हैं जो वापस लौट आये हैं।"

हमारी फिल्म टीम का यह आदमी नयी दिल्ली का रहने वाला शहरी था। उसने भारी ताज्जुब के साथ कहा "ये बूढ़ा आदमी कारपेट साहब को देखने के लिये सौ

किलोमीटर पैदल चल कर आया है। दो दिन में।" उसकी आवाज़ में ताज्जुब से ज्यादा श्रद्धा झलक रही थी।

जिस किसी ने भी कुमाऊं की निचली पहाड़ियां देख रखी हैं उसे यह मालूम होगा कि किसी भी औसत फिट-फाट आदमी के लिये बीस किलोमीटर पैदल चलना भी बड़ी बात है लेकिन फिर भी यह बूढ़ा आदमी करीब-करीब बिना रुके अड़तालीस घंटे लगातार इसलिये चला था क्योंकि जंगल में कहीं यह सुन लिया था कि कारपेट साहब वापस घर लौट आये हैं।

यह कारपेट साहब का ही जादू था जो हिंदुस्तान से उनके जाने के चालीस साल बाद भी कायम था और जिसकी वजह से यह बूढ़ा इंसान इतनी हिम्मत दिखा कर यहां तक आ पहुंचा था— इस बूढ़े इंसान को फिल्मी दुनिया की चमक-दमक के झूठे तिलिस्म ने नहीं बल्कि कारपेट साहब के असली जादू ने यहां तक खींच बुलाया था। यह वो इज्ज़त थी जो लोगों के दिल में कॉर्बेट के लिये थी और आज भी है। ऐसी इज्ज़त किसी साधू को ही नसीब होती है— साधू यानी एक ऐसा इंसान जिसने अपनी नेकनामी की मिसाल खुद कायम की हो : और कॉर्बेट ने यह मिसाल उत्तरी भारत के जंगलों में कायम करके दिखायी थी।

आदमखोर शेरों और तेंदुओं के शिकार की कॉर्बेट की मशहूर कहानियों को पढ़ते वक्त पढ़ने वाला इतना ज्यादा रोमांचित हो जाता है कि जैसे वह खुद किसी शेर या तेंदुए का पीछा कर रहा हो। कॉर्बेट ने ये कहानियां जिस सादगी से बयान की हैं उसकी वजह से कहानी पढ़ने वाला आम तौर पर इस बात को नजरअंदाज़ कर जाता है कि इन कारनामों के पीछे कॉर्बेट की कौन-सी खूबियां छुपी हुई हैं। ये भी दुख की बात है कि कॉर्बेट के आदमखोरों वाली किताबें उनकी दूसरी किताबों के मुकाबले ज्यादा मशहूर हैं। *'माय इंडिया'* और *'जंगल लोर'*— इन दोनों किताबों में हमें कॉर्बेट के शिकारी वाले पहलू के साथ-साथ यह भी पता चलता है कि वह कितने ऊंचे और शानदार इंसान थे।

कॉर्बेट को पढ़ने वाला हर आदमी यह जानता है कि माय इंडिया में हिंदुस्तान

के साथ कॉर्बेट की गहरी वाकफियत और हिंदुस्तान के लिये उनकी मोहब्बत का जिक्र है– हिंदुस्तान यानी वह मुल्क जहां आखरी आठ सालों को छोड़ कर कॉर्बेट ने अपनी लंबी ज़िंदगी बितायी।

'माय इंडिया' में हिंदुस्तान और हिंदुस्तान के सब पहलुओं के बारे में जिम कॉर्बेट की बेहिसाब जानकारी की झलक हमें मिलती है। हालांकि जिम कॉर्बेट कभी भी हिंदुस्तान के दक्खनी हिस्से में नहीं गये लेकिन उत्तरी और बीच के हिस्सों को जिम बखूबी जानते थे। जिम की असली रूह इस किताब *'जंगल लोर'* में हमारे सामने आती है। एक ढंग से यह किताब अपनी पैदाइश की सरज़मीं के साथ जिम की मोहब्बत की कहानी है और उत्तरी हिंदुस्तान के जंगलों में रहने वाले इंसानों और जानवरों के साथ उनके बेइंतहा प्यार का दस्तावेज़ है।

'जंगल लोर' शायद जिम की सबसे कम जानी जाने वाली किताबों में से एक है। इस किताब में खतरनाक शेर-तेंदुओं के शिकार के किस्से लगातार एक के बाद एक नहीं हैं और न ही इसमें जंगल से जुड़ी कहानियां हैं और न ही जानवरों से मुठभेड़ें हैं। बजाये इन सब के, इस किताब में बड़े सीधे-सादे ढंग से– कहीं-कहीं तो नौसीखियेपन से– जिम ने कुदरती दुनिया के साथ अपनी नज़दीकी रिश्तेदारी के बारे में लिखा है और इस नज़दीकी रिश्तेदारी का जो असर हर इंसान पर होता है उसकी अहमियत जिम कॉर्बेट ने यहां बतायी है। यह किताब एक ढंग से जिम की आत्मकथा भी है।

जिम के ज्यादातर बचपन के तज़ुर्बे– पहले गुलेल और फिर तीर-कमान के साथ, उनकी पहली बंदूक और पहले कारनामे– सब यहां इस किताब में मौजूद हैं लेकिन जिम ने उन्हें सनसनीखेज किस्सों के तौर पर पेश नहीं किया (हालांकि इनमें बहुत सनसनी है) बल्कि जंगल के स्कूल में सीखे गये सबकों के तौर पर सामने रखा है। जिम कॉर्बेट के लिये जंगल के स्कूल में उनकी पढ़ाई कभी खत्म नहीं हुई और जिम कॉर्बेट कभी इस स्कूल के ग्रेजुएट नहीं बन सके क्योंकि ऐसा कर पाना नामुमकिन है। जंगल में सीखने के लिये हमेशा ही कुछ नया मौजूद है, ढूंढने, पता करने के लिये

ढेरों नयी बातें हैं और देखने-समझने के लिये हर पल ही कुछ न कुछ नया है क्योंकि जंगल हर पल अपना मूड बदलता है और इस मूड के साथ जंगल भी बदल जाता है।

जंगल लोर का निचोड़ बहरहाल सीखने और देखने के दायरे में बंधा हुआ नहीं है। इस निचोड़ का ज्यादा गहरा रिश्ता महसूस करने से है। समझ और संवेदनशीलता से है— और यहीं कॉर्बेट, इसी वजह से मशहूरी की उस ऊंचाई के हकदार बनते हैं जो उन्होंने हमेशा-हमेशा के लिये हासिल की। उन्होंने कुदरत की दरख्वास्त उस दुनिया के सामने पेश की जो कि जंगल और जानवरों की जादुई दुनिया को तेज़ी से बिसरती जा रही है। आज से सैंतीस साल पहले (अब पचपन साल) लिखी गयी जंगल लोर में जिम कॉर्बेट ने नये ज़माने के इंसान के कुदरत से टूटते रिश्ते पर अफसोस जाहिर किया है। अपने सीखे सबक और किसी भी अच्छे गुरू की तरह अपना ज्ञान और उससे होने वाले फायदे दूसरों के साथ बांटने की कोशिश इस किताब में जिम कॉर्बेट ने की है।

बीतते बरसों के साथ यह किताब पुरानी नहीं पड़ी है। इसकी अहमियत आज भी उतनी ही है जितनी पहले थी। इस किताब के जरिये कुदरत को लेकर नैतिकता के जो बीज जिम कॉर्बेट ने बोए हैं वे हमेशा पनपते रहेंगे। कॉर्बेट ने जिस जंगल का ज़िक्र किया है उसका बड़ा हिस्सा खत्म हो चुका है। जिन शिवालिक पहाड़ियों को ज़िम ने अपने कदमों से नापा था वह सब आज नंगी हो गयी हैं— मिट्टी के कटाव और पेड़ों के खत्म होने की वजह से वहां के ज्यादातर शेर और दूसरे जानवर भी खत्म हो गये हैं। यदि जिम आज वापस लौटें तो अपने घर कुमाऊं को पहचान भी नहीं पाएंगे।

लेकिन कहीं-कहीं छोटे-छोटे हिस्सों में कुछ-कुछ बाकी है। आप आज भी दोनों तरफ घने पेड़ों वाले फायर ट्रैक से होकर पोवालगढ़ जा सकते हैं, आज भी बोआर नदी के पुल पर बैठ सकते हैं और उस दीवार को भी देख सकते हैं जिसे जिम कॉर्बेट और गांव वालों ने मिलकर अपनी फसलों को जंगली सुअरों से बचाने के लिये बनाया था। यह अलग बात है कि अब जंगली सुअर ही नहीं बचे इसलिये दीवार की जरूरत भी कभी की खत्म हो चुकी है।

'जंगल लोर' में दिल को छूने वाला एक बेहद जरूरी संदेश है। यह किताब हमसे हाथ जोड़कर बिनती करती है कि अब तो हम कुदरत के साथ ज़बरदस्ती करना बंद करें। यह किताब कुदरती दुनिया के साथ अपना रिश्ता दुबारा कायम करने का न्योता देती है और हमें यह जानने-समझने का मौका देती है कि हम जंगल को इस तरह से जानें कि दोनों फायदे में रहें— कुदरत भी और हम भी।

—मार्टिन बूथ

जंगल लोर

मैगी के लिये

1

※ हम कुल चौदह लोग थे। आठ से अठारह बरस उम्र के लड़के-लड़कियां बोआर नदी के पुल के नीचे बैठे हुए भूतों की कहानियां सुन रहे थे। कहनियां सुना रहा था— डैनसे।

नजदीकी जंगल से हम लोग सूखी टहनियां बटोरकर लाये थे और इन टहनियों से बना अलाव अब सिर्फ दहकता हुआ लाल रंग की राख का ढेर बन चुका था और अंधेरा बढ़ता जा रहा था। "ओह, तुम यूं पीछे मत देखते रहो। तुम ऐसा करती हो तो मुझे बहुत घबराहट होती है" एक लड़की ने अपनी सहेली से कहा। इस तरह डैनसे ने अपनी कहानियों के लिये बिलकुल सही वक्त और बिलकुल सही जगह चुनी थी।

डैनसे पक्का आयरिश था और उसके भेजे में हर तरह के अंधविश्वास कूट-कूट कर भरे हुए थे। इन बातों में खुद उसे पूरा और पक्का यकीन था इसलिये उसके लिये यह बड़ा कुदरती ही था कि वह भूतों की कहानियां इतने ज्यादा भरोसे से सुनाये। उस रात जो कहानियां वह सुना रहा था उनका रिश्ता कफन ओढ़े मुर्दों और खड़खड़ाती हड्डियों से था। इन कहानियों में दरवाज़े रहस्यमय ढंग से अपने आप खुलते और बंद होते थे और पुश्तैनी हवेलियों के बैठकखानों में बनी लकड़ी की सीढ़ियों की चरमराहट गूंजने का जिक्र होता था। चूंकि इस बात की संभावना नहीं थी कि मैं भी कभी कोई पुश्तैनी भुतहा हवेली देखूंगा इसलिये डैनसे की कहानियों से मुझे कोई डर नहीं लग रहा था। अभी डैनसे की सबसे ज्यादा खूनजमाऊ कहानी खत्म हुई ही थी और घबराई हुई लड़की ने एक बार फिर अपनी सहेली को डांट कर मना किया ही था कि वह पीछे

मुड़कर न देखे कि इतने में मछली पकड़ने वाला एक बूढ़ा सींगदार उल्लू फड़फड़ाता हुआ हमारे ऊपर से निकला और इसके साथ ही उसने अपने गले की पूरी गहराई से 'हो...हर्र...हो...' की आवाज़ निकाली। यह बूढ़ा उल्लू बेलों से ढंके एक सूखे पेड़ पर अलसाते हुए अपना दिन गुजारता था जहां कि वह कौओं और उन दूसरे परिंदों से महफ़ूज़ था जिन्हें उल्लू को शिकार बनाने में भारी मजा आता है। रात होते ही यह उल्लू बोआर नदी में मछली और मेंढकों के शिकार के लिये निकल पड़ता था। 'हो... हर्र...हो...' की यह आवाज़ अभी बिजली से जले हल्दू के पेड़ की सबसे ऊपरी डाल से आयी थी। गुलेल या तितली पकड़ने वाले जाल से लैस, घने जंगल में जाने वाले हम सब बच्चों के लिये हल्दू का यह पेड़ मील के पत्थर के समान था। उल्लू की इस आवाज़, जिसे नामसझ लोग शेर की आवाज़ समझ लेते थे, का जवाब उसकी साथिन हमेशा देती थी– जोड़ा बनाने के मौसम को छोड़कर। उल्लू की साथिन नहर किनारे पीपल के पेड़ पर रहती थी और इसकी आवाज़ सुनते ही डैनसे को अपनी भूतों की कहानियां बंद कर चुड़ैलों की कहानियां शुरू करने का बहाना मिल जाता था। चुड़ैलों की ये कहानियां डैनसे के लिये और ज्यादा असलियत वाली होती थीं और वह चुड़ैलों से, भूतों के मुकाबले ज्यादा डरता था। डैनसे के मुताबिक चुड़ैल घने जंगलों में रहने वाली एक ऐसी बुरी रूह होती थी जिसकी आवाज़ सुन लेने वाले पर और उसके परिवार पर तरह-तरह की मुसीबतें आती थीं और यदि किसी ने चुड़ैल को देख लिया तो उसकी मौत तय थी। चुड़ैल की आवाज़ को डैनसे कुछ यूं बयान करता था कि यह आवाज़ बहुत लम्बी चीख जैसी होती है और अंधेरी तूफानी रातों में सबसे ज्यादा सुनायी पड़ती है। मुझे चुड़ैलों की कहानियों से बहुत खौफ होता था क्योंकि चुड़ैलों को घने जंगल में रहने वाला बताया जाता था– ठीक उसी तरह के जंगलों में जिनमें घूमते हुए अंडे और तितली इकट्ठा करना मेरा पहला शौक था।

मुझे ये तो पता नहीं कि डैनसे ने आयरलैंड में जिन चुड़ैलों की आवाज़ सुनी थी वे कैसी थीं लेकिन चुड़ैलों की दो तरह की आवाज़ों से मैं भी वाकिफ था जो कि डैनसे ने कालाढुंगी के जंगलों में सुनी थीं। इनमें से एक के बारे में तो आपको बाद में बताऊंगा लेकिन दूसरी तरह की चुड़ैल को हिमालय की तलहटी में रहने वाले सब

लोग जानते हैं। उनका मानना है कि चुड़ैल बुरी रूहों में भी सबसे ज्यादा बुरी होती है और हमेशा ही औरत की शक्ल में सामने आती है। जिस इंसान पर भी उल्टे पैर वाली चुड़ैल अपनी निगाह डालती है वह ठीक वैसे ही वशीभूत हो जाता है जैसे कि सांप को देखकर कुछ परिंदे। चुड़ैल का शिकार बना इंसान वशीभूत हुए उल्टे पैरों चलती चुड़ैल के पीछे-पीछे चलता जाता है और चुड़ैल उसे ठिकाने लगा देती है। जहां भी चुड़ैल दिखने का खतरा हो वहां उसके जादू से बचने का सिर्फ यही तरीका बताया जाता है कि आप अपनी आंखें अपने हाथों से या जो कपड़ा हाथ आये उससे आंखें ढंक लें और यदि आप घर के भीतर हैं तो सिर तक कंबल ओढ़ लीजिये।

जिन दिनों इंसान गुफाओं में रहता था तब का तो पता नहीं है लेकिन आज का इंसान बुनियादी तौर पर दिन की रौशनी की संतान है। दिन की रौशनी में हम लोग अपने पूरे होशो-हवाश में होते हैं और हम में से सबसे ज्यादा डरपोक लोग भी जरूरत पड़ने पर किसी खतरे से दो-चार होने का हौसला जुटा सकते हैं। दिन की रौशनी में हम उन बातों का मजाक उड़ा सकते हैं और उन पर हंस भी सकते हैं जो कि कुछ ही घंटे पहले रात के अंधेरे में हमारे रोंगटे खड़े किये दे रही थी। जब दिन की रौशनी कम होती जाती है और माहौल को रात अपने आगोश में ले लेती है तो हमारे देखने की ताकत हमारे पास नहीं बचती और हम लोग कल्पना पर आश्रित हो जाते हैं और जहां तक कल्पना की बात है कल्पना कई बार हमारे साथ अजीबो-गरीब खेल करती है— खास तौर पर वो भी तब जब हम ऐसी कोई उम्मीद नहीं कर रहे होते हैं या जब हमारी कल्पनाओं के साथ दैवी शक्तियों के हमारे विश्वास का मेल होता है तब यह अचरज की बात नहीं कि वो लोग जिनका आने-जाने का ज़रिया उनके अपने पैर भर हैं और या जिनकी नज़र रात के अंधियारे में मशाल या पैराफीन मिलने पर कभी-कभी जलने वाली लालटैन की रौशनी की दूरी तक महदूद है, रात के अंधेरे में खौफज़दा रहें।

यहां लोगों के साथ रहते और महीनों तक सिर्फ उन्हीं की जुबान बोलते-सुनते डैनसे के लिये यह बड़ा कुदरती ही था कि यहां के लोगों के अंधविश्वास वह अपने अंधविश्वासों पर जड़ ले। हमारे पहाड़ी लोगों में हिम्मत की कमी नहीं होती और डैनसे भी उतना बहादुर था जितना कि कोई दूसरा इंसान हो सकता है लेकिन पहाड़ी लोगों

और डैनसे दोनों की ही जड़ें अंधविश्वासों में बड़ी गहरी थीं इसलिये मुझे यकीन है कि न तो कभी पहाड़ी लोगों ने और न ही कभी डैनसे ने यह सोचा होगा कि वे चुड़ैल की जांच-पड़ताल करने की कोशिश करें।

मैं बरसों-बरस कुमाऊं में रहा हूं और मैंने हज़ारों रातें यहां के जंगलों में बितायी हैं और मुझे चुड़ैल की आवाज़ सिर्फ तीन बार सुनायी दी है— वह भी सिर्फ रात में— और चुड़ैल को देखा मैंने सिर्फ एक बार है।

मार्च का महीना था। सरसों की शानदार फसल हाल ही में काटी गयी थी और जिस गांव के बीचों-बीच हमारी कॉटेज थी वहां खुशियां छायी हुई थीं। आदमी और औरतें गा रहे थे और बच्चे एक-दूसरे को चिल्ला-चिल्ला कर बुला रहे थे। पूरनमासी से एकाध रात पहले की बात है और सब कुछ करीब-करीब वैसे ही दिखायी दे रहा था जैसे कि दिन की रौशनी में दिखता है। मैगी और मैं डिनर के लिये उठने ही वाले थे— वक्त करीब आठ बजे का था— कि तभी एकदम साफ और रात की हवा को चीरते हुए चुड़ैल की आवाज़ आयी। एकदम साफ। और उसी पल गांव से आ रही हर आवाज़ एकदम बंद हो गयी। हमारी कॉटेज से पचास गज दूर हमारे कम्पाउण्ड के दायें कोने में हल्दू का एक पेड़ है। गिद्ध, चील, ब्राज, कौए कई पुश्तों से इस पेड़ पर रहते चले आ रहे हैं और उन्होंने पेड़ की छाल खत्म कर दी है और साथ ही पेड़ की फुनगी की कुछ टहनियां इनकी वजह से मर भी चुकी हैं। उत्तर से आती ठंडी हवा से बचने के लिये बंद सामने वाला दरवाज़ा खोलकर मैगी और मैंने जैसे ही बरामदे में कदम रखा चुड़ैल फिर चिल्लाई। चुड़ैल की आवाज़ हल्दू के पेड़ से आयी थी और वहीं पेड़ की सबसे ऊंची टहनी पर चांद की चमकदार रौशनी में यह आवाज़ पैदा करने वाली चुड़ैल बैठी हुई थी।

कुछ आवाज़ें तो ऐसी होती हैं जिन्हें आप शब्दों या अक्षरों के जरिये बता सकते हैं जैसे कौए की कांव-कांव, कोयल की कूहु या कठफोड़वे की ठक-ठक। लेकिन मेरे कोई शब्द यह बयान नहीं कर पायेंगे कि चुड़ैल की आवाज़ कैसी थी। यदि मैं कहूं कि यह किसी दुख भरी रूह की चीत्कार जैसी थी या बहुत तकलीफ पा रहे किसी इंसान की पुकार जैसी थी तो इसका कोई मतलब नहीं होगा। क्योंकि न तो आपने और न

ही कभी मैंने ऐसी आवाज़ें सुनी हैं। चुड़ैल की आवाज़ की तुलना मैं जंगल में सुनी किसी और आवाज़ से भी नहीं कर सकता। यह ऐसी आवाज़ थी जो सब आवाज़ों से अलग थी और ऐसा लगता था कि इस आवाज़ का हमारी इस दुनिया से कोई ताल्लुक नहीं है और ऐसी आवाज़ का असर सुनने वाले पर यह होता है कि उसका खून दही जैसे जमने लगता है और उसकी धड़कन रुकने-सी लगती है। जब मैंने पिछली बार यह आवाज़ सुनी थी तो मुझे मालूम था कि यह किसी चिड़िया की आवाज़ है और मुझे शक था कि यह आवाज़ किसी उल्लू की हो सकती है– खासतौर पर ऐसा उल्लू जो बाहर से आया हो क्योंकि मैं कुमाऊं में रहने वाले हर परिंदे को और उसकी आवाज़ को पहचानता हूं। इसलिये यह तय था कि यह परिंदा हमारे जंगल का तो नहीं था। मैं अपने कमरे में वापस घुसा और अंदर से अपनी दूरबीन ले आया। इस दूरबीन का इस्तेमाल कैसर की जंग के दिनों में दुश्मन की तोपों का पता लगाने के लिये हुआ था और यह दूरबीन किसी भी बढ़िया से बढ़िया दूरबीन जितनी ही अच्छी थी। इस दूरबीन की मदद से मैंने परिंदे को बहुत ध्यान से देखा। इस परिंदे का हुलिया मैं नीचे बयान कर रहा हूं– इस उम्मीद में कि किसी दिन मुझसे ज्यादा जानकारी रखने वाला कोई शख्स इस परिंदे का सही पता लगाएगा : (क) यह परिंदा गोल्डन ईगल से थोड़ा छोटा था, (ख) यह अपने लम्बे से पैरों पर बिलकुल सीधा खड़ा था, (ग) इसकी पूंछ छोटी थी मगर उल्लू जितनी छोटी भी नहीं, इसका सिर उल्लू की तरह गोल और बड़ा नहीं था। न ही इसकी गर्दन छोटी थी, (घ) इसके सिर पर कोई कलगी या 'सींग' नहीं थे। (च) यह परिंदा जब भी आवाज़ करता था– हर आधे मिनट में– यह अपना सिर ऊपर आसमान की तरफ उठा लेता था और उसकी चोंच पूरी चौड़ाई में खुली होती थी। (छ) इसका रंग पूरा काला या मुमकिन है कि गाढ़ा भूरा रहा हो जो चांदनी में काला दिख रहा था।

अट्ठाईस बोर की एक शॉटगन और एक हल्की रायफल मेरे गन रैक में मौजूद थी। शॉटगन इस मामले में एकदम बेकार थी क्योंकि परिंदा उसकी पहुंच के बाहर था। रायफल इस्तेमाल करने में मुझे थोड़ा डर था। चांदनी में पक्के निशाने की गारंटी नहीं की जा सकती। और यदि इस परिंदे पर मेरा निशाना चूक जाता तो आसपास के इलाके

में जहां तक गोली की आवाज़ जाती वहां के लोग हमेशा के लिये यह पक्का यकीन कर लेते कि यह आवाज़ किसी शैतानी रूह की है जिस पर रायफल की गोली का भी कोई असर नहीं होता। करीब बीस बार चिल्लाने के बाद परिंदे ने अपने पंख फैलाये और हवा में तैरते हुए रात के अंधेरे में कहीं समा गया।

गांव में अभी आवाज़ें आना शुरू नहीं हुई थीं और अगले दिन किसी ने चुड़ैल के बारे में एक लफ्ज भी नहीं बोला। "जब जंगल में हो", जब मैं छोटा बच्चा था तब मेरे शिकारी दोस्त कुंवर सिंह ने मुझे बताया था "शेर के बारे में कभी उसके बारे में नाम लेकर बात नहीं करो क्योंकि यदि तुम शेर का नाम लोगो तो शेर ज़रूर आ जायेगा।" इसी वजह से हमारे इलाके के लोग चुड़ैल के बारे में भी बात नहीं करते।

सर्दियों के मौसम में कालाढुंगी आकर रहने वाले दो बड़े परिवारों में कुल चौदह बच्चे थे। इनमें मेरा छोटा भाई शामिल नहीं था क्योंकि रात को अलाव के सामने बैठने या नदी में नहाने के लिये वह बहुत ही छोटा था। इसलिये उसकी गिनती इन चौदह बच्चों में नहीं होती थी। चौदह में से सात लड़कियां थीं— नौ से अठारह बरस तक की और सात ही लड़के थे आठ से अठारह तक के जिनमें मैं सबसे छोटा था। लड़कों में मेरा सबसे छोटा होना मेरी वह मजबूरी थी जिसकी वजह से मुझ पर कई ऐसे काम लाद दिये जाते थे जो मुझे बहुत ही नापसंद थे। उन दिनों के तौर-तरीके विक्टोरियन जमाने के थे। मिसाल के तौर पर हमारी जायदाद के किनारे बहने वाली नहर में जब लड़कियां नहाने जाती थीं तो यह जरूरी समझा जाता था कि उनके साथ एक मर्द जरूर जाये लेकिन मर्द की उम्र इतनी कम हो कि जिससे कौमार्य की देवी नाराज न हो। लड़कियां रोज़ ही नहर में नहाने जाती थीं सिर्फ इतवार को छोड़कर। यह मुझे आज भी समझ में नहीं आता कि लड़कियां इतवार को क्यों नहीं नहाती थीं। अपनी उम्र की वजह से बलि का बकरा मैं बनता था और लड़कियों के तौलिये और रात को पहनने वाले उनके लिबास ढोना मेरी जिम्मेदारी थी। उन दिनों बिकनी या तैरने की कोई दूसरी पोशाकें तो होती नहीं थीं। यह भी मेरी ही जिम्मेदारी थी कि जब लड़कियां नहा रही हों तो मैं चौकीदारी करता रहूं और यदि कोई मर्द आता हुआ दिखायी दे तो लड़कियों को होशियार कर दूं। नहर के उस पार एक पगडंडी थी जिसका इस्तेमाल जलाऊ

लकड़ी लाने वाले लोग या नहर की सफाई या मरम्मत करने वाले किया करते थे। यह नहर पक्की बनी हुई थी और इसकी चौड़ाई दस फीट और गहराई तीन फीट थी। नहर के इसी हिस्से में हमारे बगीचे की सिंचाई के लिये कुमाऊं के 'महाराजा', जनरल सर हैनरी रैमज़े ने नहर की तली को कुछ गज तक छह फीट गहरा खुदवा दिया था और हर रोज जब मैं लड़कियों को लेकर निकलता था तो मुझे इस बात की सख्त हिदायत दी जाती थी कि कहीं लड़कियां इस गहरे हिस्से में न डूब जायें। सूती नाइट ड्रेस पहने हुए, बहते पानी में उतरना बड़ा मुश्किल काम था खासतौर पर तब जबकि शरम-हया बनाये रखना जरूरी हो और वह भी तब जब लापरवाही भरे अंदाज में तीन फीट गहरे पानी में उतरते ही सभी लड़कियां बैठ जाना चाहती हों। इसका नतीज़ा यह होता था उनकी सूती नाइट ड्रेस ऊपर उठकर उनके सिर के ऊपर तैरने लगती थी। इसे देखकर कोई भी हक्का-बक्का रह जाये। ऐसा जब भी होता था मेरे लिये सख्त हिदायत थी कि मैं मुंह फेर कर दूसरी तरफ देखने लगूं। और ऐसा अक्सर होता था।

जब मैं लड़कियों की चौकादारी कर रहा होता और जब जरूरत पड़ने पर दूसरी तरफ देख रहा होता तो गुलेलों और बंसियों से लैस बाकी लड़के ऊपरी तरफ नहर के सिरे पर बने एक गहरे पोखर की तरफ जा रहे होते थे। रास्ते भर उनमें आपसी मुकाबलेबाजी चलती रहती थी कि सेमल की सबसे ऊंची टहनी पर लगा फूल कौन एक ही बार में गिरा सकता है या नहर के किनारे लगे फाइकस को पहला पत्थर कौन मारेगा। फाइकस के पेड़ में निशाना लगना तभी सही निशाना माना जाता था जब पत्थर पेड़ के तने से बह रहे दूध में जाकर चिपक जाये। पेड़ के तने से बहने वाला यह दूध चिड़ियों को फंसाने वाला गोंद बनाने के लिये सबसे बढ़िया चीज माना जाता था और फिर निशाना लगाने के लिये कलगी वाले जंगल कोतवाल, गोल्डन ओरियल और रोजी पेस्टर्स जैसे परिंदे भी थे जो सेमल के फूलों का रस पीने के लिये आते थे। आसानी से दिखने वाले स्लेटी रंग और गुलाबी सिर वाले तोते भी लड़कों का निशाना बनते थे। ये तोते सेमल के फूलों को कुतरते थे और छोटा-सा हिस्सा कुतरने के बाद बाकी फूल को जमीन पर गिरा देते थे जहां उनके इंतजार में हिरण और सुअर मौजूद रहते थे। यहां पर कलगी वाला काला-सफेद किंगफिशर भी था जो थोड़ी-सी आवाज़ होने

पर भी नहर के उस पार उड़ जाता था और बोआर पुल के उस पार रहने वाले उल्लू का जीवनसाथी एक सींगदार उल्लू भी यहां नहर किनारे पीपल की टहनी पर हमेशा मौजूद रहता था। इस उल्लू के बारे में यह बात मशहूर थी कि उसने कभी किसी को अपने इतना नज़दीक नहीं आने दिया कि कोई उसे गुलेल का निशाना बना सके। लेकिन लड़के तो लड़के ही थे और उन्होंने उल्लू को निशाना बनाने की बेतहाशा लेकिन नाकामयाब कोशिशें जरूर की थीं। एक बार बड़े पोखर पर पहुंचने भर की देर होती थी कि सब लड़कों में इस बात का जबरदस्त मुकाबला होता था कि कौन सबसे ज्यादा मछलियां पकड़ता है। इनकी मछली पकड़ने की बंसियों के धागे आमतौर पर उनकी मां या बहन की कढ़ाई-बुनाई की टोकरियों से निकाले गये होते थे और जो लड़के मछली पकड़ने का असली कांटा नहीं ले सकते थे वे पिनों को मोड़-तोड़ कर जुगाड़मेंट वाला कांटा बना लिया करते थे। बांस की पतली-पतली टहनियों से बंसी बनाकर काम चलाया जाता था। मछली पकड़ने का यह दौर तभी खत्म होता था जब मछली को ललचाने वाली आटे की गोलियां या तो खत्म हो जायें या फिर किसी की लापरवाही से पानी में गिर ज़ायें। हमारी नदियों में माहशीर मछलियां बहुत पायी जाती हैं। थोड़ी-बहुत माहशीर पकड़ने के बाद सब लड़के अपने पूरे कपड़े उतार फेंकते और पोखर पर से झांकती एक बड़ी चट्टान पर जाकर एक लाइन में खड़े हो जाते थे और इशारा मिलते ही सीधे पानी में छलांग लगा देते थे यह देखने के लिये कि दूसरे सिरे पर सबसे पहले कौन पहुंचता है और जब बाकी लोग इन शानदार मुकाबलों का मज़ा ले रहे होते थे तो एक मील आगे नहर किनारे मुझे बार-बार दूसरी तरफ देखने को कहा जा रहा होता था या सिर पर लकड़ी ढोते किसी बूढ़े आदमी के वहां से गुजरने की चेतावनी न दे पाने की वजह से मैं लड़कियों की झिड़कियां सुन रहा होता था। इस बेगार का एक फायदा तो मैं ले ही लेता था। वह यह था कि इन लड़कियों की तमाम खुफिया साज़िशें मुझे मालूम चल जाती थीं। ये साज़िशें आमतौर पर दोनों खानदानों के लड़कों का और खासतौर पर डैनसे और नील फ्लेमिंग का मजाक बनाने के बारे में होती थीं।

डैनसे और नील दोनों ही बिलकुल सनकी आयरिश थे और इन दोनों में सिर्फ यही बात एक जैसी थी इसके अलावा वे दोनों बिलकुल अलग-अलग किस्म के लोग

थे। डैनसे कद में छोटा था, उसका शरीर बालों से भरा हुआ था और वह किसी खूंखार भालू जैसा ताकतवर था। नील लम्बा और पतला था और उसका रंग लिली के फूल जैसा था। दोनों में और भी फर्क थे। जैसे कि डैनसे को अपनी भरतल बंदूक कंधे से लगाकर शेरों का पीछा करने और पैदल शिकार करने में कोई हिचक नहीं थी जबकि नील के मन में जंगलों का डर समाया हुआ था और सबको उसके बारे में यही पता था कि उसने कभी बंदूक नहीं चलायी।

इसके अलावा दोनों में एक बात और समान थी। दोनों के मन में एक दूसरे के लिये नफरत थी क्योंकि दोनों ही सब की सब लड़कियों के इकतरफा प्यार में गले तक डूबे हुए थे। डैनसे को घर से निकाल दिया गया था क्योंकि उसने अपने फौजी बाप का हुक्म न मानते हुए फौज में भर्ती होने से साफ इनकार कर दिया था। वह मेरे भाइयों के साथ सरकारी स्कूल में पढ़ा था और फिलहाल जंगलात महकमे की नौकरी से निकाले जाने के बाद यह उम्मीद कर रहा था कि कभी न कभी सियासी महकमे में उसकी नौकरी लग जायेगी। दूसरी तरफ नील नौकरीशुदा था और मेरे भाई टॉम के मातहत डाक महकमे में काम करता था। इस बात से दोनों को ही कोई फर्क नहीं पड़ता था कि दोनों में से कोई भी शादी करने की हालत में नहीं था लेकिन इस बात से न तो उनकी उम्मीदों में और न ही एक दूसरे के लिये उनकी नफरत में कोई कमी आयी थी।

नहर के किनारे लड़कियों की जो बातचीत चोरी से मैंने सुनी थी उससे मुझे समझ में यह आया कि कालाढुंगी में हम लोगों की पिछली मुलाकात के दौरान लड़कियों को यह महसूस हुआ था कि नील कुछ ज्यादा ही गुरूर में है और बड़ा ऊंचा उड़ रहा है। साथ ही वह ऐसा भी जाहिर कर रहा था कि जैसे उसकी मोहब्बतें परवान चढ़ने लगी हों। लड़कियों ने यह भी महसूस किया था कि इसी पिछली मुलाकात के दौरान डैनसे काफी दबा-सहमा सा था और बड़ा हिचकिचा रहा था। यह हालात लड़कियों को मंजूर नहीं थे इसलिये उन्होंने यह सोचा कि नील को कुछ नीचे उतारना जरूरी है और डैनसे को कुछ सीढ़ियां ऊपर चढ़ाना। लड़कियों में बातचीत हो रही थी "कहीं डैनसे को इतना ऊपर भी न चढ़ा दिया जाये कि उसके दिमाग में फितूर भरने लगे।" मेरी समझ में नहीं आया कि 'दिमाग में फितूर भरने' का क्या मतलब होता है और यह सवाल

लड़कियों से न पूछने में ही मैंने अपनी बेहतरी समझी। नील को नीचे उतारने और डैनसे को ऊपर चढ़ाने का काम एक ही झटके में हो जाये इसके लिये जरूरी था कि सीधे-सादे नील और ढीले-ढाले डैनसे को एक ही मज़ाक का शिकार बनाया जाये। कई मंसूबे बनाये गये और आखिरकार जिस मंसूबे पर सबने हामी भरी उसे लागू करने में मेरे भाई टॉम की मदद ज़रूरी थी। सर्दी के महीनों में नैनीताल के पोस्ट आफिस में ज्यादा काम नहीं था और हर एकाध हफ्ते के फेर से टॉम नील को यह रियायत दे देता था कि वह शनिवार की शाम से सोमवार की सुबह तक छुट्टी मना ले। अपनी छोटी-सी यह छुट्टी नील कालाढुंगी में रहने वाले दो परिवारों में से किसी एक के साथ मनाता था और इन दोनों ही परिवारों में उसकी खुली तबियत और शानदार आवाज़ की वजह से उसका बड़ा मान था। बहरहाल, मंसूबे के मुताबिक एक चिट्ठी टॉम को भेजी गयी जिसमें उससे कहा गया कि वो किसी न किसी बहाने आने वाले शनिवार की शाम नील को देर तक पोस्ट आफिस में रोके रखे और उसे दफ्तर छोड़ने की मंजूरी कुछ इस हिसाब से दे कि पंद्रह मील का सफर पैदल तय करके नील जब कालाढुंगी पहुंचे तब रात घिर रही हो। इसके अलावा टॉम को अपनी बातचीत में यह इशारा भी नील को करना था कि मुमकिन है कि नील के पहुंचने में देरी से लड़कियां फिक्रमंद हो रही होंगी और शायद उसके इंतजार में वे सड़क पर ही टहलती मिल जायें। लड़कियों का बनाया यह मंसूबा बड़ा भारी मज़ाक था और इसके मुताबिक डैनसे को भालू की खाल पहन लेनी थी और यह खाल उसे पहनाने के बाद ऊपर से सिल दी जाना थी ताकि पोल आसानी से खुले नहीं।

भालू की खाल पहना कर लड़कियां डैनसे को दो मील आगे नैनीताल रोड पर ले जातीं जहां एक तीखा मोड़ था। डैनसे यहीं एक चट्टान के पीछे छुपने वाला था और नील के आने पर भालू जैसी आवाज़ निकालते हुए उस पर झपटना था। ऐसी उम्मीद थी कि भालू देखने के बाद नील आंख मींचकर वहां से भाग लेगा और थोड़ी आगे खड़ी लड़कियों की बाहों में जा समायेगा। लड़कियां उसकी कहानी सुनेंगी और उसकी बहादुरी पर ताने कसेंगी और जोर-जोर से हंसकर उसका मज़ाक उड़ायेंगी। जब नील की हंसी उड़ायी जा रही होगी तो एक मिनट बाद डैनसे भी वहां आकर उसका

मजाक उड़ाने में शामिल हो जायेगा। पहले तो डैनसे ने इस मंसूबे में भागीदारी से थोड़ी आना-कानी की लेकिन जब लड़कियों ने बताया कि दो हफ्ते पहले, पिकनिक के दौरान जब उसके सैंडविच में मांस की जगह लाल रंग के कपड़े का जो टुकड़ा निकला था और जिससे डैनसे की बड़ी भद्द उड़ी थी वह नील के कहने पर ही रखा गया था। यह सुनकर डैनसे फौरन बदला लेने को तैयार हो गया।

सूरज ढलने के साथ ही कालाढुंगी– नैनीताल सड़क पर आवाजाही एकदम बंद हो गयी और तयशुदा मंसूबे के मुताबिक भालू की खाल पहने हुए डैनसे को लड़कियां उस जगह ले गयीं जो छुपने के लिये तय की गयी थी। यहां तक पहुंचने में डैनसे कभी चौपायों की तरह चला तो कभी इंसानों की तरह। भालू की खाल डैनसे को पहनाकर ऊपर से सिल दी गयी थी। शाम को वैसे भी गर्मी थी और डैनसे ने भालू की खाल अपने कपड़ों के ऊपर ही पहन ली थी इसलिये यहां तक पहुंचते-पहुंचते पसीने के मारे उसकी हालत खराब हो गयी थी। इस बीच उधर नैनीताल में एक के बाद दूसरा काम निपटाते हुए नील बुरी तरह खीज रहा था क्योंकि नैनीताल से उसकी रवानगी का वक्त निकल चुका था। आखिरकार उसे जाने की इजाज़त मिली और उसके रवाना होने के पहले टॉम ने अपनी शॉटगन में दो गोलियां भरीं और शॉटगन नील के हाथों में सौंप दी। टॉम ने नील को हिदायत दी कि बंदूक का इस्तेमाल सिर्फ इमरजेंसी में ही किया जाये। नैनीताल से कालाढुंगी की तरफ आने वाली सड़क लगातार ढलान वाला रास्ता है और पहले आठ मील यह खेतों से होकर गुजरता है और इसके आगे कालाढुंगी तक लगातार घना जंगल है। डैनसे और लड़कियां अपनी पोजीशन लिये हुए बैठे थे और रौशनी कम होती जा रही थी। इतने में ऊंचे सुर में अपना मनपसंद गाना गाते हुए नील की आवाज़ सुनायी दी। अपनी हिम्मत बनाये रखने के लिये वह लगातार गा रहा था। अब उसकी आवाज़ और नज़दीक से सुनायी दे रही थी। बाद में लड़कियों ने बताया कि उन्होंने नील को इतनी बढ़िया आवाज़ में गाते कभी नहीं सुना था। बहरहाल, इतने में वह मोड़ आया जहां डैनसे नील के इंतजार में छुपा बैठा था। लड़कियों की सलाह पर अमल करते हुए डैनसे अपने पिछले पैरों पर उठ खड़ा हुआ और भालू जैसे गुर्राते हुए नील पर लपका। नील ने आव देखा न ताव बंदूक की दोनों

गोलियां तड़ातड़ चला दीं। बंदूक से निकला धुएं का बादल नील की आंखों के सामने छा गया। इसके साथ ही नील तेजी से भागा और भागते में उसने पहाड़ से भालू के लुढ़कने की आवाज़ सुनी। ठीक इसी वक्त लड़कियां भी दौड़ती हुई आ पहुंची और उन्हें देखकर नील ने बड़ी शान से अपनी बंदूक लहराई और कहा कि मैंने अभी-अभी एक बहुत बड़े भालू को मार गिराया है जो कि बड़े गुस्से में मुझ पर हमला कर रहा था। घबरायी हुई लड़कियों ने नील से पूछा कि भालू का क्या हुआ? कहां है भालू? जवाब में नील ने पहाड़ी की तरफ इशारा किया और बड़े फख्र से लड़कियों को अपना शिकार देखने का न्यौता दिया। नील यह जोड़ना नहीं भूला कि भालू के पास तक जाने में कोई खतरा इसलिये भी नहीं है क्योंकि भालू पक्के तौर पर मर चुका है। लड़कियों ने नील का न्यौता मंजूर नहीं किया और उसे कहा कि वह खुद ही अकेला भालू को देखकर आये। नील को इस बात में जरा भी परेशानी नहीं थी क्योंकि लड़कियों की आंखों में आंसू देखकर उसे यह लग रहा था कि भालू से मुठभेड़ में उसके जिंदा बच निकलने की खुशी में लड़कियां ये आंसू बहा रही हैं।

नील पहाड़ी से उतरकर खाई में चला गया। डैनसे ने नील से क्या कहा और नील ने डैनसे से क्या कहा– यह कहीं दर्ज़ नहीं किया गया लेकिन बड़ी देर बाद जब दोनों घिसट-घिसटकर चढ़ते हुए वापस सड़क पर आये तो डैनसे के हाथ में बंदूक थी और नील के हाथ में भालू की खाल। लड़कियां बेसब्री से उनका इंतजार कर रही थीं। पहाड़ी की सीधी ढलान पर लुढ़कने के बाद भी डैनसे को कोई खास चोट नहीं आयी थी क्योंकि भालू की मोटी खाल उसने पहन रखी थी। डैनसे का कहना था कि नील ने उसे ठीक छाती के बीचों-बीच गोली मारी थी इसलिये उसके पांव उखड़ गये थे। और जब नील ने बताया कि बंदूक किस तरह उसके कब्जे में आयी थी तो सब लोगों ने मिलकर मंसूबा फेल होने की जिम्मेदारी मेरे भाई टॉम के मत्थे मढ़ दी।

सोमवार को सरकारी छुट्टी थी और इतवार की शाम टॉम जब घर आया तो गुस्से में भरी बैठी लड़कियों ने उस पर सवालों की बौछार कर दी। वे टॉम से जानना चाहती थीं कि नील जैसे गैर जिम्मेदार आदमी के हाथों भरी हुई बंदूक टॉम ने क्यों सौंपी? डैनसे की जान के लिये इतना बड़ा खतरा क्यों पैदा किया? सवालों का यह तूफान टॉम के

सिर के ऊपर से गुजरता रहा और वह चुपचाप सुनता रहा। जब किस्से का वह हिस्सा बताया जा रहा था कि किस तरह डैनसे की छाती में गोलियां लगीं, किस तरह उसके पांव उखड़े और किस तरह डैनसे की बेवक्त मौत पर लड़कियां एक-दूसरे से गले लगकर रोयीं तब टॉम ने असलियत खोली। असलियत खुलने से हंसी के जो फव्वारे छूटे उनमें हर कोई शामिल था सिवाय डैनसे के। टॉम ने बताया कि लड़कियों की चिट्ठी मिलने पर उसे यह शक हो गया था कि लड़कियां कोई बड़ी शरारत कर रही हैं और उसने कारतूसों में से बुलेट निकालकर उसकी जगह आटा भर दिया था। लड़कियों की इस शरारत का नतीज़ा सिर्फ यह निकला कि नील का खुद में भरोसा बढ़ गया और डैनसे का सिफर हो गया।

2

❋ मेरा बहुत-सा बक्त लड़कियों के साथ गुजरता था इसलिये डैनसे को यह शक था कि भालू वाली साजिश में मेरा भी बड़ा हाथ था। इस पूरे मामले का नतीजा डैनसे के हक में वैसा नहीं निकला था जैसा कि सोचा गया था। पूरे मामले में मेरा हाथ तो सिर्फ इतना ही था कि जब डैनसे को भालू की खाल पहना कर सिली जा रही थी तब मैंने यह सुझाया था कि बजाये मामूली धागे के, सुतली जैसे मोटे धागे से खाल की सिलायी की जाये। मुझे कोई वजह समझ में नहीं आती कि उस दिन सबेरे मुझे डैनसे का न्यौता क्यों मिला। सुबह-सुबह मैं अपने दोस्तों को बता रहा था कि एक डाल से दूसरी डाल पर कैसे छलांग लगायी जाती है कि तभी मुझे डैनसे का संदेशा मिला— उसके साथ शिकार पर जाने के लिये। इस सम्मान के लिये अपने चुने जाने पर मेरा दिमाग सातवें आसमान पर पहुंच गया और मैं खुशी-खुशी डैनसे के साथ चल पड़ा। धूनीगढ़ के जंगल में जहां सरकंडों के बड़े-बड़े झुरमुट हैं वहां हमें शेरों के पैर के निशान तो खूब दिखे लेकिन शेर नहीं दिखा। आने वाले बरसों में मैंने पाया कि धूनीगढ़ का यह इलाका वाकई शेरों का अड्डा है। बहरहाल, डैनसे हमारे पूरे परिवार का ही दोस्त था और घर लौटते वक्त उसने मुझे बंदूक चलाने का पहला सबक देने का फैसला किया। जिस वक्त डैनसे के दिमाग में यह नेक ख्याल आया उस वक्त हम एक झरने के किनारे खड़े थे। दूसरे किनारे पर बहुत सारी चिड़ियां दीमकों की तलाश में ज़मीन पर पड़ी सूखी पत्तियों को खंगाल रही थीं। कुछ देर पहले जब हम शेर की तलाश में घूम रहे थे तो डैनसे के हाथों में भरतल राईफल थी और अपनी शॉटगन

उसने कंधे से लटका रखी थी। यह शॉटगन भी भरमार बंदूक ही थी। अब डैनसे ने अपने कंधे से शॉटगन उतारी और मेरे हाथों में थमाते हुए झरने के उस पार बैठी चिड़ियों की तरफ इशारा किया। डैनसे ने मुझे कहा कि मैं पहले अपना बायां पैर थोड़ा आगे निकालूं बंदूक को कंधे तक ले जाऊं, बंदूक को एकदम सीधा रखूं और बहुत धीरे से घोड़ा दबा दूं। और यह सब मैंने किया। अब इतने बरस बीतने के बाद भी मैं इस नतीजे पर नहीं पहुंच सका हूं कि बंदूक में इतना ज्यादा बारूद मेरे भले के लिये भरा गया था या इसलिये कि भालू जैसा मजबूत डैनसे हमेशा ही जरूरत से ज्यादा बारूद भरने का आदी था। बहरहाल, जब मेरे होशो-हवास दुबारा कायम हुए और मैं हालात का जायज़ा लेने के काबिल हुआ तो मैंने देखा कि डैनसे बंदूक की नाल पर हाथ फेर कर देख रहा है कि कहीं उस पर पत्थरों से खरोंचें तो नहीं आ गयी क्योंकि फायर होते ही मेरे पैर ऊपर हवा में थे और सिर नीचे। इसके साथ ही बंदूक मेरे हाथ से छिटककर दूर गिर गयी थी। गोली चलने के साथ ही सारी चिड़ियां पता नहीं कहां गायब हो गयी थीं। अब सामने जमीन पर दूधराज नाम का परिंदा पड़ा हुआ था। हमने नजदीक जाकर इस मरे हुए परिंदे का जायजा लिया तो पाया कि उसे कहीं भी चोट नहीं लगी थी। डैनसे ने नतीजा निकाला कि यह परिंदा धमाके के सदमे से मर गया है। डैनसे के इस नतीजे से मैं पूरी तरह सहमत इसलिये था कि मैं भी सदमे से मरते-मरते बचा था।

डैनसे की भरतल बंदूक वाले तजुर्बे के कुछ ही दिनों बाद मेरे सबसे बड़े भाई टॉम ने एक शाम ऐलान किया कि वह मुझे भालू के शिकार पर ले जा रहा है। जब मेरे पिता की मृत्यु हुई तब मैं चार बरस का था। तभी से टॉम ने पूरे परिवार की ज़िम्मेदारी संभाल ली थी। मेरी मां को जब यह मालूम चला कि टॉम मुझे भालू के शिकार पर ले जाने का इरादा रखता है तो उसने बड़ी चिंता की। हालांकि जोन आफ आर्क और नर्स कैबिल दोनों के बराबर हिम्मत मेरी मां में थी लेकिन वह किसी फाख्ता की तरह नर्म दिल और शर्मीली थी। मेरे बचपन का हीरो टॉम जब मां को समझा रहा था तो मैं कान लगाये सुन रहा था। टॉम ने मां को यकीन दिलाया कि इस पूरे सिलसिले में कोई खतरा नहीं है, वह मेरा पूरा ध्यान रखेगा और मुझे कुछ भी नहीं होने देगा। आखिरकार जब मां ने मुझे भालू के शिकार पर जाने की इजाज़त दी तो साथ ही मुझे

यह हिदायत भी दी कि अपनी हिफ़ाज़त के लिये मैं एक पल के लिये भी टॉम से अलग न होऊं और लगातार उसके साथ चिपका रहूं। उस शाम को जब हम चले तो टॉम के कंधों पर दो बंदूकें थीं– एक उसकी अपनी और दूसरी मेरे लिये। एक बहुत ऊंचे पहाड़ की तलहटी में बनी पगडंडी पर हम आगे बढ़ने लगे। अभी हमने पहाड़ का आधा रास्ता ही तय किया था कि हम एक गहरी अंधेरी और खतरनाक दिखने वाली खाई के मुहाने पर आ पहुंचे। यहां रुककर टॉम ने फुसफुसाकर मुझे बताया कि भालुओं का शिकार करने के लिये सबसे बेहतरीन जगह है। इस लंबी खाई के एक सिरे से दूसरे सिरे तक आते-जाते भालू कई बार पगडंडी पर भी आ जाते हैं। टॉम ने फिर एक चट्टान की तरफ इशारा करते हुए मुझे वहां बैठने को कहा। जब मैं बैठ गया तो उसने मेरे हाथ में बंदूक और दो गोलियां थमा दीं। टॉम मुझे यह हिदायत देना नहीं भूला कि मैं गोली बहुत ध्यान से चलाऊं और इस बात का ख्याल रखूं कि मेरी चलाई गोली से भालू मर ही जाये– सिर्फ जख्मी होकर न भाग जाये। फिर पहाड़ की तरफ आठ सौ गज दूर खड़े इकलौते चीड़ के पेड़ की तरफ इशारा करते हुए मुझे कहा कि मैं उस तरफ पोजीशन लेने जा रहा हूं और यदि शाम के दौरान कोई भी भालू दिखायी दे तो मैं जाकर उसे बताऊं। और इन लफ्जों के साथ टॉम मुझे अकेला छोड़कर चला गया।

सूखी घास और जमीन पर पड़ी पत्तियों में सरसराहट पैदा करती हुई हवा चल रही थी और अचानक मेरे आसपास का सारा जंगल भूखे भालुओं से भर गया– कम से कम मेरे ख्यालों में। सर्दी के उस मौसम में इसी पहाड़ पर नौ भालू मारे गये थे। कोई न कोई भालू पकड़कर मुझे खा लेगा इस बारे में मुझे रत्ती भर भी शक नहीं था और मुझे पूरा यकीन था कि भालू का निवाला बनना मेरे लिये बहुत दर्दनाक होगा। ऐसा लग रहा था जैसे वक्त के पैरों में सीसा भर गया हो और उनके मनों भारी होने की वजह से वक्त बहुत धीमे चल पा रहा था। धीरे-धीरे बीतने वाला हर पल मेरे डर को लगातार बढ़ाता जा रहा था। कुछ देर बाद जब डूबते सूरज की लालिमा पहाड़ की चोटियों को सिंदूरी रंग में नहला रही थी तभी मुझे कुछ सौ गज दूर एक भालू आता हुआ दिखायी दिया। यह भालू टॉम को दिखा था या नहीं इस बात से मुझे कोई फर्क नहीं पड़ रहा

था क्योंकि मैं अपनी जगह से निकल भागने का मौका ढूंढ रहा था और इसके लिये प्रार्थना भी कर रहा था। मुझे यह भी लग रहा था कि जब तक अपनी जान सलामत है तभी तक सब ठीक है। इसके पहले कि कोई खतरा पैदा हो मुझे वहां से भाग लेना चाहिये। लिहाजा, मैंने अपनी बंदूक कंधे पर टांगी। डैनसे वाले तजुर्बे के बाद बंदूक लोड करने में भी मैं हिचकिचा रहा था। फिलहाल मेरी सबसे बड़ी फिक्र यही थी कि मैं यहां से निकल पड़ूं इसलिये मैं तेजी से उठा और टॉम की तरफ चल दिया— ताकि मैं उसे भालू के बारे में बता सकूं और दुबारा खुद को टॉम से नत्थी कर सकूं।

दुनिया के इस हिस्से में जहां हम रहते हैं, यहां हिमालयन काला भालू सर्दी के दिनों में ओक के पेड़ पर लगने वाले फल खाकर ही गुजारा करता है। भालू भारी-भरकम होते हैं और ओक के ये फल टहनियों के आखरी सिरों पर लगे होते हैं। इन फलों को तोड़ने के लिये भालू पेड़ की टहनी पकड़ते हैं और उसे पेड़ के तने की तरफ मोड़ देते हैं। इनमें से कुछ टहनियां सिर्फ चटकती भर हैं और बरसों बरस तक हरी बनी रहती हैं। कुछ डालियां भालू के जोर लगाते ही टूट जाती हैं और जमीन पर आ गिरती हैं लेकिन कुछ टहनियां टूटने के बावजूद छाल के सहारे पेड़ से लटकती रहती हैं। मैं खाई पार कर चुका था कि तभी मुझे तेजी से कुछ आवाज़ सुनायी दी। पत्थर की मूर्ति की तरह मैं वहीं खड़ा हो गया। डर के मारे मेरा हाल बुरा था। वह आवाज़ और ऊंची होती गयी और अचानक एक बड़ी-सी चीज मेरे ऐन सामने आ गयी। दरअसल यह चीज पेड़ की डाली ही थी जो छाल के सहारे लटकी रह गयी थी और अब हवा के झोंके से जमीन पर आ गिरी थी। सच्चाई तो यह है कि पूरे एशिया में पाया जाने वाला बड़े से बड़ा भालू मुझमें वह खौफ पैदा नहीं कर सकता था जो इस टूटी हुई बेजान डाल ने किया। जितनी हिम्मत मैंने भाई टॉम तक जाने के लिये जुटायी थी वह सब कब की काफूर हो चुकी थी इसलिये मैं चुपचाप वापस उसी चट्टान पर लौट आया जहां टॉम ने मुझे बैठाया था। औसत सेहत वाला कोई इंसान यदि सिर्फ डर के मारे मर सकता है तो मैं उस रात और उसके बाद कई मौकों पर मर चुका होता।

पहाड़ के माथे से सिंदूरी चमक जा चुकी थी और आसमान में भी रौशनी नहीं बची थी। इतने में एक बड़ी-सी कोई चीज अंधेरे से निकली और मेरी तरफ लहराते

हुए आयी और इसके साथ ही एक खुशनुमा आवाज़ ने मुझसे पूछा "तुम्हें डर तो नहीं लग रहा ना?" मेरे हाथ से बंदूक लेते हुए टॉम ने यह सवाल पूछा और मैंने उसे बताया कि मुझे–अब– डर नहीं लग रहा है। टॉम ने इस बारे में मुझसे कुछ और नहीं पूछा क्योंकि वह सचमुच बहुत समझदार बड़ा भाई था।

भाई टॉम उन लोगों में से था जो शिकार के लिये सुबह जल्दी निकलने में यकीन रखते हैं। जब टॉम मुझे मोर के शिकार पर ले गया तो उसने मुझे सबेरे चार बजे ही उठा दिया। उसने मेरे हाथ-मुंह धुलवाकर मुझे तैयार किया और इस बात का खास ख्याल रखा कि हमारे तैयार होने से दूसरों की नींद में खलल न पड़े। आधे घंटे बाद चाय के गरमा-गरम कप और घर के बने बिस्किट खाकर हम सात मील लंबे रास्ते पर निकल पड़े। अभी पौ नहीं फटी थी और हम गड़प्पू के जंगलों की तरफ जा रहे थे।

अपनी ही जिंदगी में मैंने तराई और भाबर के जंगलों में बड़े भारी बदलाव आते देखे हैं। इनमें से कुछ बदलाव तो जंगल से फायदा उठाने की वजह से हुए हैं लेकिन बाकी बदलाव कुदरती तौर पर आये हैं। कुछ इलाकों में जहां पहले घने, अनछुए जंगल थे वहां अब झाड़ीदार जंगल हैं और कई जगहों पर जहां लंबे-चौड़े मैदानों में घास और फलदार झाड़ियां होती थीं वहां अब जंगल हैं। गड़प्पू के दक्षिण-पूर्व में जहां अब पेड़ों वाला जंगल है वहां कमर तक ऊंची घास और फलदार झाड़ियां थीं। यह उस वक्त की बात है जिसके बारे में मैं यह कहानी बता रहा हूं। यही वह इलाका था जहां दिसंबर की उस सुबह टॉम मुझे ले जा रहा था। यहां गूदेदार फल झाड़ियों पर पके हुए थे और इन फलों को खाने मोर ही नहीं हिरण और सुअर भी आया करते थे।

हम गड़प्पू आ पहुंचे लेकिन अंधेरा अभी छंटा नहीं था इसलिये हम वहां एक कुएं के नजदीक बैठ गये और जब पूरब की तरफ से धीमे-धीमे रौशनी आनी शुरू हुई तो हम नींद से उठते हुए जंगल की आवाज़ें सुनते रहे। हमारे चारों तरफ लाल कलगी वाले जंगली मुर्गों की आवाज़ आ रही थी और इनकी आवाज़ से हजारों-हजार छोटे पंछी भी नींद से उठते जा रहे थे। ये नन्हें पंछी भी अपने नन्हें पर फड़फड़ाकर अपने शरीर से ओस की बूंदें और आंखों में बसी नींद को झटकार कर बाहर निकाल रहे थे।

इसके साथ ही वे भी अपने सुर जंगली मुर्गों के साथ मिलाकर ताजा-ताजा पैदा हुए दिन का स्वागत करने में जुट जाते थे। लंबे-चौड़े घास के मैदान में यहां-वहां उगे बड़े-बड़े सेमल के पेड़ों, ऊंची डालियों पर बैठे मोर भी अपनी तीखी आवाज़ बाकी परिंदों की आवाज़ों के साथ मिलाकर जंगल में उस वक्त मचे खूबसूरत शोर को कई गुना बढ़ा रहे थे। जब सूरज की पहली किरण ने सेमल की सबसे ऊंची डाल को धीमे से छुआ तो हमारे देखते-देखते लंबी-लंबी डालियों पर झुंड में बैठे बीस-पच्चीस मोरों ने अपने पंख फैलाये और हवा में तैरते हुए फलदार झाड़ियों के बीच जा उतरे। अपनी पाईप से राख झाड़ते हुए टॉम उठ खड़ा हुआ और कहा कि अब जंगल के भीतर चलने का वक्त हो गया है। यहां जैसे निचले इलाके में ओस की बूंदें करीब तीस फुट की ऊंचाई तक पत्तियों पर छा जाती हैं और जब आप ऐसे जंगल में पेड़ों के बीच से गुजरें तो पेड़ों से टपक रही नमी अपनी आवाज़ और अपनी तादाद दोनों से बरसात का भरम पैदा करती है। जिस रास्ते से हम आगे बढ़ रहे थे वह पूरी तरह ओस से भीगा हुआ था और जिस घास से होकर हम गुजर रहे थे वह टॉम की कमर तक और मेरी ठुड्डी तक पहुंच रही थी। अभी हम कुछ ही कदम चले थे कि मैंने पाया कि मेरे कपड़े गीले होकर मेरे शरीर से चिपक रहे हैं। उस सुबह कड़ाके की ठंड पड़ रही थी और उस पर गीले कपड़ों का बोझ ढोना वाकई भारी पड़ रहा था।

जब हम सेमल के पेड़ की तरफ जा रहे थे तो हमारी आहट सुनकर दस-बारह मोर अपनी जगह से उठे और नीचे-नीचे उड़ते हुए कुछ दूर घास में जा बैठे। इनमें से एक मोर ऊपर की तरफ उड़ा और सेमल की डाल पर जा बैठा। भरे-पूरे शरीर वाला यह मोर वाकई बहुत सुंदर था। मेरा नन्हा-सा दिल उस वक्त खुशी से झूम उठा जब टॉम ने अपनी तोड़ेदार बारह बोर की बंदूक मेरे हाथों में थमाते हुए कहा कि जाओ और मोर को नीचे गिरा लो। मैं मोर से करीब डेढ़ सौ गज दूर था और मैंने जब चालीस गज का फासला तय कर लिया तो मैं रुका और जैसे ही मैंने बंदूक का घोड़ा चढ़ाने की कोशिश की, मुझे टॉम की हल्की-सी सीटी की आवाज़ सुनाई दी। पीछे मुड़कर मैंने देखा तो टॉम मुझे अपनी तरफ आने का इशारा कर रहा था। जब मैं वापस टॉम के पास पहुंचा तो उसने मुझे कहा कि इतनी दूरी से मोर बंदूक की रेंज के बाहर था। जवाब में

मैंने उसे बताया कि मैं वहां फायर करने के लिये नहीं बल्कि बंदूक का घोड़ा चढ़ाने के लिये रुका था तो टॉम ने मुझे कहा कि आगे से ध्यान रखो कि घोड़ा फायर करने के तुरंत पहले ही चढ़ाया जाता है क्योंकि घोड़ा चढ़ी बंदूक हाथ में लिये चलना बेहद खतरनाक है। टॉम ने कहा कि यदि तुम्हारी बंदूक का घोड़ा चढ़ा हुआ है और घास में चलते वक्त यदि किसी अनदेखे गड्ढे की वजह से तुम गिर पड़ो या तुम्हारा पैर फिसल जाये तो यह बात बड़ी खतरनाक साबित हो सकती है। इसके बाद टॉम ने कहा "जाओ, अब आगे जाओ और दुबारा कोशिश करो— मोर को मार गिराने की।" अब दूसरा मौका मिलने पर एक फलदार झाड़ी के पीछे छिपते-छिपते जमीन पर रेंगते हुए मैं अपने निशाने के इतना नजदीक पहुंच गया जहां से मोर बड़ी आसानी से मेरी रेंज के भीतर था। सेमल के पेड़ पर एक भी पत्ती नहीं थी लेकिन हर डाली लाल रंग के बड़े-बड़े फूलों से लदी हुई थी और मेरी तरफ को निकली एक डाली पर मोर बैठा हुआ था। सूरज की तिरछी किरणें मोर पर पड़ रही थी और मैं दावे के साथ कहता हूं कि इतना खूबसूरत मोर मैंने जिंदगी में फिर नहीं देखा। अब वक्त आ गया था कि मैं बंदूक का घोड़ा चढ़ाऊं लेकिन रोमांच और ठंड के मिलेजुले असर से मेरी उंगलियां मानो जम गयीं थीं और मैं घोड़ा चढ़ाने में नाकामयाब रहा। मैं अभी ये सोच ही रहा था कि मेरा अगला कदम क्या होगा कि इतने में मोर वहां से उड़ गया। "चिंता मत करो" टॉम ने मुझसे कहा "अगली बार तुम्हें और अच्छा मौका मिलेगा।" लेकिन उस सुबह किसी और पंछी ने जमीन से पेड़ की उड़ान बनकर निशाने के तौर पर खुद को मेरे सामने पेश नहीं किया। इसके बाद घास और फलदार झाड़ियों वाले जंगल से हम वापस लौट रहे थे तो घर में ठंडा होता नाश्ता हमारा इंतजार कर रहा था और हम खुश थे कि एक लाल जंगल मुर्ग और तीन मोर हमारे पास थे जो टॉम ने मार गिराये थे।

3

※ जिन तीन सबकों का जिक्र मैंने किया है उन्हें सीखने के साथ ही मेरी जंगल ट्रेनिंग पूरी हो गयी– कम से कम जहां तक मुझे अपने बड़ों से जो कुछ इस मामले में सीखना था मैं सीख चुका था। मुझे यह सिखा दिया गया था कि बंदूक कैसे पकड़ी और कैसे चलायी जाती है। मुझे ऐसे जंगलों में ले जाया जा चुका था जहां शेर और भालू थे और मुझे वहां ले जाये जाने के पीछे उनकी मंशा मुझे यह बताने की थी कि जब तक कोई जानवर घायल न हो तब तक उससे किसी खतरे की उम्मीद नहीं की जानी चाहिये। कम उम्र में जो सबक आप अच्छे से सीख लें उन्हें आप जिंदगी भर भूल नहीं सकते और मैंने अपने सबक अच्छे से सीख लिये थे। ये सबक सीख लेने के बाद, इनसे कोई फायदा उठाना या न उठाना पूरी तरह मेरे ऊपर था और मुझे इस बात की खुशी है कि यह फैसला मुझ पर ही छोड़ दिया गया था। मुझे इस बात की भी खुशी है कि मुझे यह नहीं बताया गया कि मुझे क्या करना है और क्या नहीं करना। ऐसे फैसले मेरे ऊपर इसलिये नहीं छोड़ दिये गये थे क्योंकि मेरी ऐसी इच्छा थी बल्कि मेरे बड़े यह जानते-समझते थे कि मेरी उम्र के लड़कों के साथ यही करना ठीक होगा।

लड़कों में दिमाग की कमी नहीं होती और जहां भी शिकार की सहूलियतें मौजूद हो– जैसे कि हिंदुस्तान के ज्यादातर हिस्सों में है– लड़कों को अपनी पसंद के शिकार का तरीका तय कर लेने की आजादी मिलनी ही चाहिये। यदि किसी लड़के की दिलचस्पी शिकार में नहीं है तो उसे जबरन उस तरफ धकेला भी नहीं जाना चाहियें। मेरा मानना है कि जबरदस्ती पर आप कितने ही परदे क्यों न डाल दो, उसे छुपाया

नहीं जा सकता। यदि आप बड़ी चालाकी से अपनी मर्जी किसी लड़के पर इस तरह भी लादने की कोशिश करें जो उसकी दिलचस्पी के मुताबिक मालूम हो तो भी इसका कोई फायदा नहीं क्योंकि ढंकी-छुपी जबरदस्ती किसी भी खेल (या शिकार) का मज़ा खत्म कर देती है।

निमोनिया होने पर जिंदगी और मौत की जद्दोजहद के दौरान मेरी देखभाल में मां और मेरी बहनों की मदद भाई टॉम किया करता था। एक ऐसा मौका आया जब ज़िंदगी मेरे हाथों से फिसलती जा रही थी ऐसे वक्त में जब जीने की ललक पैदा करने के लिए मुझे हौसला अफज़ाई की जरूरत थी, तब टॉम ने मुझे मेरी पहली गुलेल दी। मैं बिस्तर में पड़ा हुआ था। टॉम मेरे बाजू आ बैठा और उसने अपनी जेब से गुलेल निकालकर मेरे हाथों में सौंपते हुए दूसरे हाथ से मांस के सूप का कप टेबल से उठाया और मुझे कहा कि गुलेल चलाने लायक ताकत मुझमें आ जाये इसके लिये जरूरी है कि मैं यह कप खाली कर दूं। इसके बाद मुझे जो कुछ भी खाने-पीने को दिया गया मैंने बगैर ना-नुकुर के मंजूर कर लिया। जैसे-जैसे मेरी ताकत वापस लौट रही थी जिंदगी में मेरी दिलचस्पी बनाये रखने में, टॉम ने मेरी मां और बहनों की मदद मुझे जंगल की बातें सुनाकर और गुलेल के इस्तेमाल के बारे में मुझे कई तरह के सबक देते हुए की।

टॉम से मैंने सीखा कि शिकारियों के लिये साल के दो ही हिस्से होते हैं– बंद सीजन और खुला सीजन। बंद सीजन के दौरान मेरी गुलेल अलमारी में ही रहती थी क्योंकि इस दौरान पंछी अपने घोंसलों में होते थे और या तो वे अंडे से रहे होते थे या फिर अपने नन्हों की देखभाल कर रहे होते थे। ऐसे में उन्हें मारने का काम कोई जालिम ही कर सकता था। खुले सीजन के दौरान मुझे किसी भी परिंदे को अपनी गुलेल से मारने की पूरी छूट थी बशर्ते अपने मारे हर पंछी का कोई इस्तेमाल मेरे पास हो। हरे कबूतर और नीले पहाड़ी कबूतर हमारे यहां इफरात में पाये जाते थे और उन्हें खाने के लिये मारा जा सकता था लेकिन बाकी परिंदे ऐसे थे जिन्हें सिर्फ सजाने के काम में लाया जा सकता था। इसके लिये जरूरी था कि उनकी खाल अलग की जाये और फिर उसमें मसाला भरा जाये। जब मुझे यह काम कर लेने लायक समझा गया तो टॉम ने मुझे खाल निकालने वाला एक चाकू और संखिया वाला साबुन ला दिया। टॉम को कई चीजों में

महारत हासिल थी लेकिन जानवरों या परिंदों की खाल में मसाला भर उन्हें सजावट के लिये तैयार करना उनमें शामिल नहीं था। लेकिन फिर भी उसने मुझे सिखाने के लिये एक मुर्गे की खाल अलग की और मुझे एक-एक बात बारीकी से सिखायी। बाद में खाल भरते-भरते मैं इस काम मे इतना होशियार हो गया कि मेरे काम में गलती नहीं निकाली जा सकती थी। हमारा एक चचेरा भाई, स्टीफन डीज़ उन दिनों कुमाऊं के परिंदों पर एक किताब तैयार कर रहा था और उसकी किताब में छपी 180 तस्वीरों में से ज्यादातर तस्वीरें मसाला भरे उन परिंदों को देखकर बनायी गयी थीं जो कि मैंने इकट्ठे कर रखे थे। कुछ परिंदे तो खासतौर पर मैंने अपने इस भाई के लिये ही मारे थे।

टॉम ने दो कुत्ते पाल रखे थे। एक का नाम था पॉपी। वह लाल रंग का देसी कुत्ता था। टॉम को पॉपी दूसरी अफगान जंग के दौरान काबुल की गलियों में भटकता हुआ मिला था और टॉम उसे अपने साथ हिंदुस्तान ले आया था। दूसरा कुत्ता था मैगॉग— ज़िंदगी से भरपूर इस सफेद स्पैनियल कुत्ते की दुम बड़ी गुच्छेदार थी। पॉपी को मुझ जैसे छोटे लड़कों से कोई खास मतलब नहीं था लेकिन मैगॉग की बात कुछ और थी। वह इतना तगड़ा था कि मुझे अपनी पीठ पर बिठाकर छोटे-मोटे फासले तय कर सकता था। मैगॉग एकदम खुले दिमाग का था और खुद को उसने मेरा निगाहबान मान लिया था और अपना सारा प्यार वह मुझ पर लुटा देता था। मैगॉग ने ही मुझे सिखाया कि किसी भी घनी झाड़ी के बहुत नजदीक से गुज़रना नासमझी का काम है क्योंकि घनी झाड़ियों के पीछे छिपकर सो रहे जानवरों को यह नागवार लग सकता है और वे हमला कर सकते हैं। मैगॉग ने ही मुझे यह भी साबित कर दिखाया कि यदि कोई कुत्ता चाहे तो वह बिल्ली की तरह जंगल में बगैर आहट पैदा किये भी चल सकता है। मैगॉग के साथ होने से खुद में मेरा भरोसा इतना बढ़ गया था कि मैं जिन घने जंगलों में जाने से डरता था अब मैं वहां भी मैगॉग के साथ जाने लगा। मेरे गुलेलबाजी के दिनों में हमें एक ऐसा सनसनीखेज तजुर्बा हुआ जिसमें मैगॉग की जान जाते-जाते बची थी।

उस सुबह मैगॉग और मैं अपने घरेलू अजायबघर के लिये सनबर्ड नाम की चिड़िया ढूंढने निकले थे कि तभी हमारी मुलाकात डैनसे से हो गयी। डैनसे अपने कुत्ते थिसल के साथ घूमने निकला हुआ था। अब हम साथ-साथ आगे बढ़ने लगे। दोनों

कुत्तों में कोई अच्छी दोस्ती नहीं थी लेकिन इस सुबह उनमें लड़ाई नहीं हुई। हम लोग साथ-साथ थोड़ा ही आगे बढ़े थे कि थिसल ने एक सेही को छेड़ दिया और मैगॉग मेरी आवाज़ को नज़रअंदाज़ करता हुआ सेही का पीछा करने में थिसल के साथ हो लिया। डैनसे के पास भरतल बंदूक तो थी मगर उसका इस्तेमाल करने में कुत्तों को गोली लगने का खतरा था— दोनों कुत्ते सेही के आजू-बाजू दौड़ रहे थे और बीच-बीच में उसे काटने की कोशिश भी कर रहे थे। भागने में डैनसे कुछ कमजोर था और इसके अलावा वह बंदूक भी लादे हुए था जिससे वह आसानी से भाग नहीं पाता था लिहाज़ा थोड़ी ही देर में सेही, दोनों कुत्तों और मैंने डैनसे को काफी पीछे छोड़ दिया। सेही से निपटना किसी के लिये बड़ा खतरनाक तजुर्बा हो सकता है। हालांकि सेही अपने कांटे तीर जैसे चला तो नहीं पाती लेकिन सख्तजान सेही अपनी जान बचाने या हमला करने के लिये अपने सारे कांटे खड़े कर लेती है और बहुत तेजी से उल्टी दौड़ती है।

सेही का पीछा करने में शामिल होने के पहले मैंने अपनी गुलेल जेब में ठूंस ली थी और हाथ में एक मोटा डंडा ले लिया था लेकिन मैं इसके बावजूद कुत्तों की ज्यादा मदद नहीं कर पा रहा था क्योंकि जब भी मैं नजदीक पहुंचता सेही मुझ पर हमला बोल देती और कई बार तो मैं कुत्तों की वजह से सेही के कांटों का शिकार बनने से बचा। अब तक हम लोग आधा मील दौड़ चुके थे और उस गहरी खाई के नजदीक पहुंच गये थे जहां सेहियों के बिल थे। यहां पर आकर मैगॉग सेही को नाक से दबोचने में कामयाब हो गया और थिसल सेही का गला पकड़ने में। जब डैनसे पहुंचा तब तक लड़ाई खत्म हो चुकी थी लेकिन फिर भी अपनी तसल्ली के लिये डैनसे ने एक गोली सेही के जिस्म में उतार दी। दोनों कुत्तों के शरीर से खून की धारें बह रही थीं। उनके जिस्म से जितने कांटे हम खींच सकते थे हमने खींच निकाले और तेजी से घर लौट पड़े। डैनसे के कंधे पर उसकी मारी सेही लटक रही थी। हमें घर पहुंचने की जल्दी इसलिये थी कि कुत्तों के जिस्म में घुसकर टूट चुके सेही के कांटों को हमें चिमटी की मदद से निकालना था। कई कांटे हमारी भरपूर कोशिश के बावजूद हमारी उंगलियों की पकड़ में नहीं आ सके थे। सेही के कांटे सिर्फ सामने से ही नुकीले नहीं होते बल्कि पूरे कांटे पर भी उलटे मुड़े हुए छोटे-छोटे कांटे होते हैं जो शरीर में घुसने के बाद मांस

में फंस जाते हैं और उन्हें बाहर खींचने से सेही का शिकार बने जानवर या इंसान को भारी तकलीफ होती है।

मैगॉग का दिन बहुत बैचेनी से बीता और रात लगातार छींकते हुए। जितनी बार वह छींकता था उतनी ही बार खून का मोटा-सा धक्का उसके फूस के बिस्तर पर आ गिरता था। खुशकिस्मती से अगले दिन इतवार था और जब टॉम इतवार मनाने नैनीताल से आया तो उसने पाया कि सेही का टूटा हुआ एक कांटा मैगॉग की नाक में गहरा धंसा हुआ था। कई नाकामयाब कोशिशें करने के बाद आखिरकार कांटे के उस टुकड़े को टॉम ने चिमटी की मदद से पकड़ ही लिया और बाहर खींच निकाला। यह टुकड़ा छह इंच लंबा और कलम जितना मोटा था। कांटा निकलने के बाद मैगॉग की नाक से खून के फव्वारे फूट पड़े। हमारे पास खून रोकने का कोई तरीका नहीं था इसलिये मैगॉग की ज़िंदगी की उम्मीद हमने छोड़ दी थी। बहरहाल, अच्छी देखभाल और अच्छी खुराक से मैगॉग एकदम ठीक हो गया। कुछ दिनों में थिसल भी ठीक हो गया हालांकि सेही के साथ लड़ाई में उसका हाल मैगॉग जितना बुरा नहीं हुआ था।

भरतल बंदूक मिलने के बाद मैगॉग को और मुझे दो रोमांचक तजुर्बे हुए। एक कालाढुंगी में और दूसरा नैनीताल में। भरतल बंदूक मुझे कैसे मिली यह किस्सा मैं बाद में बताऊंगा। नयागांव उन दिनों पूरे तौर पर आबाद और खेती-किसानी वाला गांव था। नयागांव के बारे में मैंने कहीं और जिक्र किया है। नयागांव के खेतों और धूनीगढ़ नदी के बीच में जंगल की एक पट्टी थी जिसमें बीच-बीच में घास के खुले मैदान थे। जंगल की यह पट्टी कहीं चौथाई मील तो कहीं आधा मील चौड़ी थी। इसके बीच से होकर एक रास्ता गुजरता है जो कि खेतों और नदी से बराबरी की दूरी पर चलता है। नदी के दोनों तरफ के जंगलों में ढेरों जानवर और परिंदे रहते थे जैसे लाल जंगली मुर्ग, मोर, हिरण और सुअर। यह सब जानवर और परिंदे जंगल आते-जाते बीच में पड़ने वाले खेतों में खड़ी फसलों को भारी नुकसान पहुंचाते थे। मैगॉग को और मुझे जो पहला रोमांचकारी तजुर्बा हुआ वह इसी रास्ते पर हुआ।

कालाढुंगी में हमारे घर से नयागांव तीन मील दूर है और एक सुबह पौ फटते ही मैगॉग और मैं मोर के शिकार पर निकल पड़े। हम लोग चौड़ी सड़क के बीचों-बीच

चल रहे थे क्योंकि रौशनी ज्यादा नहीं थी और जंगल के जिस हिस्से से यह सड़क गुजर रही थी वहां तेंदुए और शेर अक्सर मिल जाते थे। सूरज उगने के साथ ही हम उस जगह आ पहुंचे जहां गेमट्रैक सड़क से आ मिलता था। यहां आकर मैंने अपनी बंदूक लोड करनी शुरू की। यह काफी लंबा काम था क्योंकि पहले अंदाज करके नाप-तौल कर बारूद को बंदूक के गले उतारना होता था और उसके बाद मोटे ऊनी कपड़े की एक चिंदी बंदूक की नली में मजबूती से नीचे उतारी जाती थी। इसके बाद नाप-जोख कर गोली भरी जाती थी। यह जरूरी था कि गोली अंदर भरे मोटे ऊनी कपड़े पर जाकर अच्छे से टिक जाये। इसके बाद गत्ते का एक टुकड़ा बंदूक की नली में ठूंस दिया जाता था ताकि गोली अपनी जगह पर बनी रहे। बंदूक में बारूद भरने वाली लोहे की छड़ जब बैरल के भीतर भरे बारूद से टकरा कर टनाटन बोलने लगती थी तभी यह माना जाता था कि बंदूक अच्छे से और सही मायनों में लोड हो गयी है। इसके बाद बंदूक का बड़ा-सा अजीबो-गरीब घोड़ा आधा चढ़ा दिया जाता था और उसकी नोक पर मजबूती से टोपी पहना दी जाती थी। ये सारे काम तसल्लीबख्श ढंग से होने के बाद मैंने बंदूक लोड करने का सारा सामान वापस अपने पिट्ठू में रखा और मैगॉग और मैं अब इस रास्ते पर बढ़ चले। बहुत सारे जंगली मुर्ग और मोर हमारे सामने से निकल गये लेकिन इनमें से किसी पर भी निशाना साधने का मौका मुझे नहीं मिला। करीब आधा मील आगे चलकर हम एक खुले मैदान में आ गये। जैसे ही हमने मैदान में कदम रखा कि दूसरे सिरे पर हमें सात मोर एक के पीछे एक जाते हुए दिखायी दिये। कुछ पल इंतज़ार करने के बाद हम दोनों भी घुटनों और कोहनियों के बल उसी तरफ बढ़ने लगे। फिर मैंने मैगॉग को भेजा कि वह मोरों को वहां से खदेड़ दे।

किसी भी घने जंगल में जब कोई कुत्ता मोरों के पीछे पड़ जाये तो यह तय है कि मोर पेड़ों की ऊंची डालियों पर जाकर बैठ जायेंगे। ऐसा ही इस बार भी हुआ लेकिन मैं अब भी निशानेबाजी में काफी नया-नया था और किसी बैठे हुए परिंदे को मार गिराना भी मेरे लिये मुश्किल था। बहरहाल, मैगॉग और मेरी मिली-जुली कोशिशों से हम एक मोर का शिकार करने में कामयाब हुए। बाकी सब जानवरों या परिंदों के मुकाबले मैगॉग को मोर के शिकार में सबसे ज़्यादा मज़ा आता था और उन्हें पेड़ों की डालियों पर

खदेड़ने के बाद वह उन पर भौंकते हुए तेजी से पेड़ों का चक्कर लगाया करता था। इस तरह मोरों का ध्यान मैगॉग में अटका रहता था और मैं धीरे-धीरे सरककर अपने निशाने के नजदीक पहुंच जाता था— अपने हिस्से का काम निपटाने के लिये।

वे सातों मोर खुला मैदान पार करने के बाद जाहिरा तौर पर ज़मीन पर चल रहे थे। मैगॉग उनके पीछे-पीछे कम से कम सौ गज तक घनी झाड़ियों और जंगल में जा घुसा था। तभी अचानक मुझे पंखों की फड़फड़ाहट और मोर की आवाज़ सुनायी दी और उसके तुरंत बाद मैगॉग की डर भरी पुकार के साथ शेर की दहाड़ भी। जाहिर है कि मोर मैगॉग को सोते हुए शेर की तरफ ले गया था और अब ये परिंदे, कुत्ता और शेर अपना अचरज, डर और नाराज़गी अपने-अपने तरीके से जाहिर कर रहे थे। डर भरी अपनी पहली पुकार के बाद मैगॉग ने गुस्से में भौंकना और भागना शुरू किया और शेर दहाड़ते हुए उसका पीछा करने लगा। दोनों मेरी तरफ ही आ रहे थे। इतनी भगदड़ और कोहराम में चेतावनी भरी आवाज़ निकालता हुआ पेड़ों के बीच से निकलकर हवा में तैरता हुआ एक मोर उस डाल पर आ बैठा जो मेरे सिर के ठीक ऊपर थी लेकिन वक्ती तौर पर किसी भी किस्म के परिंदे में मेरी दिलचस्पी एकदम खत्म हो चुकी थी और मेरी एकमात्र इच्छा सिर्फ यही थी कि मैं बहुत दूर कहीं ऐसी जगह चला जाऊं जहां पर कोई शेर न हो। मैगॉग का शरीर खींचने के लिये उसके पास चार पैर थे और मेरे पास सिर्फ दो और रत्तीभर भी शर्म महसूस किये बगैर अपने वफादार साथी को उसके हाल पर छोड़कर मैंने वहां से दौड़ लगा दी। जल्दी ही मैगॉग मुझसे आ मिला और हमारे पीछे गूंजती दहाड़ें भी बंद हो गयीं।

अब मैं उस शेर की तस्वीर अपने दिमाग में देखने की कोशिश कर सकता हूं हालांकि यह कोशिश मैं उस वक्त नहीं कर सका था। इस तस्वीर में शेर मुझे अपने पिछले पंजों के बल बैठा दिखायी दे रहा है उसका चेहरा खुले मैदान की तरफ है और वह हँस रहा है। यह हँसी एक शेर की हँसी है और शेर को यह हँसी एक बड़े से कुत्ते और एक छोटे बच्चे को अपनी प्यारी जान बचाने के लिये भागते हुए देखकर आ रही है। शेर यह सोचकर भी हँस रहा है कि उसने तो अपनी नींद में खलल डालने वाले कुत्ते को थोड़ा-सा खदेड़ने की कोशिश भर की थी।

गर्मी का मौसम हम हमेशा नैनीताल वाले घर में बिताया करते थे। सर्दियां खत्म होने को थीं और कुछ ही दिनों में हम नैनीताल जाने वाले थे कि उन्हीं दिनों मुझे एक और तजुर्बा हुआ। इस बार मैं अकेला था। मैगॉग मेरे साथ नहीं था। दरअसल, ज़नाब मैगॉग साहब जरा रोमांटिक मूड में आ गये थे और जब मैं घर से निकला उस वक्त वह बगैर मेरी जानकारी के अपनी माशूका से मिलने पड़ोस के गांव चले गये थे। मैं पिछले कुछ दिनों से घने जंगल में जाने से बच रहा था और जंगल में अपना वक्त ज्यादातर खुली जगहों में बिता रहा था। जिस सुबह का मैं ज़िक्र कर रहा हूं उस सुबह मैं नयागांव के नजदीक से निकलने वाली गड़प्पू रोड पर जंगली मुर्ग की फिराक में था। बहुत से जंगली मुर्ग मुझे इस सड़क पर अपने पंजों से ज़मीन कुरेदते हुए दिखायी दिये लेकिन किसी को निशाना बनाने का मौका मुझे नहीं मिल सका क्योंकि मैं उनके इतना नज़दीक नहीं पहुंच सका कि उन्हें अपनी बंदूक की जद में ले सकूं। लिहाजा मैंने सड़क छोड़ दी और जंगल के ऐसे हिस्से में घुस गया जहां पेड़, यहां-वहां कुछ झाड़ियां और छोटी घास थी। सड़क छोड़ने के पहले मैंने अपने जूते और मोज़े उतार लिये थे। मैं अभी थोड़ा ही आगे बढ़ा था कि एक पेड़ के नीचे पत्तियां कुरेदते हुए एक लाल जंगल मुर्ग पर मेरी निगाह पड़ी।

जंगली मुर्ग और पालतू मुर्गों में जो बात एक समान है वह यह कि जंगली मुर्ग पत्तियां कुरेदते वक्त और घरेलू मुर्ग कूड़ा-करकट कुरेदते वक्त अपना सिर ऊंचा किये रहते हैं और यह देखते रहते हैं कि आसपास कोई खतरा तो नहीं। जब उन्हें तसल्ली हो जाती है तभी वे अपनी चोंच नीची कर कीड़े या अनाज के दाने को उठाते हैं। पेड़ के नीचे अपना खाना तलाशता यह मुर्ग मेरी बंदूक की जद के बाहर था इसलिये मैं धीरे-धीरे नंगे पैरों उसका पीछा करने लगा। जब भी मुर्ग कीड़ा उठाने के लिये अपना सिर नीचे करता था मैं एक बार में एकाध गज आगे बढ़ जाता था और उसका सिर उठने के पहले ही पत्थर की मूरत जैसे खड़ा हो जाता था ताकि मुर्गे को मेरी मौजूदगी का शक न हो। जब मुर्ग करीब-करीब मेरी रेंज में आ गया था तब मैंने देखा कि मेरे सामने एक उथला-सा गड्ढा आ गया। गड्ढे के दोनों तरफ घुटने-घुटने घास थी। मुझे एक कदम में गड्ढा पार करना था और उसके दो कदम बाद मुर्ग मेरी बंदूक की रेंज में

होता। इसके अलावा वहां एक छोटा-सा पेड़ भी था जिसके सहारे में अपनी भारी बंदूक टिका कर ज्यादा अच्छा निशाना लगा सकता था। यह तय करने के बाद मैं इंतजार करता रहा कि मुर्गा कब चोंच नीची करे और कब मैं आगे बढूं। जैसे ही मुर्ग ने सिर नीचे झुकाया मैंने अपना कदम गड्ढे में बढ़ाया— अगले ही पल मेरा नंगा पैर वहां कुंडली मारे बैठे बहुत बड़े अजगर के ऊपर था। कुछ दिन पहले मैं ऐसे भागा था जैसे कि कोई छोटा लड़का नहीं भाग सकता और आज मैं ऐसे कूदा जैसे कोई छोटा लड़का नहीं कूद सकता। मेरी कूद ने मुझे गड्ढे के उस पार पहुंचा दिया और तुरंत ही घूम कर मैंने जमीन पर पड़े उस भारी-भरकम लच्छे जैसे अजगर पर एक गोली झोंक दी और वहां से भाग निकला। जब तक मैं वापस सड़क पर नहीं पहुंच गया तब तक मुझे हिफाज़त का एहसास नहीं हुआ।

उत्तरी भारत के जंगलों में मैंने बहुत बरस बिताये हैं लेकिन मैंने कभी सुना नहीं कि किसी अजगर ने किसी इंसान की जान ली हो लेकिन इसके बावजूद मुझे अच्छे से मालूम है कि उस दिन यह मेरी खुशकिस्मती थी कि मैं बच निकला। यदि अजगर ने मेरा पैर अपने मुंह में ले लिया होता जो कि यकीनन उसने लिया ही होता बशर्ते वह नींद में न होता— तो उसके लिये मेरी जान लेना कतई जरूरी नहीं था, मैं तो खुद ही मारे डर के मर गया होता— ठीक वैसे ही जैसे मेरे टेंट के नजदीक एक बड़ा चीतल डर के मारे मर गया था जबकि अजगर ने अभी सिर्फ उसकी पूंछ ही पकड़ी थी। जिस अजगर पर मेरा पांव पड़ा था वह कितना बड़ा था मुझे नहीं मालूम। वह मेरी गोली से मरा या नहीं यह भी मुझे नहीं मालूम क्योंकि मैं वापस उसे देखने नहीं गया। उसी इलाके में मैंने ऐसे अजगर भी देखे हैं जो 18 फुट लंबे थे। इसी इलाके में मैंने एक अजगर को चीतल हजम करते देखा है और दूसरे को काकड़ निगलते।

मैगॉग और मुझे दूसरा सबक तब मिला जब हम लोग नैनीताल से कालाढुंगी लौट आये थे। उन दिनों नैनीताल के इर्द-गिर्द के जंगल तरह-तरह के जानवरों और परिंदों से भरे पड़े थे। कलगी वाले मुर्गों की तो खासतौर पर भरमार थी। उन दिनों शिकारी बहुत थोड़े से थे और कौन कहां शिकार कर सकता है इस बात की कोई खास पाबंदी नहीं थी लिहाज़ा मैं अक्सर स्कूल से लौट कर शाम को मैगॉग को लेकर जंगल

चला जाया करता था और हम घर की हांडी के लिये कई तरह के मुर्ग या पहाड़ी तीतर मार लाया करते थे।

एक शाम मैगॉग और मैं कालाढुंगी रोड पर आगे तक चले गये और हालांकि मैगॉग ने बहुत सारे मुर्गों को खदेड़ कर पेड़ों की डालियों पर बैठने के मजबूर कर दिया था लेकिन इनमें से कोई भी मुर्ग पेड़ पर इतनी देर तक नहीं बैठा कि मैं उसे निशाना बना सकूं। पहाड़ की तलहटी में बने छोटे से सरया ताल के नज़दीक पहुंचने पर हमने सड़क छोड़ दी और जंगल में घुस गये। हमारा इरादा था कि हम जंगल के भीतर से होते हुए घाटी के ऊपरी सिरे पर मौजूद खाई तक जायेंगे। तालाब के नज़दीक मैंने एक मुर्ग मार गिराया। घने झाड़-झंखाड़ और एक के ऊपर एक जमी चट्टानों के बीच से होते हुए जब हम सड़क से दो सौ गज दूर थे कि तभी हमने मुर्गों के एक झुंड को देखा। सामने बिछी खुशबूदार घास से कूद-कूद कर एक ठिगनी-सी झाड़ी पर लगी बेरियां खाने की कोशिश यह मुर्ग कर रहे थे। अब तक हम घने जंगल से निकल कर घास के बड़े से मैदान में पहुंच चुके थे। ऊंची कूद लगाते ये मुर्ग हमें सिर्फ तभी नजर आते थे जब वे हवा में हों और मैं अभी तक इतना तज़ुर्बेकार नहीं हुआ था कि मैं किसी चलती-फिरती चीज़ को अपना निशाना बना सकूं। मैं वहीं बैठ गया। मैगॉग मेरे बाजू में लेट गया। हम दोनों इंतजार करने लगे कि इनमें से कोई परिंदा तो मैदान में आयेगा।

अभी हमें इस पोजीशन में बैठे कुछ वक्त गुजरा था और वो परिंदे अब भी कूद-कूद कर बेरियां खाने की कोशिश कर रहे थे कि तभी हमें सड़क पर कुछ आवाज़ें सुनायी दीं। यह सड़क पहाड़ी के सामने से कुछ तिरछी होकर गुजरती है। इसी सड़क पर जा रहे कुछ आदमियों के बात करने और ठहाके लगाने की आवाज़ें आ रही थी। उनके टीन के डब्बों की खड़खड़ाहट से मुझे मालूम था कि ये नैनीताल से दूध बेचकर लौट रहे ग्वाले होंगे और अब वे सरया ताल के नज़दीक अपने गांवों की तरफ जा रहे हैं। मुझे पहली बार इन आदमियों की आवाज़ तब सुनायी दी थी जब वे सड़क पर चार सौ गज दूर एक मोड़ पार कर रहे थे। अभी वे हमसे कुछ दूर हमारी बायीं तरफ थे कि वे सब एक साथ इस तरह चिल्लाये जैसे कि वे किसी जानवर को सड़क से भगाने की कोशिश कर रहे हों। अगले ही मिनट हमारे सामने फैले जंगल से किसी बड़े जानवर

के आने की आवाज़ हमें सुनायी दी। ज़मीन पर उगे झाड़-झंखाड़ इतने घने थे कि मुझे तब तक यह जानवर नहीं दिखा जब तक कि वह खुशबूदार घास के टुकड़े तक नहीं पहुंच गया। उसके वहां पहुंचते ही वहां मौजूद सभी मुर्ग वहां से रफूचक्कर हो गये और हमारे सिरों के ऊपर से उड़ते हुए गायब हो गये। इसके बाद हमें दिखायी दिया बड़ा सा एक तेंदुआ जो कि घास के खुले मैदान पर छलांगें भरता हुआ चला जा रहा था। छलांग भरता हुआ तेंदुआ अभी हवा में ही था कि उसने हमें देख लिया और जैसे ही वह ज़मीन पर आया वह पेट के बल लेट गया और एकदम पत्थर की मूरत जैसे बगैर हिले-डुले पड़ा रहा। घास के मैदान में तीस डिग्री का चढ़ाव था और तेंदुआ हमसे ऊपर की तरफ था और कोई दस गज की दूरी से उसकी ठुड्डी से लेकर उसकी पूंछ के आखरी सिरे का रोयां-रोयां तक हमें एकदम साफ दिखायी दे रहा था। जैसे ही तेंदुआ नमूदार हुआ मैंने अपना बायां हाथ बंदूक से हटाकर बाजू में लेटे मैगॉग की गर्दन पर रखा और अब मुझे उसके शरीर की कंपकंपाहट महसूस होने लगी– ठीक यही कंपकंपाहट मैं अपने भीतर भी महसूस कर रहा था।

यह पहला तेंदुआ था जो मैगॉग ने या मैंने अपनी जिंदगी में देखा था। हवा पहाड़ी की तरफ बह रही थी और इसलिए मेरा यकीन है कि तेंदुए को देखने से हम दोनों पर एक जैसा असर हुआ– हमें बहुत जबरदस्त सनसनी हुई लेकिन डर बिलकुल नहीं लगा। ज़िंदगी भर के तजुर्बे के बाद अब मैं यह कह सकता हूं कि हमें डर न लगने की सिर्फ एक ही वजह थी– तेंदुए के मन में हमारे लिये कोई खतरनाक इरादे नहीं थे। सड़क पर आदमियों के हाथों खदेड़े जाने के बाद यह तेंदुआ उन चट्टानों की तरफ आना चाह रहा था जहां मैगॉग और मैं थोड़ी देर पहले ही आये थे। झाड़ियों से निकलने के बाद अपने भागने के रास्ते में एक छोटे लड़के और उसके कुत्ते को देखकर तेंदुआ एकदम पत्थर की मूरत बन गया था ताकि वह हालात का अंदाज़ा लगा सके। हम पर एक नज़र डालने से ही उसे इस बात की तसल्ली हो गयी थी कि हमारे मन में उसके लिये कोई खतरनाक इरादे नहीं थे। हमारे जंगलों में हालात भांपने में तेंदुए से ज्यादा तेज़ कोई और जानवर नहीं। और अब हमारे बरताव से तेंदुए को पूरी तसल्ली हो गयी थी कि हमसे डरने की कोई वजह नहीं। उसे इस बात की भी तसल्ली हो गयी थी कि

जिस रास्ते में जाना चाह रहा था उस पर हमारे अलावा कोई और इंसान नहीं है। तेंदुए ने एक शानदार छलांग लगायी और छलांगों-छलांगों में ही हमारे पीछे की तरफ फैले जंगल में गायब हो गया। अब पीछे से आती हवा में तेंदुए की गंध समायी हुई थी और पलभर में ही मैगॉग अपने पैरों पर खड़ा हो गया और गुस्से में गुर्राने लगा।

तेंदुए की गंध पहचानने के बाद अब उसे समझ में आया कि जिस खूबसूरत जानवर को वह निडर होकर ध्यान से देख रहा था--इतना बड़ा जानवर जो आसानी से उसे मार सकता था, एक तेंदुआ था। जंगल में कुत्तों का सबसे खतरनाक दुश्मन।

4

❋ गुलेल और भरतल बंदूक के दौर के बीच एक छोटा-सा दौर तीर-कमान का भी था। अब मैं उस दौर को याद करता हूं तो मुझे बहुत खुशी होती है। हालांकि तीन-कमान के जरिये मुझे किसी परिंदे या जानवर को मार गिराने में कामयाबी तो नहीं मिली लेकिन कुदरत के बैंक में मैंने अपना बचत खाता इसी दौरान खोला और इसी दौरान जंगल के बारे में जितनी बातें मैं अपने भीतर सोख सका वो बाकी की तमाम जिंदगी मेरे लिये खुशी का ऐसा खजाना बन गयीं जो कभी खत्म नहीं हो सकता।

मैंने 'सीखने' के बजाय 'सोखना' शब्द का इस्तेमाल सोच-समझकर ही किया है क्योंकि जंगल लोर कोई साइंस नहीं है जिसे किताबों में पढ़कर सीखा जा सके लेकिन इसे अपने भीतर समेटा या सोखा जरूर जा सकता है। सोखने का तरीका यह है कि हर बार थोड़ा-थोड़ा करके इसे सोखा जाये। कुदरत की किताब की न तो कोई शुरूआत है और न कोई अंत इसलिए सोखने का यह काम ज़िंदगी भर चल सकता है– इसका भी कोई अंत नहीं। कुदरत की इस किताब को आप अपनी जिंदगी में उम्र के किसी भी मोड़ पर कहीं से भी खोलें और यदि आपकी इच्छा ज्ञान हासिल करने की है तो आप पायेंगे कि ये सब बातें बेइंतहा दिलचस्प हैं और इस बात से कोई फर्क नहीं पड़ता कि आप कितनी देर या कितने ध्यान से इन पन्नों को पढ़ते हैं। आपकी दिलचस्पी में जरा भी कमी नहीं आयेगी क्योंकि कुदरत में कोई अंत नहीं है।

आज बसंत है और आपके सामने खड़ा यह पेड़ चटक फूलों से लदा हुआ है। पेड़ पर आयी यह बहार तरह-तरह के रंग-बिरंगे पंछियों को लुभा रही है जो एक डाल से दूसरी डाल पर फुदक रहे हैं। कुछ फूलों का रस पी रहे हैं, कुछ पंखुड़ियां कुतर

रहे हैं और कुछ उन मधुमक्खियों को अपना शिकार बना रहे हैं जो शहद इकट्ठा करने में जुटी हुई हैं। कल इस पेड़ में फूलों की जगह फल आ जायेंगे और दूसरी किस्मों के पंछियों की फौज इस पेड़ पर कब्जा जमा लेगी। आप देखेंगे कि इन हजारों पंछियों में से हर पंछी आपको वहीं मिलेगी जो जगह उसके लिये कुदरत ने तय की है। एक का काम है कुदरत के बगीचे को खूबसूरत बनाना, दूसरे का काम है इस बगीचे को अपने मधुर संगीत से भर देना और तीसरे का काम है इस बगीचे की ज़िंदगी का चक्र बरकरार रखना।

मौसम दर मौसम और साल दर साल यह नज़ारा बदलता रहता है। अलग-अलग तरह के पंछियों की जमातें इस पेड़ की शोभा बनती हैं। पेड़ का कोई अंग टूटता है या तूफान से उखड़ जाता है और फिर पूरा पेड़ ही खत्म हो जाता है और एक दूसरा पेड़ उसकी जगह ले लेता है और इस तरह यह चक्र चलता रहता है।

यह देखिये आपके पैरों के नजदीक एक सांप के यहां से गुजरने का निशान है जो सूरज उगने के एक घंटा पहले यहां से निकला था। यह सांप रास्ते के दांयी तरफ से आया और बांयी तरफ को निकल गया। सांप की मोटाई तीन इंच थी और आप यह मानकर चलिये कि यह सांप जहरीला था। कल इसी रास्ते पर या किसी और रास्ते पर आपको किसी ऐसे सांप के गुजरने का निशान दिखायी दे सकता है जो सिर्फ पांच मिनट पहले ही वहां से गुजरा हो जो कि बांयी से दांयी तरफ गया हो और इसकी मोटाई पांच इंच हो और सांप जहरीला न हो।

इस तरह जो जानकारी आप आज अपने मन में सोख लेंगे वह कल आपके मन में सोखी जाने वाली जानकारी में जुड़ जायेगी। आप कितना सोख पाते हैं यह आपके ऊपर है। इसका कोई तयशुदा पैमाना नहीं है लेकिन आखिर में जाकर आप कितनी जानकारी इकट्ठी कर पाते हैं यह इसी पर निर्भर करता है कि एक बार में आपने कितना सोखा। जानकारी हासिल करने का दौर चाहे एक बरस का हो या पचास बरस का—आप पायेंगे कि आप अभी पहले दर्जे में ही हैं, एकदम शुरूआती सीढ़ी पर। पूरी कुदरत आपके सामने बिछी हुई है और उसे इंतजार है आपके आने का और आपके मन में समाने का। पर एक बात की तसल्ली मैं आपको करा दूं कि यदि आप की दिलचस्पी

नहीं है और आप यह जानकारी हासिल करने की इच्छा नहीं रखते तो यह तय है कि आप कुदरत से कुछ भी नहीं सीखेंगे।

मैं अपने एक साथी के साथ बेहद खूबसूरत जंगल में एक कैंप से दूसरे कैंप तक बारह मील पैदल गया। यह महीना था अप्रैल का जब कुदरत की खूबसूरती अपने पूरे शबाब पर होती है। पेड़, झाड़ियां और बेलें सब फूलों से लदी पड़ी थीं। चटक रंगों वाली तितलियां एक फूल से दूसरे फूल पर उड़ रही थीं। हवा में फूलों की महक भरी हुई थी और पंछियों के गानों से पूरा जंगल धड़क रहा था। शाम को किसी ने मेरे साथी से पूछा कि इस सफर में कितना मज़ा आया तो उसने जबाव दिया "जरा भी नहीं। सड़क बहुत ही ऊबड़-खाबड़ थी।"

पहली बड़ी जंग के कुछ ही दिनों के बाद मैं बंबई से मोम्बासा जा रहा था। ब्रिटिश भारत के जहाज कारागोला की ऊपरी डेक पर मुझे मिलाकर कुल पांच लोग थे। मैं मकान बनवाने के लिये टांगानिका जा रहा था और बाकी चार कीनिया जा रहे थे— तीन तो शिकार करने के लिये और एक वहां अपने खेत की देखभाल के लिये। समंदर अशांत था और पानी के जहाज का सफर मुझे वैसे भी बहुत ज्यादा माफिक नहीं आता लिहाजा मैं अपना ज्यादातर वक्त स्मोक रूम के एक कोने में पड़ा ऊंघ्ता रहता था। बाकी लोग वहीं नजदीक रखी एक टेबल पर ब्रिज खेलते हुए और सिगरेट पीते हुए बातों में मशगूल रहते थे। उनकी ज्यादातर बातें शिकार के बारे में होती थीं। एक दिन मेरी टांग में उठी टीस से मेरी नींद खुल गयी और इन लोगों में सबसे कम उम्र नौजवान को मैंने कहते हुए सुना "अरे, मुझे तो शेरों के बारे में सब कुछ मालूम है। मैंने एक फॉरेस्ट ऑफिसर के साथ मध्यप्रांत में पूरे पंद्रह दिन बिताये हैं।"

जाहिरा तौर पर दोनों मामले एक-दूसरे से एकदम उलट हैं लेकिन इससे आपको यह बात समझने में मदद मिलेगी कि यदि आपकी दिलचस्पी नहीं है तो आप कुछ भी नहीं देखेंगे और सड़क पर चलते जायेंगे। इससे उलट यदि आपके मन में जानकारी हासिल करने की कोई इच्छा नहीं है और आप यह मान लेते हैं कि आप पंद्रह दिन में इतना कुछ सीख लेते हैं जो कि एक पूरी जिंदगी में नहीं सीखा जा सकता तो यह मानकर चलें कि आप बाकी की जिंदगी भी इतने ही अपढ़ बने रहेंगे।

5

❋ अपने बचपन के दिनों में, स्कूल में बिताये दस बरसों के दौरान और फिर जब मैं बंगाल में काम कर रहा था और दो बड़ी जंगों के बीच में जब भी छुट्टी लेता था मैं अपना सारा वक्त कालाढुंगी के इर्द-गिर्द जंगलों में ही बिताता था। उन दिनों मैंने यदि जंगल की उतनी जानकारी अपने भीतर नहीं सोखी जितनी कि मुझे सोखनी चाहिये थी तो ग़लती सिर्फ़ मेरी है क्योंकि यह करने के बेहिसाब मौके मेरे पास थे। ये वो मौके थे जो अब किसी को नहीं मिलने वाले।

अब आबादी के दबाव से जंगल गायब हो गये हैं और वो बड़े-बड़े इलाके जहां मेरे वक्त में जानवर बेखौफ घूमा करते थे वहां अब खेती होने लगी है। जब से जंगलों को स्टैंडर्ड बनाने का काम शुरू हुआ है तब से इससे जुड़ी सारी बुराइयां हमारे जंगलों में आ गयी हैं। हमारे जंगली जानवरों के लिये इससे ज्यादा बुरी बात कोई हो ही नहीं सकती थी। जंगलों को स्टैंडर्ड बनाने का नतीजा यह हुआ है कि जिन पेड़ों पर फल और फूल लगते थे और जिनसे कई पंछियों और जानवरों को खाना मिलता था वो पेड़ पूरे के पूरे खत्म हो गये।

जंगलों की यह बरबादी मेरी निगाह में कतई गैरज़रूरी थी। इस गैरज़रूरी कटाई का एक नतीज़ा यह भी निकला कि लाखों-लाख बंदरों को जंगल छोड़कर खेतों की तरफ आना पड़ा। अब सरकार की तकलीफ यह है कि बंदरों की तकलीफ से निज़ात पाने का कोई तरीका उसके पास नहीं है क्योंकि हिंदुस्तान के लोग बंदरों के लिये बड़ी धार्मिक श्रद्धा रखते हैं। एक दिन आयेगा जब इस मुश्किल का इलाज ढूंढना ही पड़ेगा और जिन लोगों को यह काम करना पड़ेगा उनके लिये भी यह खासा मुश्किल काम

होगा क्योंकि अकेले संयुक्त प्रांत में ही कम से कम एक करोड़ बंदर खेतों और बगीचों में होने वाले फलों पर अपना गुज़ारा चला रहे हैं।

बहुत पीछे छूट गये बचपन के उन दिनों में यदि मुझे थोड़ा भी अंदाज़ होता कि मैं आगे चलकर यह किताब लिखूंगा तो मैंने जंगल के बारे में और ज्यादा जानकारी अपने भीतर समेटने की कोशिश की होती। मैंने जो वक्त उन दिनों जंगल में बिताया है वह खालिस खुशी से भरा हुआ वक्त था। उस खुशी में किसी किस्म की मिलावट नहीं थी और उसी खुशी को अब मैं इस किताब के जरिये आपके साथ बांट रहा हूं। मेरा मानना है कि मेरी यह खालिस खुशी इस बात का नतीज़ा थी कि जंगल में रहने वाले सब जानवर और परिंदे अपने कुदरती माहौल में बेहद खुश थे। कुदरत में न तो कोई दुख होता है और न ही कोई अफसोस। झुंड में से कोई परिंदा बाज़ का शिकार बन जाता है या कोई चौपाया शेर या तेंदुए का तो बाकी बचे परिंदे और जानवर इस बात की खुशी मनाते हैं कि चलो, आज हमारा वक्त नहीं आया। उन्हें आने वाले कल का भी कोई अहसास नहीं होता। जब मैं नादान था तब नन्हें परिंदों और हिरण के छौनों को बाज, चीलों और दूसरे जानवरों के पंजों से छुड़ाने की कोशिश करता था लेकिन जल्दी ही मुझे पता चल गया कि एक की जान बचाने से दो की जान जाती है। सड़े हुए मांस और खून की वजह से बाज और चील के नाखूनों में और शेर तेंदुओं के पंजों में ज़हर पैदा हो जाता है और जब तक कि इनसे घायल हुए परिंदे या जानवर का ठीक ढंग से तुरंत इलाज न किया जाये (जो कि जंगल में मुमकिन नहीं है) तो सौ परिंदे या जानवरों में से एक के ही ज़िंदा बचने की उम्मीद की जा सकती है। दूसरी तरफ मारने वाला जानवर अपने शिकार से हाथ धोने की वजह से तुरंत ही दूसरा शिकार करता है—अपनी या अपने बच्चों की भूख मिटाने के लिये।

जंगल में कुछ परिंदों और जानवरों का जिम्मा कुदरत का संतुलन बनाये रखने का होता है और अपना यह जिम्मा पूरा करने और इसके साथ-साथ अपना पेट भरने के लिये उनके लिये जरूरी है कि वो शिकार करें। शिकार का यह काम जब भी मुमकिन होता है पूरी तैयारी और पूरी उस्तादी से किया जाता है। शिकार करने वाले जानवर के लिये अपना काम तेजी से निपटाना इसलिये जरूरी है कि उसके दुश्मनों का ध्यान

उसकी तरफ न जाये और मुझे यह मान लेने में भी कोई बुराई नहीं दिखती कि मारने में इतनी तेज़ी दिखाने का इंतज़ाम कुदरत ने इसीलिए किया है कि मरने वाले जानवर या परिंदे को कम से कम तकलीफ हो।

जंगल में हर जानवर का शिकार करने का अपना तरीका होता है और हर मामले में जो अलग तरीका अपनाया जाता है उसमें इस बात का ध्यान रखा जाता है कि मारने वाले जानवर और मरने वाले में आकार का कितना फर्क है। मिसाल के तौर पर हमारे जंगलों में रहने वाले वाला एक बाज़ ज्यादातर अपना शिकार ज़मीन पर करता है लेकिन कभी-कभी किसी छोटे परिंदे को वह हवा में ही पकड़ कर मार लेता है और उड़ते-उड़ते ही खा भी लेता है। एक और मिसाल यह है कि शेर कभी तो अपने शिकार को काबू में करने के लिये उस पर सवार हो जाता है और कभी सिर्फ एक थप्पड़ में ही उसे निपटा देता है।

जंगल में रहने वाले जानवर अपने कुदरती माहौल में कभी भी गैरज़रूरी शिकार नहीं करते। बहरहाल, मज़े के लिये या खिलाड़ी के तौर पर शिकार करने के मामले कभी-कभी देखने को मिलते हैं और कुछ जानवर खासतौर पर पाइन-मार्टिन, सीवेट बिल्ली, नेवला वगैरह असामान्य परिस्थितियों में अपनी ज़रूरत से ज्यादा शिकार कर लेते हैं। जंगल में 'खेल' शब्द का मतलब बड़ा लंबा-चौड़ा होता है और इसके कई मतलब निकाले जा सकते हैं। आगे चलकर मैं दो किस्से बयान करने जा रहा हूं। हो सके तो इनका मतलब आप खूब खुले मन से निकालें।

जब पर्सी विंडहैम साहब कुमाऊं के कमिश्नर थे तो संयुक्त प्रांत के गवर्नर सर हारकोर्ट बटलर ने उन्हें एक अजगर लाने के लिये कहा। अजगर की ज़रूरत लखनऊ में तभी-तभी खुले चिड़ियाघर के लिये थी। जब विंडहैम साहब को गवर्नर की गुज़ारिश की खबर मिली तब वे अपना सर्दियों वाला दौरा कर रहे थे। कालाढुंगी पहुंचने पर विंडहैम साहब ने मुझसे पूछा कि क्या तुम्हें किसी ऐसे अजगर के बारे में मालूम है जो एक कमिश्नर एक गवर्नर को पेश कर सके। अजगर ऐसा होना चाहिये जिससे हमारे जंगल की भी शान बढ़े। कमाल की बात ये थी कि मुझे सचमुच ऐसे शानदार अजगर की जानकारी थी। अगले दिन विंडहैम साहब, उनके दो शिकारी और मैं हाथी पर सवार

होकर उस अजगर को देखने निकल पड़े। मैं इस अजगर को कई बरसों से जानता था इसलिये हाथी को रास्ता बताने में मुझे कोई मुश्किल नहीं हुई।

अपनी पूरी लंबाई में अजगर पानी की धार में लेटा हुआ था और सोडावॉटर जैसा साफ पानी अजगर के शरीर से एक-दो ईंच ऊपर बह रहा था। पूरी दुनिया को यही लगता कि जैसे किसी अजायबघर में कांच की पेटी में सजाकर एक शानदार अजगर का नमूना रखा हो। अजगर को देखते ही विंडहैम साहब ने बोला कि हां, यह बिलकुल वैसा ही अजगर है जैसा वो चाहते हैं। उन्होंने महावत से रस्सी मांगी। महावत ने हौदा बांधने के लिये इस्तेमाल की गयी रस्सी का एक टुकड़ा खोलकर उन्हें सौंप दिया। रस्सी हाथ में आने के बाद विंडहैम साहब ने रस्सी के एक सिरे पर फंदा बनाया और दोनों शिकारियों को हाथी से उतरने को कहा। फंदा उनके हाथ में थमाते हुए विंडहैम ने उन्हें अजगर को पकड़ लाने को कहा। दोनों आदमियों के चेहरे पर डर भरी हैरत पैदा हुई और उन्होंने कहा कि हमारे लिये यह काम बिलकुल नामुमकिन है। विंडहैम साहब ने कहा "डरो मत।" उन्होंने डरे हुए दोनों शिकारियों को दिलासा दिलाया कि इस काम में कोई खतरा नहीं है लेकिन फिर भी यदि अजगर उन पर हमला करने की कोशिश करता है तो वे उसे गोली से उड़ा देंगे। विंडहैम साहब के पास भरी बंदूक थी। दोनों शिकारी, बहरहाल, इस बात के कायल नहीं हो पाये लिहाजा मेरी तरफ पलटते हुए विंडहैम साहब ने मुझसे पूछा कि क्या मैं उनकी मदद करना चाहूंगा। मैंने पूरा ज़ोर देते हुए विंडहैम साहब को यकीन दिलाया कि शायद पूरी दुनिया में मेरे लिये इससे ज्यादा नापसंद काम कोई दूसरा नहीं होगा। विंडहैम साहब ने चुपचाप अपनी बंदूक मेरे हाथ में थमायी और नीचे खड़े शिकारियों से जा मिले।

मुझे इस बात का सख्त अफसोस है कि इस मौके पर मेरे हाथों में मूवी कैमरे की जगह राइफल थी। अगले चंद मिनटों में जो हुआ वह वाकई फिल्म बनाने लायक था। अपनी पूरी ज़िंदगी में मैंने इतना मज़ेदार वाकया कभी नहीं देखा। विंडहैम साहब का इरादा यह था कि वे फांसी जैसे फंदे में अजगर की पूंछ फंसा कर वे उसे सूखी जमीन पर खींच लेंगे और फिर उसे बांध-बूंध कर हाथी पर लाद देंगे। विंडहैम ने जब अपना ये इरादा शिकारियों पर जाहिर किया तो उन्होंने रस्सी का फंदा विंडहैम को थमा

दिया और कहा कि यदि आप इसे अजगर की पूंछ पर चढ़ा देंगे तो वे अजगर को बाहर खींच निकालेंगे। विंडहैम का पक्के तौर पर मानना यह था कि अजगर पर फंदा डालने का काम शिकारी से ज्यादा महारत से कर सकेंगे। आखिरकार, दसियों बार आगे बढ़ने और पीछे हटने के बाद और अजगर को खबरदार न होने देने के लिए कई तरह की बेवकूफाना हरकतों के बाद तीनों आदमी पानी में उतर गये। हर आदमी की कोशिश यही थी कि वह जितना बन सके फंदे से उतना दूर रहे। ये सब करते हुए बड़े बेमन से वे अजगर के नजदीक पहुंचे। अब जब अजगर उनसे हाथ भर दूर था तो वे फंदा डालने के लिए एक-दूसरे को आगे धकेलने लगे। इतने में अजगर ने अपना सिर एक या दो फुट ऊपर उठाया और मुड़ कर उनकी तरफ बढ़ने लगा। दोनों शिकारियों ने हांक लगायी "भागो साहब" और पानी के बाहर भाग लिये। उनके पीछे विंडहैम भी भागे और तीनों दौड़ते हुए धार के किनारे उगी घनी झाड़ियों तक आ पहुंचे। उधर अजगर तैरता हुआ बड़े से जामुन के पेड़ की जड़ों में घुस गया और हमारी निगाहों से ओझल हो गया। इधर महावत और मैं पेट पकड़ कर इतना हंसे कि हाथी से गिरते-गिरते बचे।

एक महीने बाद मुझे विंडहैम की चिट्ठी मिली कि वे अगले दिन कालाढुंगी पहुंच रहे हैं और वह एक बार फिर अजगर को पकड़ने की कोशिश करेंगे। ज्यॉफ हॉपकिंस और इंग्लैड से तभी-तभी आया एक दोस्त भी मेरे साथ था। विंडहैम की चिट्ठी मिलने पर हम तीनों यह देखने निकल पड़े कि अभी अजगर उसी जगह पर है या नहीं। जामुन के जिस पेड़ की जड़ों के नीचे अजगर उस दिन जा छिपा था, उसके नजदीक एक मैदान था जहां सांभर अक्सर आया करते थे। कई पुश्तों से सांभरों के खुरों से दबकर वहां की मिट्टी एकदम बारीक पाउडर जैसी हो गयी थी। अपना अजगर हमें इसी मिट्टी पर पड़ा मिला। हमारे पहुंचने के कुछ मिनट पहले ही ऊदबिलाव के एक जोड़े ने उसे मार दिया था।

अजगर और घड़ियाल को मारने के लिए ऊदबिलाव एक खास तरीका अपनाते हैं। मैंने कभी सुना नहीं कि ऊदबिलाव अजगर या मगरमच्छ को खाने के लिए मारते हों— इसलिए यही माना जा सकता है कि वे यह शिकार सिर्फ मज़े के लिये या खेल

के लिए करते हैं। बहरहाल, उनका तरीका बड़ा अजीब है। अजगर या मगरमच्छ को अपने शिकार के तौर पर चुन लेने के बाद ऊदबिलाव जोड़े में आते हैं और अपने शिकार के दोनों तरफ मुस्तैदी से जुट जाते हैं। जब अजगर या मगरमच्छ एक तरफ, मान लीजिए कि दायीं तरफ से खुद को हमले से बचाता है तो बायीं तरफ वाला हमला बोल देता है। ऊदबिलाव की कोशिश हर बार यही होती है कि वह अपने शिकार की गर्दन पर और सिर के जितना नज़दीक हो सके अपने दांतों से काटे। ऊदबिलाव बहुत ज्यादा फुर्तीले होते हैं। जब दायीं तरफ वाला अपने शिकार को छकाता है तो बायीं तरफ वाला फुर्ती से कूद कर अपने दांत गड़ा देता है। इस तरह बारी-बारी से और हर बार थोड़ा-थोड़ा काटते हुए ऊदबिलाव अपने शिकार की पूरी गर्दन इतनी गहरी काट डालते हैं कि नीचे की हड्डी दिखायी देने लगती है, हालांकि तब भी मरने में अजगर और मगरमच्छ को कुछ समय लगता है क्योंकि दोनों ही बड़े सख्तजान होते हैं और ज़िंदगी पर उनकी पकड़ बहुत मजबूत होती है।

अभी जो वाकया मैंने आपको बयान किया है उसमें अजगर की लंबाई साढ़े सत्रह फीट और मोटाई छब्बीस इंच थी। इस अजगर को मारने के दौरान ऊदबिलावों को भी अपनी जान का जोखिम जरूर रहा होगा। ऊदबिलाव बड़े कलेजे वाले जानवर होते हैं बहुत मुमकिन है कि इंसानों की तरह उन्हें भी लगता हो कि जिस खेल में जितना ज्यादा जोखिम है उसमें उतना ही ज्यादा मज़ा है।

दूसरा वाकया एक बड़े हाथी की शेरों के जोड़े से लड़ाई का है। यदि आपको मेरी 'खेल के तौर पर शिकार' की थ्योरी से इतिफाक नहीं है तो जंगल के मालिक और जंगल के राजा-रानी के बीच हुई खूनी मुठभेड़ की कोई और वजह मैं आपको नहीं बता सकता। हिंदुस्तानी अखबारों में इस मुठभेड़ के ढेरों चर्चे होते रहे और कई जाने-माने शिकारियों ने स्टेट्समैन और पायनियर अखबारों के संपादकों को भी पत्र लिखे। इस मुठभेड़ के बारे में जो थ्योरियां पेश की गयीं वे थीं : पुरानी अदावत, शेर के बच्चे को मारने का बदला और खाने के लिए मारना। इन लेखों और चिट्ठियों के लेखकों में से कोई भी मुठभेड़ का चश्मदीद गवाह नहीं था और ऐसे ही किसी और मामले के हवाले से जो नतीज़े निकाले गये उनका भी कोई मतलब नहीं था क्योंकि

उस मामले का भी कोई अता-पता नहीं था। इस तरह ये सारी थ्योरियां धरी की धरी रह गयीं और इनसे कुछ साबित नहीं हो पाया।

हाथी की मौत से खत्म हुई हाथी और शेरों की इस लड़ाई के बारे में मैंने पहले-पहल तब सुना जब तराई और भाबर के सुपरिंटेंडेंट ने मुझसे हाथी की लाश जलवाने की दरख्वास्त की और पूछा कि इस काम के लिए क्या मैं 200 गैलन पैराफीन अपने साथ ले जाना चाहूंगा। सुपरिंटेंडेंट के दफ्तर में बातचीत चली तो मुझे पता चला कि टनकपुर में शेरों ने एक हाथी को मार दिया है और लाश चूंकि पथरीले मैदान में पड़ी है इसलिए उसे दफनाया नहीं जा सकता था और इसीलिए उसे जलाने पर होने वाले खर्च का सवाल पैदा हो गया था। यह जानकारी मेरे लिये बेहद दिलचस्प थी लेकिन बदकिस्मती से मामला दस दिन पुराना था और इस बीच सारे सबूत जल चुके थे और ज़मीन पर पड़े निशान भारी बरसात में धुल गये थे। टनकपुर के नायब तहसीलदार ने यह वाकया अपनी आंखों से तो नहीं देखा था लेकिन उसने काफी कुछ सुन रखा था। यह नायब तहसीलदार मेरा दोस्त था और मैं उसका एहसानमंद हूं कि उसने मुझे जो बातें बतायीं उन्हीं की बदौलत यह वाकया मैं आपको बताने जा रहा हूं।

टनकपुर अवध-तिरहुत रेलवे की एक ब्रांच लाइन का आखरी स्टेशन है और व्यापार-धंधे की निगाह से भी यह काफी बड़ी जगह है। जहां शारदा नदी निचली पहाड़ियों से निकलती है बस वहीं टनकपुर भी बसा हुआ है। तीस साल पहले शारदा नदी टनकपुर के एकदम बाजू से बहती थी लेकिन जैसा कि ज्यादातर बड़ी नदियों के साथ होता है, शारदा भी अपने नये रास्ते बनाती रहती है। जिन दिनों की बात मैं बता रहा हूं, उन दिनों शारदा टनकपुर से दो मील दूर बहती थी। उसके करीब सौ फीट ऊंचे बड़े किनारे और नदी के बीच में दर्जनों छोटे-छोटे पानी के रास्ते बन गये थे और इन रास्तों के बीच बने टापुओं पर हलके से लेकर घने जंगल थे जिनमें पेड़, झाड़ियां और घास थी।

एक दिन टनकपुर में रहने वाले दो मछुआरे नदी में जाल डाल कर मछली पकड़ने गये। उन्होंने जितना सोचा था, उससे ज्यादा देर उन्हें हो गयी थी और जब उन्होंने दो मील दूर अपने घर की तरफ पैदल चलना शुरू किया तब सूरज डूब रहा

था। घास का एक बड़ा हिस्सा पार करके वे अभी बाहर निकले ही थे कि उन्हें दूसरी तरफ दो शेर खड़े दिखायी दिये। पानी का रास्ता यहां करीब चालीस गज चौड़ा था और पानी की धारा बहुत पतली थी। चूंकि शेर उनके रास्ते में ही खड़े थे इसलिए दोनों आदमी एकदम दुबक लिये। इन दोनों ने पहले भी कई बार शेर देखे थे इसलिये उन्हें कोई खास घबराहट नहीं हुई। यहां यह बताना जरूरी है कि यदि आप जल्दी घबराने वाले इंसान हैं तो जंगल के माहौल में आपको कई ऐसी चीज़ें दिखने या सुनायी देने लगेंगी जो वहां हैं ही नहीं। सूरज अभी डूबा ही था इसलिए थोड़ी रौशनी मौजूद थी। चांद पूरा निकला हुआ था और उसकी रौशनी में खुले मैदान में खड़े शेर एकदम साफ दिखायी दे रहे थे। तभी घास में अचानक हलचल हुई और मछुआरों की तरफ बड़े दांतों वाला हाथी बाहर आया। यह हाथी टनकपुर के जंगलों में बड़ा मशहूर था और अपनी हरकतों की वजह से जंगल महकमे में उसने खासा बुरा नाम कमा रखा था। उसकी आदत थी कि वह फॉरेस्ट बंगलों के खंभे उखाड़ फेंकता था जिससे बंगलों की छतें नीचे आ टपकती थीं। बहरहाल, यह हाथी उस ढंग का बदमाश नहीं था कि वह इंसानों से छेड़छाड़ करे या उन्हें मार डाले।

जब हाथी पूरी तरह बाहर आ गया तो उसकी निगाह दूसरी तरफ खड़े शेरों पर पड़ी। हाथी ने अपनी सूंड ऊपर उठायी और जोर की चिंघाड़ भर कर शेरों की तरफ चल पड़ा। अब शेर भी हाथी का सामना करने के लिये पलटे। एक शेर तो हाथी के सामने खड़ा गुर्राता रहा और दूसरा घेरा काटकर हाथी के पीछे की तरफ चला गया और उसने हाथी की पीठ पर छलांग लगा दी। अपने सिर को तेजी से दोनों तरफ झुलाते हुए हाथी ने पीठ पर चढ़े शेर को अपनी सूंड के जरिये पकड़ने की कोशिश की और इस बीच सामने खड़े शेर ने हाथी के सिर पर छलांग लगा दी। हाथी अब गुस्से में चिल्ला रहा था और दोनों शेर पूरे गले से दहाड़ रहे थे। जब शेर गुस्से में दहाड़ते हैं तो यह आवाज़ बहुत ही डरावनी होती है। इस डरावनी आवाज़ में जब एक पगलाये हुए हाथी की चिंघाड़ भी आ मिली तो आवाज़ और ज्यादा डरावनी हो गयी। कोई ताज्जुब की बात नहीं कि ये आवाज़ें सुनकर दोनों मछुआरे बुरी तरह डर गये और अपने जाल, और दिन भर में पकड़ी मछलियां वहीं पटक कर टनकपुर की तरफ सिर

पर पैर रख कर भाग लिये।

उधर टनकपुर में घरों में शाम के खाने की तैयारियां चल रही थीं जब जंगल में चल रही मुठभेड़ की आवाज़ें वहां सुनायी देना शुरू हुई। थोड़ी देर बाद ही जब मल्लाह मुठभेड़ की खबर लेकर वहां पहुंचे कि जंगल में एक हाथी और दो शेरों के बीच लड़ाई छिड़ी हुई है तो कुछ हिम्मती लोग लड़ाई देखने नदी के किनारे तक पहुंच गये। जब लोगों को यह समझ में आया कि हाथी और शेर लड़ते-लड़ते उन्हीं की तरफ आ रहे हैं तो एकदम भगदड़ मच गयी और अगले ही कुछ मिनटों में टनकपुर में हर घर के दरवाजे मजबूती से बंद हो गये। लड़ाई कितनी देर चली इस बारे में लोगों के बयान अलग-अलग थे। कुछ लोग इस बात पर अड़े रहे कि लड़ाई रात भर चलती रही जबकि दूसरों का मानना था लड़ाई आधी रात को खत्म हो गयी थी। मिस्टर मैटेसन एक रिटायर्ड बुज़ुर्ग थे जो नदी के किनारे अपने बंगले में रहते थे। लड़ाई जहां चल रही थी वहां से उनका बंगला बहुत नज़दीक था। मिस्टर मैटेसन का कहना था कि लड़ाई कई घंटे चली और इतनी ज्यादा डरावनी और रोंगटे खड़े करने वाली आवाज़ें उन्होंने जिंदगी में पहले कभी नहीं सुनी थीं। रात को गोलियां चलने की आवाज़ भी सुनायी दी थी लेकिन यह बात साफ नहीं हो पायी कि ये गोलियां पुलिस ने चलायी थीं या मिस्टर मैटेसन ने। बहरहाल, जो भी हो इन गोलियों का वह असर नहीं हुआ जो सोचा गया था। न तो लड़ाई बंद हुई और न ही जानवर वहां से दूर गये।

अगली सुबह टनकपुर के लोग दुबारा उस ऊंचे से मैदान पर जा पहुंचे और बड़े-बड़े पत्थरों से भरे सौ फुट चौड़े किनारे पर उन्हें मरा हुआ हाथी दिखायी दिया। नायब तहसीलदार ने जिस तरह चोटें बयान की उससे समझ में आता था कि साफ तौर पर हाथी की मौत ज्यादा खून बह जाने से हुई थी। शेरों ने हाथी का कोई भी हिस्सा नहीं खाया था। मरे या घायल शेर भी न तो वहां तब पाये गये और न ही बाद में टनकपुर के आसपास कहीं और पाये गये।

मैं आपको पहले ही बता दूं कि मुझे नहीं लगता कि शेरों का इरादा हाथी को जान से मारने का था। किसी पुरानी अदावत का बदला लेने वाली थ्योरी, अपने बच्चे के मारे जाने से उपजा गुस्सा और पेट भरने के लिये हाथी को मारना जैसी बातें बहुत

मायने नहीं रखतीं और समझ में भी नहीं आतीं। बहरहाल, सच्चाई यह है कि एक बड़ा हाथी जिसके दांतों का वजन ही नब्बे पाउंड था टनकपुर के नजदीक दो शेरों के हाथों मारा गया था और मेरा मानना यह है जिस बात की शुरूआत सिर्फ एक शरारत भरी खिलवाड़ से हुई वह आगे चलकर इस खूनी जंग में बदल गयी। शेरों के जोड़े में एक नर था और दूसरी मादा और वे उस वक्त सबसे ज्यादा खुशी देने वाले कुदरती काम को अंजाम देने की तैयारी कर रहे थे कि तभी यह हाथी वहां पहुंच गया और उनके प्रेम में खलल डालने लगा। इसके बाद तो लड़ाई होनी तय थी। मेरा ख्याल है कि जब दूसरा शेर हाथी के सिर पर लपका तो उसने एक ही झपट्टे में हाथी की आंखें निकाल ली थीं और उसके बाद अंधा हुआ हाथी लगातार इधर-उधर भाग रहा था। ऐसे ही भागते-भागते वह नदी के किनारे आ पहुंचा था जहां बाद में उसकी लाश पायी गयी। यहां बड़े-बड़े गोल पत्थरों से जमीन भरी हुई थी जिसकी वजह से हाथी को जमीन पर सही पकड़ नहीं मिल पा रही थी। यहां आकर हाथी एकदम बेबस हो गया था और वह पूरी तरह शेरों की दया का मोहताज हो गया था लेकिन शेरों ने जो जख्म खाये थे उनकी वजह से उन्होंने लाचार हाथी पर कोई दया नहीं दिखायी।

सभी मांसाहारी जानवर अपने शिकार को दांतों से मारते हैं। वे मांसाहारी जानवर जो अपने शिकार के पीछे दबे पांव जाते हैं वे अपने शिकार को पकड़ने और उसे अपनी गिरफ्त में लिये रहने के लिये पंजों का इस्तेमाल करते हैं और कई बार अपने शिकार की जान लेने के पहले उसे नाकाम बनाने के लिये वे अपने पंजों का इस्तेमाल करते हैं। जंगल में किसी मांसाहारी जानवर के हाथों उसके शिकार को मारा जाता हुआ देखना बड़ा मुश्किल है और बहुत कम लोगों को ही ऐसा मौका मिल पाता है। जब भी किसी को ऐसा मौका मिलता है तो मारने वाले जानवर की शुरूआती हरकतें इतनी तेज़ होती हैं कि उन्हें समझ पाना बड़ा मुश्किल है। मुझे करीब बीस बार शेरों और तेंदुओं का शिकार बनते जानवरों को देखने का मौका मिला है लेकिन मैं यह ठीक-ठीक बयान नहीं कर सकता कि अपने शिकार को पकड़ लेने के बाद उसे शेर या तेंदुआ किस ढंग से मारते हैं। सिर्फ एक बार मैंने देखा है कि एक मादा चीतल हवा के बहने की दिशा में घास खा रही थी और उस पर सामने से हमला किया गया। यह बात समझ में आती

है कि शेरों और तेंदुओं के हाथों मारे जाने वाले ज्यादातर जानवरों के सींग उन्हें गहरी चोटें पहुंचा सकते हैं। इस मामले के अलावा बाकी सब मामलों में मैंने शिकार करने वाले जानवर को शिकार के पीछे की तरफ से ही हमला करते देखा है। यदि एकदम पीछे से नहीं तो थोड़ा किनारे से। शेर और तेंदुए एक ही छलांग या थोड़ा-सा दौड़ने के बाद अपने शिकार को पंजों से पकड़ लेते हैं और बिजली की रफ्तार से एक ही झटके में उन्हें गले से पकड़ कर जमीन पर पटक देते हैं।

अपने शिकार को जमीन पर पटकने में शेर या तेंदुए को बड़ा होशियार रहना पड़ता है क्योंकि किसी बड़े सांभर या चीतल की एक दुलत्ती से ही उनका पेट फट सकता है। खुद को चोट से बचाने के लिये और अपने शिकार को फिर से अपने पैरों पर खड़ा न होने देने के लिये वे अपने शिकार के सिर को ज़मीन की तरफ खींचते हुए उसे मरोड़ भी देते हैं। इस तरह ज़मीन पर पटका गया जानवर चाहे जितनी दुलत्ती झाड़े, शेर या तेंदुए को चोट लगने का खतरा नहीं रहता। इस हालत में यदि शिकार उठ बैठने या करवट लेने की कोशिश करेगा तो अपनी गर्दन तुड़ाए बगैर वह ऐसा नहीं कर सकता। कई बार ऐसा भी होता है कि जब किसी बड़े जानवर को धरती पर पटका जाता है तो ज़मीन पर गिरने की वजह से ही उसकी गर्दन टूट जाती है और कई बार गर्दन तोड़ने के लिये शेर और तेंदुए अपने दांतों का इस्तेमाल करते हैं। जब ज़मीन पर गिरने या हमलावर जानवर के दांतों से गर्दन नहीं टूट पाती तो उसे गर्दन मरोड़ कर मार दिया जाता है।

जवान सांभर या चीतल की एक ही दुलत्ती शेर या तेन्दुए के पेट की आंतें निकालने के लिये काफी हैं। इसलिये उन्हें शिकार को जमीन पर गिराते वक्त खास ख्याल रखना पड़ता है। चोट से बचने और यह तसल्ली करने के लिये कि शिकार अपने पैरों पर खड़ा न हो सके, जमीन पर गिराते वक्त उसकी गर्दन मरोड़ कर उसे सिर के बल पटका जाता है। जब इस तरह शिकार को गिरा कर काबू रखा जाता है, तब वह कितनी ही दुलत्तियां झाड़ सकता है पर इससे कोई चोट शेर या तेन्दुए को नहीं लग पाती। शिकार न खड़ा हो सकता है, न पलट सकता है। पलटने पर गरदन टूट सकती है। आमतौर पर शिकारी जानवर के फाड़ने वाले लम्बे दांत गड़ने से गर्दन

टूट जाती है। जब शिकार की गर्दन दांत गड़ाने या गिरने से नहीं टूटती तो उसे गला घोंट कर मार दिया जाता है।

मैंने किसी तेन्दुए को अपने शिकार के घुटने के पीछे की नस काट कर मारते नहीं देखा हालांकि शेर को मैंने ऐसा करते हुए बहुत बार देखा है। ऐसे सभी शिकारों की नस शेर अपने दांतों से नहीं बल्कि पंजों से काटते हैं। नैनीताल से छह मील दूर समधर पहाड़ी पर मेरे दोस्त की गाय का शिकार ऐसे ही किया गया था। इसकी जानकारी मेरे दोस्त ने मुझे दी थी। मेरे दोस्त के पास गायों का झुंड था। उसने शेर और तेन्दुए के हाथों कई ऐसे शिकार देखे थे। एक खास गाय की गर्दन पर घाव के निशान नहीं थे पर उसका मांस जिस तरह चीथड़े करके खाया गया था उससे उसे यह शक हो रहा था था कि शिकारी जानवर शेर या तेन्दुआ न होकर कोई और ही है। जब मुझे यह खबर मिली तब दिन निकला ही था। दो घंटे बाद हम मौका-ए-वारदात पर पहुंच गये। यह भरी-पूरी गाय थी जिसे पचास फुट चौड़े फायर ट्रैक पर मारा गया था और उसे खींचकर दूर ले जाने की कोशिश नहीं की गयी थी। शिकार हुए जानवर के बारे में जैसा मुझे बताया गया था तो मैं इस नतीज़े पर पहुंचा था कि यह काम किसी काले भालू का है। ये भालू आदतन मांस खाने वाले नहीं हैं लेकिन कभी-कभार शिकार कर लेते हैं। शेर-तेन्दुए जैसे उनके पंजे या दांत नहीं होते इसलिए भालुओं के शिकार का तरीका अटपटा और भद्दा है। पर अब यहां पहुंच कर मैंने देखा कि गाय का शिकार भालू ने नहीं बल्कि शेर ने किया था और वह भी बहुत अनोखे तरीके से। पहले गाय के घुटने के पीछे की नस काटी गयी थी और फिर उसकी आंतें निकाल कर मारा गया था। गाय मारने के बाद शेर ने पिछला हिस्सा फाड़ कर मांस खा लिया था। पक्की जमीन पर पीछा करना मुमकिन न था। इसलिए मैंने बाकी दिन पास के जंगल में खोज करने में बिताया ताकि मैं ज़मीन पर खड़े-खड़े शेर पर गोली चला सकूं। सूरज डूबने पर मैं अधखाये शिकार के पास पेड़ पर बैठा रहा। शेर न तो अपने इस शिकार पर वापस लौटा और न उन नौ शिकारों पर जिनमें छह गायें थीं और तीन जवान भैंसें थीं-- जिनका उसने एक खास तरीके से शिकार किया था।

जान लेने का यह तरीका इंसानी नज़रिये से बहुत ज्यादा क्रूरता से भरा हुआ

था लेकिन एक शेर की निगाह से इसमें कोई क्रूरता नहीं थी। अपना पेट भरने के लिये यह ज़रूरी था कि वह दूसरे जानवरों की जान ले और जान लेने का तरीका इस बात से तय होता था कि उसकी खुद की जिस्मानी हालत क्या है। जान लेने के लिये यह शेर अपने चारों बड़े दांतों का इस्तेमाल नहीं कर सकता था और न ही दांतों से पकड़ कर वह मरे हुए जानवर को घसीटकर कहीं ले जा सकता था। अपने शिकार का गोश्त निकालने के लिये उसे दांतों के बजाय अपने पंजों का इस्तेमाल करना पड़ रहा था इसी से यह साबित होता है कि उसमें कोई जिस्मानी खराबी थी। मैं पक्के तौर पर यह मानता हूं कि यह जिस्मानी खराबी किसी बेवकूफ शिकारी के हाथों लापरवाही से चलायी गयी गोली से हुई होगी। तेज रफ्तार वाली एक बड़ी बुलेट ने उसका निचला जबड़ा तोड़ दिया होगा। मैं इस नतीज़े पर तभी पहुंच गया था जब मैंने इस शेर के हाथों शिकार हुए पहले जानवर को देखा था। मेरी यह सोच और ज्यादा मजबूत इसलिये भी होती गयी क्योंकि शेर के दो शिकारों के बीच का वक्फा लगातार बढ़ता जा रहा था और साथ ही हर नये शिकार का वह कम से कम हिस्सा ही खा पा रहा था। यह भी तय था कि उसे यह चोट अपने किसी शिकार को खाते वक्त लगी थी और इसीलिये वह कभी लौट कर अपने शिकार पर नहीं आता था। पहली बार में ही जितना खा सके उतना खाकर वह अपने शिकार को यूं ही छोड़ देता था और दोबारा उसके नज़दीक भी नहीं फटकता था। दसवें शिकार के बाद इस तरीके से और जानवरों का मारा जाना बंद हो गया और चूंकि इस इलाके में न तो कोई शेर मारा गया था और न ही किसी शेर की लाश मिली थी इसलिये मेरा मन यह कहता है कि यह शेर बुरे हाल में घिसटता हुआ किसी गुफा में जा बैठा होगा और वहीं अपनी चोटों की वजह से उसकी मौत हो गयी होगी। इस इलाके में ऐसी गुफाओं की कमी नहीं थी।

जाहिरा तौर पर यह एक अजीब मामला था लेकिन पक्के तौर पर यह ऐसा अकेला मामला नहीं था जिससे मेरा वास्ता पड़ा हो। मैंने अपने जीवन में शेरों के हाथों मारे गये सबसे बड़े जो दो भैंसे देखे हैं उन्हें इसी तरीके से पंजों से उधेड़कर मारा गया था जबकि शेर आमतौर पर अपने शिकार को पहले जमीन पर पटक लेता है और उसकी जान लेने के बाद उसे खाना शुरू करता है।

6

❋ भाई टॉम की दी हुई गुलेल का रबड़ जब गल कर खत्म हो गया तो मैंने अपने लिये तीर की जगह पत्थर फेंकने वाली कमान बना ली। पत्थर छोड़ने वाली कमान और तीर छोड़ने वाली कमान में फर्क यह होता है कि पत्थर छोड़ने वाली कमान छोटी और थोड़ी ज्यादा सख्त होती है और इसमें एक के बजाय दो तान होती हैं। इन दोनों तानों के बीच मोटे टाट का एक छोटा-सा चौकोर टुकड़ा लगा होता है जिसमें रख कर पत्थर चलाया जाता है। पत्थर वाली कमान का इस्तेमाल करने के लिये बहुत रियाज़ की ज़रूरत होती है क्योंकि कमान पकड़ने वाली बांह को यदि पत्थर छूटने के एकदम साथ ही यदि न घुमाया जाय तो कमान वाले हाथ का अंगूठा बुरी तरह जख्मी हो सकता है। इस कमान से छोड़े गये पत्थर की रफ्तार गुलेल के पत्थर की रफ्तार से दुगुनी होती है लेकिन इससे गुलेल जैसा पक्का निशाना लगाना थोड़ा मुश्किल होता है। नैनीताल का सरकारी खजाना हमारे गर्मियों वाले घर के नजदीक ही सड़क के दूसरी तरफ था। खजाने की हिफाज़त के लिये फौज के गुरखा वहां तैनात रहते थे। खजाने के मैदान में लकड़ी की एक टिकटी लगी हुई थी जिस पर एक बड़ा गोल घंटा टंगा रहता था जिसे हर घंटे समय बताने के लिये बजाया जाता था। इस टिकटी के ऊपर एक माचिस की डिब्बी रख दी जाती थी और बीस गज की दूरी से बारी-बारी से हम इस पर निशाना लगाया करते थे। वहां मौजूद गुरखों में एक हवलदार था जो कि कद में ठिगना और मजबूती में बैल जैसा था। गुरखों में उसका निशाना सबसे अच्छा था लेकिन वहां मौजूद तमाशबीन हमेशा यह देखकर बड़े खुश होते थे कि यह गुरखा

हवलदार मुझे कभी हरा नहीं पाया।

पत्थर फेंकने वाली कमान का इस्तेमाल मेरे लिये जरूरत से उपजी मजबूरी था और हालांकि मैंने अपना निशाना काफी पक्का कर लिया था लेकिन मैं कभी भी पत्थर फेंकने वाली कमान को उस ढंग से इस्तेमाल नहीं कर पाया जैसे मैं गुलेल को काम में लाता था। फैनीमोर कूपर की रोमांचक किताबें पढ़ने के बाद मैंने तीर-कमान का इस्तेमाल भी शुरू कर दिया। हिंदुस्तान के इस इलाके में तीर-कमान के इस्तेमाल की कोई परम्परा नहीं है इसलिये मेरे पास तीर-कमान का कोई नमूना भी नहीं था। बहरहाल, कई कोशिशों के बाद मैंने अपनी पसंद लायक एक कमान और दो तीर बना ही लिये। इन तीरों के आगे नुकीले कील लगे हुए थे। यदि कूपर के रेड इंडियन, तीर से जानवरों का शिकार कर सकते थे तो मुझे इसमें कोई वजह दिखायी नहीं दी कि मैं ऐसा क्यों नहीं कर सकता। लिहाजा मैं भी अपना तीर-कमान संभाले शिकार के लिये निकल पड़ा। अपने तीरों की ताकत के बारे में मुझे कोई गुमान नहीं था। मेरी हिफाजत में ये तीर कितने कामयाब होंगे इसमें भी मुझे शक ही था इसलिये मैं काफी एहतियात के साथ जंगल में कदम बढ़ाता था। जिन जंगली मुर्गों और मोरों को मैं अपना निशाना बनाना चाहता था उनके अलावा भी जंगल में ऐसे जानवर थे जिनसे मुझे बहुत डर लगता था। जिन जानवरों या परिंदों को मैं मारना चाहता था उन तक पहुंचने में आसानी के लिये और जब भी खतरा हो लपक कर पेड़ पर चढ़ने के लिये यह जरूरी था कि मैं जूते न पहनूं। उन दिनों पतले रबर सोल वाले जूते होते ही नहीं थे और आप सिर्फ यही तय कर सकते थे कि आप या तो नंगे पैर रहें या कड़े चमड़े वाले भारी-भरकम जूते पहनें जो कि न तो शिकार का पीछा करने और न ही पेड़ों पर चढ़ने के मुआफिक आते थे।

निचली पहाड़ियों से शुरू होकर पानी की दो धारायें हमारी जायदाद के निचले सिरे की तरफ आकर एक बन जाती थीं। ये धारायें भारी बरसात के मौसम को छोड़कर सूखी रहती थीं। दोनों धाराओं के तल रेतीले थी और दोनों के बीच जो जंगल था वह निचली तरफ चौथाई मील और ऊपरी तरफ एक मील चौड़ा था। दो मील लंबे इस जंगल में सब तरह के जानवर पाये जाये थे। जिस नहर में लड़कियां नहाने जाती थीं

वह हमारी जायदाद और इस जंगल के बीच की सरहद तय करती थी। एक गिरे हुए पेड़ को पुल की तरह इस्तेमाल कर मैं उस पार जंगल में जा सकता था और परिंदों सहित कई तरह के जानवरों का शिकार कर सकता था। बाद के वर्षों में जब मेरे पास मूवी कैमरा आ गया तब मैंने नहर के किनारे एक पेड़ पर कई दिन शेरों की फिल्म बनाने में खर्च किये। ये शेर नहर में पानी पीने आते थे। मैंने अपना आखिरी शेर भी इसी जंगल में मारा था। यह तब की बात है जब मैं हिटलर की जंग के बाद फौज से छूटा ही था। इस शेर ने अलग-अलग वक्त पर एक घोड़े, एक बछड़े और दो बैलों को अपना शिकार बनाया था। मैंने इस शेर को इस इलाके से भगाने की जितनी भी कोशिशें की थीं इस ने उन्हें अनदेखा कर दिया था। मेरी बहन मैगी को इस बारे में शक ही था कि इस उम्र में मैं राइफल सीधी पकड़ कर सही निशाना लगा पाऊंगा क्योंकि अलग-अलग जंगलों में मुझे कई बार अलग-अलग किस्म का मलेरिया हो चुका था और मेरी बहन को लगता था कि इस वजह से मेरे हाथों में पहले जैसा ठहराव नहीं बचा था। बहरहाल, मुझसे निशाना लगता है या नहीं यह देखने के लिये मैंने शेर को फैसले के लिये बुला लिया। शेर को मैंने गुनाहगार पाया और जब शेर कुछ ही फुट की दूरी से मुझे देख रहा था तो मैंने एक गोली उसकी आंखों के बीच में उतार दी। यह शिकार नहीं हत्या थी। लेकिन एक ऐसी हत्या जिसे एक हद तक जायज़ ठहराया जा सकता था। मैं शेर को मारना नहीं चाहता था। शेर ने गांव से दो सौ गज दूर लैंटाना की घनी झाड़ियों में अपना घर बना लिया था। शेर के हाथों मारे गये हर जानवर का मुआवज़ा देने को भी मैं तैयार था लेकिन मुआवजे से बात कुछ इसलिये नहीं बनती थी कि उन दिनों जंग की वजह से पूरे देश में ही मवेशियों की भारी कमी हो गयी थी और नये मवेशी मिलना बड़ा मुश्किल था। जैसा कि मैंने पहले बताया है कि इसे भगाने की मेरी तमाम कोशिशों को इस शेर ने अनदेखा कर दिया था लिहाज़ा मेरे पास और कोई रास्ता नहीं बचा था।

दोनों धाराओं के बीच के जंगल को मैगॉग और मैं अच्छी तरह देख चुके थे और मुझे मालूम था कि इस जंगल के किन हिस्सों में हमें नहीं जाना चाहिये। इसके अलावा नहर के परली तरफ के जंगल में जंगली मुर्ग और मोर के शिकार के लिए मुझे सिर्फ

टूटे हुए पेड़ के जरिये नहर ही पार करनी होती थी लेकिन मैं तब तक परली तरफ नहीं जाता था जब तक कि मुझे तसल्ली न हो जाये कि ऊपर कोई शेर मौजूद नहीं है। शेर की गैर मौजूदगी की तसल्ली करने के लिए मैं जंगल के बायीं तरफ वाली घाटी की जांच बड़े ध्यान से करता था। इस पट्टी में अक्सर आने वाले शेर हमेशा पश्चिम की तरफ से सूरज डूबते वक्त आते थे और यदि उन्होंने कोई शिकार इधर नहीं किया तो सबेरा होने के पहले घने जंगल में अपने घर लौट जाते थे। धारा की सूखी तलहटी में बिछी रेत की बारीकी से जांच करने पर यह पता लगाया जा सकता था कि कोई शेर उस तरफ के जंगल में गया है या नहीं। उस तरफ के जंगल को मैं अपनी ज़ाती शिकारगाह मानता था। रेत में बने निशानों से यह भी मालूम चल जाता था कि उस तरफ गया शेर अभी वहीं है या वापस चला गया है। जिस दिन भी मुझे शेर के पंजों के इकतरफा निशान ही मिलते थे उस दिन जंगल के इस टुकड़े से अपना रिश्ता-नाता भूल कर, चिड़ियों के शिकार के लिए मैं कहीं और चला जाता था।

पानी की यह धारा भले ही ज्यादातर सूखी पड़ी रहती थी लेकिन मेरे लिए यह कभी न सूखने वाली दिलचस्पी की धारा थी। दोनों तरफ मीलों तक फैले जंगलों में रहने वाले शेरों के साथ-साथ जंगल के दूसरे सभी जानवर और रेंग कर चलने वाले जीव-जंतु इस धारा को पार करते थे। धारा को पार करने में वे अपने वहां से गुजरने के फोटोग्राफ जैसे साफ सबूत छोड़ जाते थे। यही वह जगह थी जहां पहले तो गुलेल, फिर तीर-कमान और फिर भरमार बंदूक से और बाद में पिछले दिनों नये ज़माने की राइफल से लैस मैं आया करता था और अपनी जंगल जानकारी के खजाने में नयी-नयी बातें एक-एक करके भरा करता था। सुबह सूरज निकलने के साथ ही नंगे पैरों, दबे पांव मैं निकल पड़ता था और एक-एक करके मैंने धारा पार करने वाले सभी जानवरों और रेंगने वाले जंतुओं को देखता था और फिर एक दिन ऐसा भी आया जब मैं हर एक जानवर या रेंगने वाले प्राणी को उसके निशानों से पहचानने लगा। लेकिन यह एक छोटी-सी शुरूआत थी क्योंकि अभी मुझे यह सीखना बाकी था कि जानवरों की आदतें क्या होती हैं, उनकी भाषाएं कैसी होती हैं और कुदरत के इस खेल में उनके किरदार क्या हैं। जब मैं यह सब सीख रहा होता था तो साथ-साथ परिंदों की भाषा को

भी अपने मन में उतारता जाता था। मैं यह भी सीख रहा होता था कि कुदरत के बगीचे में इन प्राणियों के क्या-क्या काम हैं।

जो पहला काम मैंने किया वह यह था कि मैंने जानवरों, परिंदों और रेंगने वाले प्राणियों को अलग-अलग समूहों में बांट दिया। शुरूआत मैंने परिंदों से की और कुल छह समूह बनाये :

1. वे परिंदे जो कुदरत के बगीचे को सुंदर बनाते हैं। इस समूह में मैंने सहेली, ओरियल्स और शकरखोरे रखे।
2. वे परिंदे जो कुदरत के बगीचे को संगीत से भरते हैं- चिलबिल, रोबिन्स और शमा।
3. वे परिंदे जो कुदरत के बगीचे में पेड़, पौधों और फूलों की पैदावार में मदद करते हैं।
4. वे परिंदे जो खतरे से आगाह करते हैं- जंगल कोतवाल, लाल जंगली मुर्ग और सतबहनी।
5. वे परिंदे जो कुदरत में संतुलन बनाये रखते हैं- बाज और उल्लू।
6. वे परिंदे जो साफ-सफाई की जिम्मेदारी निभाते हैं- गिद्ध, चील और कौए।

जानवरों को मैंने पांच समूहों में बांटा है :

7. वे जानवर जो कुदरत के बगीचे को खूबसूरत बनाते हैं। इस समूह में मैं हिरण, चीतल और बंदरों को रखता हूं।
8. वे जानवर जो कुदरत के बगीचे की मिट्टी को खोद-खोद कर उसमें हवा पहुंचाकर उसे उपजाऊ बनाते हैं : भालू, सूअर और सेही।
9. वो जानवर जो दूसरों को खतरों से आगाह करते हैं : हिरण, बंदर और गिलहरी।
10. वे जानवर जो कुदरत के बगीचे में संतुलन बनाये रखते हैं : शेर, तेंदुआ और जंगली कुत्ते।
11. वे जानवर जो सफाई करते हैं : लोमड़ी, सियार और सुअर।

रेंगने वाले प्राणियों को मैंने दो हिस्सों में बांटा है :

12. जहरीले सांप। इस समूह में मैंने कोबरा, करैत और वाइपर को रखा है।
13. गैर-जहरीले सांप : अजगर, घास में रहने वाले सांप और धामन सांप।

बड़े-बड़े परिंदों और जानवरों को उनके काम के मुताबिक समूहों में बांटने के बाद जैसे-जैसे मेरी जानकारी बढ़ती गयी इन समूहों में उन जानवरों और चिड़ियों के नाम भी जोड़ता गया जो इसी तरह का काम करते थे। अब अगली सीढ़ी थी– जंगल के इन वासियों की भाषा सीखना और उन जानवरों और परिंदों की आवाज़ की नकल करना सीखना जिन्हें निकालना इंसानी होंठों और गले के बूते में है। सभी पक्षियों और जानवरों की अपनी-अपनी भाषाएं होती हैं– और एकाध मामले को छोड़कर– जानवर या परिंदे एक-दूसरे की ज़ुबान नहीं बोल पाते लेकिन जंगल के सारे पक्षी और जानवर एक-दूसरे की ज़ुबान को बखूबी समझ लेते हैं। जिन मामलों में एक-दूसरे की ज़ुबान न बोल सकने वाली बात लागू नहीं होती उनमें तीन सबसे बढ़िया नमूने हैं– लंबी पूंछ वाला जंगल कोतवाल, लटोरा और सुनहरी छाती वाली हरी बुलबुल। पक्षियों के जानकार लोग लंबी पूंछ वाले जंगल कोतवाल में बहुत दिलचस्पी लेते हैं और इस पक्षी को पालने में उन्हें खुशी होती है। हमारे जंगलों में सबसे बहादुर परिंदा होने के अलावा जंगल कोतवाल ज्यादातर पक्षियों और एक जानवर यानी चीतल की आवाज़ की नकल पूरी महारत के साथ कर लेता है। जंगल कोतवाल में मज़ाक करने की भी बड़ी खूबी होती है। आम तौर पर जंगल कोतवाल जंगल मुर्गों, सतबहनियों या चिलबिलों के झुंड में शामिल हो जाता है और किसी सूखी टहनी पर कमांडर जैसी पोजीशन लेकर बैठ जाता है। पूरे जंगल को अपने और दूसरे परिंदों के गीतों से गुंजाते हुए वह हर तरह के खतरे को भांपने के लिये अपनी आंखें खुली रखता है– जैसे बाज, बिल्लियां, सांप और गुलेलों से लैस छोटे लड़के वगैरह। ऐसे किसी भी दुश्मन पर निगाह पड़ते ही वह अपने झुंड के परिंदों को खबरदार कर देता है और उसकी चेतावनी को कोई भी हल्के ढंग से नहीं लेता। ऐसा नहीं है कि जंगल कोतवाल यह सेवा बगैर लालच के करता है। जिन परिंदों की वह हिफाजत करता है बदले में उनसे वह खाने की उम्मीद करता है।

उसकी पैनी आंखों से कुछ भी छिप नहीं सकता। जैसे ही वह किसी दूसरे परिंदे को सूखी पत्तियों को बड़े मशक्कत से खंगालते देखता है और उसकी निगाह किसी मोटे-ताजे और रस भरे सौ पैर वाले कीड़े पर पड़ती है, वह तीर जैसे उड़ता है और बाज जैसी या बाज के पंजों में फंसी किसी चिड़िया जैसी आवाज़ निकालते हुए शिकार को हथिया लेता है। दस में से नौ बार जंगल कोतवाल को किसी दूसरे का शिकार हथियाने में कामयाबी मिलती है। शिकार हथियाने के बाद जंगल कोतवाल वापस अपनी सूखी टहनी पर आ बैठता है और चटखारे लेकर शिकार को खाता है और बीच-बीच में अपना गाना भी दोहराता जाता है।

लंबी पूंछ वाला जंगल कोतवाल चीतलों के झुंड में भी पाया जाता है। चीतलों के चरने की वजह से घास में मौजूद टिड्डे और दूसरे उड़ने वाले कीड़े अपनी जगह छोड़-छोड़ कर भागते हैं और जंगल कोतवाल उन्हें अपना शिकार बना लेता है। किसी शेर या तेंदुए को देखने पर जो चेतावनी भरी आवाज़ चीतल निकालते हैं जंगल कोतवाल उन्हें बड़ी बारीकी से सीख जाता है। एक मौके पर जब एक तेंदुए ने एक बरस के एक चीतल का शिकार किया था तो मैं वहां मौजूद था। तेंदुए को कुछ सौ गज दूर खदेड़ कर मैं वापस मरे हुए चीतल के पास आया और एक झाड़ी तोड़कर एक ठूंठ से उसे बांध दिया। चूंकि वहां बैठने के लिये कोई ठीक ढंग का पेड़ नहीं था इसलिये एक झाड़ी की तरफ पीठ करके मैं जमीन पर ही बैठ गया और अपना मूवी कैमरा मैंने अपने घुटनों पर टिका लिया। इसी वक्त एक जंगल कोतवाल वहां सफेद गले की हंसने वाली चिलबिलियों के झुंड के साथ आ पहुंचा। तेंदुए के शिकार को देख कर जंगल कोतवाल थोड़ा नजदीक आया ताकि वह शिकार को और अच्छी तरह से देख सके। और नजदीक आने के दौरान उसने मुझे भी वहां बैठे देखा। किसी मरे हुए जानवर को देखना तो उसके लिये रोज़मर्रा की बात थी लेकिन उसके पास मेरी मौजूदगी ने उसे कुछ उलझन में डाल दिया। बहरहाल, यह तसल्ली करने के बाद कि मैं खतरनाक नहीं लगता हूं वह वापस उड़ कर सफेद गले वाले पंछियों के झुंड में गया। ये पंछी उस वक्त तेज आवाज़ में जल्दी-जल्दी कुछ कह-सुन रहे थे। ये पक्षी मेरी बायीं तरफ थे और मुझे उम्मीद थी कि तेंदुआ मेरी दायीं तरफ से सामने आयेगा लेकिन तभी

अचानक जंगल कोतवाल ने चीतल की चेतावनी वाली आवाज़ निकाली जिसे सुनकर वहां बैठे करीब पचास सफेद गले वाले पंछी एक साथ उड़े और तेजी से चिल्लाते हुए ऊपर फैली डालियों में जा छिपे। जंगल कोतवाल से मुझे छिपे हुए तेंदुए की एक-एक हरकत समझ में आ रही थी। तेंदुआ पंछियों की हरकत से नाराज था और उसने एक लंबा घेरा काटा और वह मेरे ठीक पीछे आ खड़ा हुआ। जिस झाड़ी के सामने मैं बैठा था उसमें पत्तियां न के बराबर थीं। मुझ पर निगाह पड़ते ही तेंदुआ हल्के से गुर्राया और वापस जंगल में चला गया। जंगल कोतवाल उसके पीछे-पीछे जंगल में गया। यह जंगल कोतवाल मौके का पूरा मज़ा ले रहा था। चीतल की चेतावनी वाली आवाज़ की जो शानदार नकल उसने की थी उसकी वजह से मेरा मन उसके लिये तारीफ से भर उठा और साथ ही जलन से भी क्योंकि एकाध आवाज़ निकालने में तो मैं भी उसका मुकाबला कर सकता था लेकिन जितनी जल्दी-जल्दी और जितनी आसानी से वह अलग-अलग उम्र के चीतलों की आवाज़ निकाल रहा था– वह मेरे बूते के बाहर था।

जब मैं ज़मीन पर अपनी पोजीशन ले रहा था तो मुझे यह अच्छे से मालूम था कि तेंदुआ जैसे ही वापस अपने शिकार पर आयेगा उसकी निगाह मुझ पर पड़ेगी और मैं यह उम्मीद कर रहा था कि जब वह अपने शिकार को घसीट कर ले जाने की कोशिश करेगा तब मैं उसकी फिल्म बना लूंगा। जंगल कोतवाल से किसी तरह छुटकारा पाने के बाद तेंदुआ दुबारा अपने शिकार पर आया और हालांकि अपनी गुस्से भरी गुर्राहट से उसने मेरी मौजूदगी और कैमरे से होने वाली आवाज़ पर अपनी नाराजगी जाहिर की लेकिन मैं बीस गज की दूरी से तेंदुए की पचास फीट लंबी फिल्म बनाने में कामयाब रहा। मुझे यह कामयाबी तब मिली जब तेंदुआ उस बेल को तोड़ने की कोशिश कर रहा था जिसकी मदद से मैंने उसके शिकार को ठूंठ से बांध दिया था।

मुझे यह तो नहीं पता कि जंगल कोतवाल इंसान की तरह बातचीत कर सकते हैं या नहीं लेकिन इतना मुझे जरूर मालूम है कि वे सीटियों में लंबी-लंबी धुनें निकाल सकते हैं। कुछ बरस पहले बंगाल और नार्थ वेस्टर्न रेलवे के मनकापुर जंक्शन पर तैनात एक एंग्लो इंडियन स्टेशन मास्टर जंगल कोतवालों और शमाओं को सीटी वाली धुनें सिखा कर अपनी आमदनी बढ़ाया करता था। मनकापुर जंक्शन अब अवध-तिरहुत

रेलवे में पड़ता है। उन दिनों इस जंक्शन पर रेल गाड़ियां नाश्ते और दोपहर के खाने के लिये रुका करती थीं और यह बड़ी आम बात थी कि ट्रेन के रुकते ही मुसाफिर तेजी से स्टेशन मास्टर के बंगले की तरफ इन चिड़ियों की धुनें सुनने के लिये भागते थे और थोड़ी ही देर में अपनी पसंदीदा धुन निकालने वाली चिड़िया पिंजड़े में लिये वापस ट्रेन की तरफ भागते आते थे। हर चिड़िया और उसके सजावटी पिंजरे के लिये स्टेशन मास्टर उन दिनों तीस रुपए लिया करता था और इस भाव में न कभी कमी होती थी ना बढ़ोत्तरी।

7

❋ मैं यह पहले ही कह चुका हूं कि कुदरत की किताब की न कोई शुरूआत होती है और न कोई अंत। मैं ऐसा कोई दावा नहीं करता कि जिन मुद्दों को इस किताब में मैंने छुआ है उनके बारे में जितनी जानकारी मुझे हासिल करने की थी मैं कर चुका हूं। मैं यह भी नहीं कहता कि मेरी इस किताब में जो कुछ कहा गया है वह मैंने एक्सपर्ट के तौर पर कहा है। बहरहाल, अपनी ज़िंदगी का इतना बड़ा हिस्सा कुदरत के साथ गुज़ारने और जंगल के बारे में ज्यादा से ज्यादा सीखने को अपना शौक बनाने के बाद जो कुछ भी मैं हासिल कर सका हूं उसे मैं आपके साथ यहां बांट रहा हूं– मैं कुछ भी अपने पास बचा कर नहीं रख रहा हूं। मैं यह सोच कर भी अपने आप को खुश नहीं करना चाहता कि मेरे निकाले हुए नतीजों या मेरी बातों को पढ़ने वाले सब लोग इत्तफाक रखेंगे। इत्तफाक हो या न हो लेकिन इस पूरे सिलसिले में झगड़े की कोई गुंजाइश नहीं है क्योंकि कोई भी दो लोग किसी एक चीज़ को एक निगाह से नहीं देखते। मिसाल के तौर पर यह सोचिये कि तीन लोग गुलाब के एक फूल को देख रहे हैं। एक को सिर्फ गुलाब का रंग दिखायी देगा। दूसरे को उसकी बनावट दिखायी देगी और तीसरे को उसका रंग और बनावट दोनों समझ में आयेंगी। तीनों को वही दिखायी देगा जो वे देखना चाहते हैं और तीनों ही अपनी-अपनी जगह सही भी हैं। संयुक्त प्रांत के मौजूदा प्रधानमंत्री और मैं एक बार किसी मामले में बहस कर रहे थे और हमारे ख्यालात मेल नहीं खा रहे थे। प्रधानमंत्री ने मुझसे कहा "इस मुद्दे पर हम लोग मतभेद रखने के लिये सहमत हो सकते हैं और दोस्त बने रह सकते हैं।" मेरा

कहना यही है कि यदि इस किताब में किसी मुद्दे पर आपकी और मेरी राय एक न हो तो हमें प्रधानमंत्री की बात याद करना चाहिये और दोस्त बने रहना चाहिये।

शुरूआती दिनों में मेरे लिये करीब-करीब एक जैसे दिखने वाले पंजों के निशान में फर्क कर पाना बड़ा मुश्किल था। मिसाल के तौर पर एक छोटे सांभर और छोटी नीलगाय के पैरों के निशान काफी कुछ किसी बड़े सुअर के पैरों के निशान जैसे लगते हैं। लेकिन जब मैंने एक-एक करके अलग-अलग जानवरों को रेतीली तलहटी वाली सूखी धारा पार करते देखा और उनके वहां से गुजरने के तुरंत बाद उनके पांवों के निशानों की जांच की तो मुझे उनमें फर्क करना आ गया। जल्दी ही मैं सिर्फ एक निगाह डाल कर यह बता सकता था कि ये निशान किसी सुअर के खुरों से बने हैं या किसी और जानवर के खुरों से। हिरणों के खुरों की तरह सुअर के असली खुरों के साथ काम न आने वाले खुर जुड़े होते हैं लेकिन सुअर के ये बेकार खुर हिरण के खुरों के मुकाबले लंबे होते हैं। जब सुअर सूखी जमीन पर चलता है तो उसके यही खुर एक खास ढंग का निशान छोड़ते हैं जबकि हिरण के यही खुर जमीन पर तभी निशान छोड़ते हैं जबकि उसके असली खुर नर्म जमीन में पूरे धंसे हों। इसी तरह जब तक आपको कुछ तजुर्बा न हो जाये तब तक शेर के बच्चे और तेंदुए के पांव के निशानों में फर्क कर पाना बड़ा मुश्किल है। इन दोनों के पैरों के निशान में फर्क करने का तरीका यह है कि आप उंगलियों के निशान को ध्यान से देखिये— शेर के बच्चे के पांव की उंगलियां लंबी होती हैं और जब ज़मीन पर दोनों के पांवों के निशान एक बराबर हों तो भी शेर के बच्चे के पांव की उंगलियां अलग ही दिखायी देती हैं।

लकड़बग्घे और जंगली कुत्ते के पैरों के निशान अक्सर तेंदुए के पंजों के निशान का धोखा देते हैं। यहां इस मामले में जब भी कभी आपको शक हो तो पंजे के निशानों का सही पता लगाने के लिये दो बुनियादी बातें ध्यान में रखिये : (एक) अपने शिकार का पीछा कर उसे धर-पकड़ने वाले सभी जानवरों के पैरों की उंगलियां पैरों की गद्दी के मुकाबले बड़ी होती हैं और जो जानवर अपने शिकार का चुपके-चुपके पीछा करते हैं उनके पैरों की उंगलियां गद्दी के मुकाबले छोटी होती हैं। (दो) अपने शिकार को पीछे से धर पकड़ने वाले सभी जानवरों के नाखूनों के निशान दिखायी देते हैं और शिकार

का चुपके-चुपके पीछा करने वाले जानवरों के नाखूनों के निशान सिर्फ तभी दिखायी देते हैं जब वे चलते-चलते चौंक जायें या जब वे छलांग लगा दें।

यदि आप पालतू कुत्ते और बिल्ली के पंजे के निशान देखें तो आप मेरी बात आसानी से समझ पायेंगे। कुत्ते के पांवों के निशानों में आपको बड़ी उंगली और छोटी गद्दी दिखायी देगी और बिल्ली के निशानों में छोटी उंगलियां और बड़ी गद्दी।

यदि आप ऐसे इलाके में रहते हैं जहां सांप बहुत पाये जाते हैं तो यह बेहतर है कि आप सांप के चलने से बने निशान देख कर यह पहचानना सीख लें कि सांप किधर से आया था और कहां गया है। ज़मीन पर बने निशानों से मोटे तौर पर यह पता लगाना भी मुमकिन है कि सांप जहरीला था या नहीं। सांप की मोटाई का पता भी आप लगा सकते हैं। आईये, यह देख लें कि यह कैसे मुमकिन है :

(क) दिशा : मिसाल के तौर पर मैं चाहूंगा कि आप किसी ऐसी क्यारी की कल्पना करें जिसमें छह इंच ऊंची घास काफी घनी लगी हो। अब यदि आपको इस घास पर दायें से बायें एक रोलर घुमाना हो तो आप पायेंगे कि जिस दिशा में रोलर चला है उसी दिशा में घास जमीन पर लेट गयी है। अब यह मान लीजिये कि आपने रोलर नहीं घुमाया या रोलर आपकी गैर हाजिरी में किसी और ने घुमाया है तो भी आप घास के लेटे होने के अंदाज से यह बड़ी आसानी से बता सकते हैं कि रोलर किस दिशा में चलाया गया था। आपकी निगाह यदि बहुत अच्छी नहीं है तो अपने हाथ में एक आतशी शीशा (मैगनीफाइंग लैंस) ले लीजिये और ध्यान से धूल या रेत के किसी हिस्से को देखिये। आप पायेंगे कि धूल या रेत के कुछ कण दूसरे कणों के मुकाबले ज्यादा ऊपर हैं और एकदम सीधे खड़े हैं। जब कोई सांप रेत या धूल के ऊपर से गुज़रता है तो ये खड़े कण बैठते जाते हैं। ये खड़े कण उस दिशा में झुक जाते हैं जिस तरफ सांप गया हो। यह बिलकुल वैसा ही है जैसे घास के ऊपर रोलर चलाना। सतह चाहे धूल की हो, रेत की हो या राख की उस पर खड़े कण ज़रूर होते हैं जो सांप के वहां से गुज़रने से बैठ जाते हैं। यदि यह बात आप याद रखेंगे तो आसानी से बता सकेंगे कि सांप किस तरफ गया है।

(ख) जहरीला सांप या बगैर जहर का? आपने गौर किया होगा जब मैंने कहा

था कि सांप के चलने के निशान से बताया जा सकता है कि सांप जहरीला है या नहीं। सांप किस तरफ गया है यह बताने का तो पक्का तरीका आप देख ही चुके हैं लेकिन उसके चलने के निशान देखकर उसके जहरीले होने का पता लगाने का कोई एकदम पक्का कायदा नहीं है। हालांकि हिन्दुस्तान में पाये जाने वाले तीन सौ से ज्यादा तरह सांपों में से मैंने कुछ के ही निशान देखे हैं लेकिन मैं यह कह सकता हूं कि सांप के जहरीले होने या ना होने का पता लगाने के मेरे तरीके में दो ही अपवाद हैं- जहरीले सांपों में किंग कोबरा या घोड़ापछाड़ और गैर जहरीले सांपों में अजगर।

ऊपर बताये गये अपवाद को छोड़कर जहरीले सांप अपने शिकार का इंतजार करते पड़े रहते हैं या अपने शिकार की नज़र में आये बगैर वो उसे अपना निवाला बना लेते हैं। उन्हें इसलिये जमीन पर तेजी से चलने की ज़रूरत नहीं। वे धीमे-धीमे चलते हैं। यदि किसी सांप को धीमे चलना पड़े तो वह ज्यादा बल खाते हुए चलता है। मिसाल के तौर पर वाइपर को ही चलता हुआ देखें तो आप पायेंगे कि उसकी चाल बड़ी घुमावदार होती है। यदि आप उसके चलने से बने निशानों को देखें तो भी आप यही पायेंगे कि धूल या रेत पर छोटे-छोटे धुमाव वाले निशान बने हैं। इसलिए जब भी आपको खूब घुमावदार निशान दिखें तो आप बड़ी हद तक तर्कपूर्ण ढंग से यह मान सकते हैं कि ये जहरीले सांप के निशान हैं। घोड़ापछाड़ सांप आमतौर पर सिर्फ दूसरे सांपों को खा कर ही अपनी पेट पूजा करता है और चूंकि उसका शिकार बनने वाले ज्यादातक सांप बड़ी तेज रफ्तार वाले सांप होते हैं इसलिए इस सांप ने भी ऐसी रफ्तार अख्तियार कर ली है जिसके बारे में माना जाता है कि वह घोड़े की रफ्तार के बराबर है। यहां मैं अपनी तरफ से कुछ कह नहीं सकता क्योंकि मेरी ज़िंदगी में ऐसा कोई मौका आया नहीं कि जब मैं घोड़े की सवारी कर रहा होऊं तब किसी घोड़ापछाड़ सांप ने मेरा पीछा किया हो या मैंने उसका।

बहरहाल, इतना मैं कह सकता हूं कि सांपों के इस राजा की लंबाई सत्रह फुट तक हो सकती है। चौदह फुट की लंबाई वाले कई घोड़ापछाड़ सांप मैंने खुद मारे हैं और इसलिए मुझे मालूम है कि उनकी रफ्तार वाकई तेज होती है। मेरा मानना है कि इतनी तेज़ रफ्तार उन्होंने अपने शिकार को पकड़ने के लिए ही कुदरत से पायी होगी।

जिस अपवाद (अजगर) का ज़िक्र मैंने गैर जहरीले सांपों में किया है उसे छोड़कर सब गैर जहरीले सांप काफी पतले, चुस्त और तेज़ रफ्तार वाले होते हैं। धामन और ब्लैक रॉक सांप इतनी तेजी से अपना रास्ता तय करते हैं कि यकीन ही नहीं होता। गैर-जहरीले सांपों को इतनी तेज़ रफ्तार कुदरत ने शायद इसलिए दी होगी कि वे अपना पेट भरने के लिए शिकार कर सकें और दुश्मनों का शिकार बनने से बच सकें। उनके दुश्मनों की तादाद भी तो कोई कम नहीं है। जब भी कोई सांप तेजी से रास्ता तय करता है तो उसके चलने से बना निशान आम तौर पर सीधा ही होता है। जहां जमीन भी थोड़ी ऊंची-नीची हो वहां सांप का पेट ऊंची जगह को ही छूता है। निचली जगहों को नहीं। अब जब भी आपको सांप के चलने का सीधा निशान दिखे तो आप यह मान सकते हैं कि यहां से कोई गैरजहरीला सांप गुजरा है। अकेला घोड़ापछाड़ ही ऐसा सांप है जिसके निशान से आप धोखा खा सकते हैं लेकिन इस बात की गुंजाइश जरा कम ही है क्योंकि घोड़ापछाड़ मुश्किल से मिलने वाला सांप है और वह गिने-चुने इलाकों में ही पाया जाता है।

मोटाई : ज़मीन पर बने निशान देखकर किसी सांप की मोटाई या मोटाई का अंदाज़ लगाने के लिए आप यह करें कि जमीन पर बने निशान की चौड़ाई को आप कई जगह से नाप लें और औसत चौड़ाई में चार का गुणा कर दें। इससे आपको सांप की गोलाई का अंदाज हो जायेगा। हालांकि यह कोई एकदम सही गोलाई नहीं होगी क्योंकि निशान की चौड़ाई इस बात पर निर्भर कती है कि ज़मीन किस तरह की है। नमूने के तौर पर धूल की हलकी या पतली परत पर बना निशान पतला होगा और यदि धूल की परत मोटी है तो निशान थोड़ा भारी बनेगा।

हिंदुस्तान में हर साल बीस हज़ार लोग सांप के काटने से मरते हैं। इन बीस हज़ार में से आधे लोग तो सांप के डर या सदमे से या फिर दोनों के मिले-जुले असर से मरते हैं। कहने का मकसद यह है कि ये लोग गैर-जहरीले सांपों के कांटने से मर जाते हैं। हालांकि हिंदुस्तानी लोग हज़ारों बरसों से सांपों के साथ रह रहे हैं ऐसे में यह बड़े ताज्जुब की बात है कि सांपों के बारे में उन्हें बहुत थोड़ा ही मालूम है। थोड़े-बहुत हिन्दुस्तानियों की बात छोड़ दें तो ज्यादातर लोग यही मानते हैं कि हर सांप जहरीला

है। किसी को यदि कोई बड़ा सांप डस ले तो डसने से उपजा सदमा ही काफी बड़ा होता है। और फिर सदमे के साथ सांप का शिकार बना आदमी यह मान ले कि उसे जहरीले सांप ने डस लिया है और उसके बचने की उम्मीद नहीं तो यह कोई ताज्जुब की बात नहीं कि इतनी बड़ी तादाद में लोग गैर जहरीले सांपों के डसने से मरें। मेरा यकीन है कि ऐसे मामले में वे सांप के जहर से नहीं सदमे और डर की वजह से मरते हैं।

हिंदुस्तान के ज्यादातर गांवों में ऐसे लोग रहते हैं जिनके बारे में माना जाता है कि उनके पास सांप का जहर उतारने का कोई मंत्र या तरीका है और वो सांप के जहर का इलाज कर सकते हैं। हिन्दुस्तान में पाये जाने वाले सिर्फ दस फीसदी सांप ही जहरीले होते हैं इसलिए गुनिया या ओझा लोगों की पूछ-परख बढ़ जाती है। ये लोग झाड़-फूंक का काम मुफ्त करते हैं और खासतौर पर गरीबों का तो बड़ा ही भला करते हैं। गैर जहरीले सांपों के डसे बहुत से लोगों में हिम्मत और भरोसा पैदा कर वो उनकी जान बचा लेते हैं। यह कोई छोटी बात नहीं है।

हिंदुस्तान में ज्यादातर अस्पतालों में सांप के जहर के इलाज के इंतजाम मौजूद हैं लेकिन गरीब लोगों के पास अपने दो पैरों या अपने कंधों के सिवा कोई सवारी नहीं होती जिससे कि वे सांप का शिकार बने मरीज को अस्पताल पहुंचा सकें। कई मामलों में तो मरीज तब अस्पताल पहुंच जाते हैं जबकि मामला एक्सपर्ट डॉक्टरों की पहुंच के बाहर पहुंच चुका होता है। सब अस्पतालों में यह बताने वाले चार्ट भी लगे हुए हैं कि कौन से सांप जहरीले हैं। जहां जहरीले सांप मारने पर ईनाम मिलते हैं वहां छोड़कर इन चार्टों का कोई ज्यादा मतलब नहीं है क्योंकि सांप काटने के ज्यादातर मामले उनके साथ होते हैं जो रात के वक्त नंगे पैर कहीं आ जा रहे हों।

अंधेरे की वजह से वो लोग ये देख नहीं पाते कि उन्हें किस सांप ने काटा है। अलावा इसके, आमतौर पर लोग यह भी मानते हैं कि यदि सांप काटा आदमी उस सांप को मार दे तो सांप बदला जरूर लेगा। इन सब बातों का नतीजा ये निकलता है अस्पतालों में न के बराबर सांप लाये जाते हैं और डॉक्टर ये बता नहीं पाते कि मरीज को जहरीले सांप ने काटा है या गैरजहरीले सांप ने।

कोई सांप जहरीला है या नहीं जब भी मुझे शक होता है तो यह पता करने के लिए मैं पहले सांप को मार डालता हूं और फिर उसके मुंह को देखता हूं। यदि उसके मुंह में दांतों की दो लकीरें हैं तो मैं उसे गैर-जहरीला मानता हूं और यदि उसके ऊपरी जबड़े में दो नुकीले बड़े दांत हैं तो मैं उसे जहरीला मानता हूं। यह मेरा अपना तरीका है। यदि गैर जहरीला सांप किसी आदमी को काटता है तो उसकी चमड़ी पर दांतों के कई निशान दिखेंगे। जहरीले सांप के मामले में आपको नुकीले दांतों के दो निशान दिखायी देंगे। लेकिन कई मामलों में एक ही दांत का निशान दिखता है। ऐसा तब होता है जब जहरीला सांप समकोण से हमला न कर सके या फिर शरीर के जिस हिस्से पर सांप ने हमला किया है वह बहुत छोटा हो जैसा कि हाथ की उंगली या पैर की उंगली। ऐसे मामलों में सिर्फ एक ही दांत का निशान आयेगा क्योंकि वहां दूसरे दांत लायक जगह ही नहीं।

8

❋ जंगल के लोगों यानी जानवरों और परिंदों की आवाज़ें सीखना मुश्किल नहीं था और चूंकि मेरी उम्र कम थी इसलिये मेरे होंठ और गले में ज्यादा लचीलापन था– मेरे कान भी बहुत बारीक थे इसलिये कुछ जानवरों और पंछियों की आवाज़ की नकल करना मैं जल्दी ही सीख गया। जंगल के बाशिंदों यानी हर परिंदे और जानवर की आवाज़ सीखना और उस को उसकी आवाज़ से पहचानना काफी नहीं था क्योंकि कुदरत के बगीचे को सुंदर सुरों से सजाने की ज़िम्मेदारी जिन परिंदों की है उनके अलावा जंगल में कोई भी जानवर या पंछी बगैर किसी वजह के आवाज़ नहीं लगाता और हर बार वजह के साथ-साथ आवाज़ भी बदलती जाती है।

मैं एक दिन पेड़ पर बैठा सामने फैले मैदान में चरते हुए चीतलों के झुंड को देख रहा था। झुंड में करीब पंद्रह नर और मादा थे और पांच बच्चे– एक ही उम्र के। धूप में सो रहा एक बच्चा अपनी नींद से उठा, उसने लंबी सी अंगड़ाई ली और अपने खुर हवा में उछालते हुए मैदान के दूसरी तरफ गिरे पड़े एक पेड़ की तरफ भागा। दूसरे बच्चों के लिये यह एक खेल की शुरूआत का इशारा था। खेल का नाम था "अपने लीडर के पीछे चलो।"

अपने लीडर के पीछे दौड़ते-दौड़ते पांचों बच्चों ने एक ही झटके में जमीन पर पड़े पेड़ को एक ही छलांग में पार कर लिया। दूसरी छलांग के बाद लीडर सीधा आगे फैले जंगल की तरफ दौड़ता हुआ चला गया। उसके साथी उसके पीछे-पीछे भागे। एक हिरणी जो बहुत देर से लेटी हुई आराम कर रही थी अब वह उठ खड़ी हुई और

उसने उस तरफ देखा जिधर बच्चे भागे थे और तेज आवाज़ में चिल्लाई। हिरणी की एक ही आवाज़ सुन कर सभी बच्चे तेजी से दौड़ते हुए वापस घास के मैदान में आ गये। यहां गौरतलब यह है कि हिरणी की आवाज़ का असर वहां चर रहे बड़े हिरण और हिरणियों पर रत्ती भर भी नहीं हुआ था। जो हिरण-हिरणियां बैठ कर आराम कर रहे थे वे आराम करते रहे और जो चर रहे थे, वो चरते रहे। घास के इस मैदान के नजदीक से ही एक पगडंडी निकलती थी जिसका इस्तेमाल लकड़हारे किया करते थे। इसी पगडंडी पर अब एक लकड़हारा आता हुआ दिखायी दिया। उसकी कुल्हाड़ी उसके कंधे पर रखी हुई थी। चूंकि मैं ऊंची जगह पर बैठा हुआ था इसलिये मुझे लकड़हारा काफी दूर से ही दिखायी दे गया। एक वजह यह भी थी कि जंगल में जिस तरफ से वह आ रहा था वह काफी खुली जगह थी। जब यह आदमी घास के मैदान से सौ गज दूर था तो एक हिरणी ने उसे देखा और तीखी सी आवाज़ निकाली और हिरणों का पूरा झुंड एक सेकेंड की देरी किये बगैर तुरंत घने जंगल में गायब हो गया।

अपने बच्चे के लिये फिक्र कर रही हिरणी की आवाज़ और अपने साथियों को लकड़हारे की मौजूदगी की चेतावनी देती हिरणी की आवाज़ मेरे नातजुर्बेकार कानों के लिये बिलकुल एक जैसी थी। धीरे-धीरे जैसे-जैसे मुझे तज़ुर्बा होता गया मुझे जानवरों और परिंदों की अलग-अलग आवाज़ों में फर्क समझ में आने लगा। मैंने पाया कि कोई जानवर या परिंदा जब अलग-अलग वजहों से आवाज़ लगाता है तो फर्क आवाज़ में नहीं बल्कि उसके सुर में होता है मिसाल के तौर पर कुत्ते का भौंकना आपने सुना ही होगा। जब कुत्ता अपने मालिक का स्वागत करता है तो उसका भौंकना अलग ढंग का होता है। जब उसे घुमाने या दौड़ाने के लिये ले जाया जाता है तो खुशी के मारे उसके भौंकने की आवाज़ अलग ढंग की होती है। पेड़ पर चढ़ी बिल्ली को न पकड़ पाने की झल्लाहट उसके भौंकने में साफ जाहिर होती है। किसी अजनबी को देख कर वह गुस्से में भौंकता है और बांधे जाते वक्त वह सिर्फ भौंकता भर है। इन सब मामलों में सुनने वाले को भौंकने के सुर से ही यह मालूम चल जाता है कि कुत्ता क्यों भौंक रहा है।

जब मैंने जंगल के लोगों यानी जानवरों और परिंदों को उनकी आवाज़ से

पहचानने लायक और उनकी आवाज़ की वजह जानने लायक जानकारी हासिल कर ली तो जंगल में मेरी दिलचस्पी और ज्यादा बढ़ गयी क्योंकि पहले मैं सिर्फ जंगल में वहीं तक दिलचस्पी ले सकता था जहां तक मुझे अपनी आंखों से दिखायी देता था लेकिन अब जंगल का दायरा मेरे लिये वहां तक बढ़ गया जहां तक की आवाज़ें मेरे कान सुन सकते थे। कुछ जानवरों और परिंदों की आवाज़ की नकल तो मैं इतने बढ़िया ढंग से करना सीख गया था कि एक आवाज़ में परिंदे या जानवरों को अपने पास बुला सकता था या अपने पीछे-पीछे उन्हें चला सकता था। जंगल की आवाज़ें समझने के लिये सबसे पहली ज़रूरत यह होती है कि आपको पता हो कि किस जानवर या परिंदे की आवाज़ कहां से आ रही है। दिन-रात खौफ के साये में जी रहे जानवर बड़ी बारीकी से आवाज़ें समझ सकते हैं और यही खौफ इंसानों को भी जंगल की आवाज़ें इतनी ही बारीकी से सिखा सकता है। कुछ आवाज़ें दोहरायी जाती हैं। मिसाल के तौर पर तेंदुए को देखते लंगूर की आवाज़ या किसी हलचल को शक की निगाह से देखते चीतल की आवाज़ या शेर को देख कर चिल्लाते मोर की आवाज़ को सुन कर यह पता लगाना मुश्किल नहीं होता कि आवाज़ कहां से आ रही है। इन आवाज़ों से यह भी पता लग जाता है कि आवाज़ लगाने वाले जानवरों या परिंदों के सामने ऐसा खतरा नहीं है कि उन्हें तुरंत कुछ करना पड़े। खतरे वाली आवाज़ वह होती है जो सिर्फ एक बार सुनायी देती है— जैसे किसी बारीक-सी टहनी का चटकना, एक हल्की गुर्राहट या किसी जानवर या परिंदे की चेतावनी भरी एकलौती पुकार। ऐसी आवाज़ों के मामले में यह पता लगाना मुश्किल होता है कि आवाज़ कहां से आयी। ऐसी आवाज़ का मतलब होता है कि खतरा एकदम सामने है और तुरंत कुछ करना ज़रूरी है। डर या खौफ के जरिये मैंने यह काबलियत हासिल कर ली थी कि मैं किसी भी आवाज़ का ठीक-ठीक पता लगा सकता हूं और यह बता सकता हूं कि कोई भी आवाज़ जंगल में किसी दिशा से और कितनी दूरी से आ रही है। दिन हो या रात जंगल में घूम रहे अनदेखे शेर और तेंदुओं की एक एक हरकत मैं सिर्फ अपने कानों के जरिये समझना सीख गया था। जंगल में घूमते हुए या रात को अपने बिस्तर पर लेटे हुए भी जंगल में हो रही हर हलचल को मैं सिर्फ आवाज़ों के भरोसे बारीकी से बयान करना सीख गया था क्योंकि

हमारा घर जंगल के इतना नज़दीक था कि वहां होने वाली हर आवाज़ मुझे एकदम साफ सुनायी देती थी।

स्टीफन डीज़ के लिये मैंने कई तरह के परिंदे इकट्ठे किये थे और इसके बदले उसने मुझे वह बंदूक दी थी जिसका जिक्र मैं पहले कर चुका हूं। यह एक दुनाली भरमार बंदूक थी। अपनी जवानी के दिनों में यह बंदूक जरूर ही बेहतरीन हथियार रही होगी लेकिन अब इस बंदूक की काबलियत आधी ही बची थी क्योंकि एक बार किसी ने इसमें जरूरत से ज्यादा बारूद भर दिया था और इस वजह से इसकी दायीं नली फट गयी थी। उसी धमाके की वजह से इसका कुंदा भी टूट गया था और जब स्टीफन ने यह बूढ़ी भवानी मेरे हाथों में सौंपी तो इसकी नालें कुंदे के साथ पीतल के मोटे तार से बंधी हुई थीं। बहरहाल, मेरे शिकारी दोस्त कुंवर सिंह ने बताया कि इसकी बायीं नाल बिलकुल ठीक थी और अभी कई बरस तक यह ठीक चलेगी। कुंवर सिंह का कहना सही निकला क्योंकि अगले दो बरसों तक हमारे खासे लंबे-चौड़े परिवार की हांडी में मोर और जंगल मुर्ग इसी भवानी की कृपा से पकते रहे। और तो और एक बार एक चीतल के काफी नज़दीक तक पहुंच कर मैंने उसे चार नंबर के कारतूस से मार गिराया था।

मुझे यह कहने में जरा भी शर्म महसूस नहीं होती कि इस भरमार बंदूक से जितने भी परिंदे मैंने मारे, उन सबको मैंने तब मारा जब वे बैठे हुए थे। बारूद और कारतूस मुश्किल से ही मुझे हासिल हो पाते थे और मैं खूब संभाल कर ही कारतूसों का इस्तेमाल करता था। बारूद और कारतूसों की कमी को देखते हुए यह ज़रूरी था कि मेरी चलायी हर गोली कारगर हो। यदि किसी सुबह या शाम मैंने दो या तीन गोली चलायी हैं तो मैं दो या तीन परिंदे भी लेकर वापस लौटा हूं। परिंदों के शिकार का शायद और कोई तरीका मुझे इतना मज़ा नहीं देता।

एक शाम मैं निचली पहाड़ियों से लौट रहा था और उस वक्त मैं दो धाराओं के बीच बसे जंगल के एक किनारे पर था। इस जंगल का जिक्र मैं पहले भी कर चुका हूं। पिछले कई हफ्तों से मौसम एकदम सूखा था और इस वजह से जंगल में बेआवाज़ चल पाना बड़ा मुश्किल था। मेरे मारे हुए दो परिंदे मेरे कंधे से लटक रहे थैले में मौजूद

थे। इसी थैले में मैं अपना बारूद और गोलियां रखता था। सूरज डूबने को था और मैं घर की तरफ बढ़ रहा था तभी एक सुरमई बादल पश्चिम की तरफ से आया। पिछले कई दिनों के एकदम सूखे मौसम के बाद आज का दिन बेहद उमस भरा था और दिन भर से एक पत्ती भी हिली नहीं थी। ऐसे में इस बादल के आने का मतलब था कि थोड़ी देर में ओले गिरने वाले हैं। निचली पहाड़ियों में ओलों से इंसान और जानवर दोनों ही बहुत डरते हैं क्योंकि कुछ ही मिनटों में मीलों तक खड़ी फसल मिनटों में ही चौपट हो जाती है और खुले में घूम रहे मवेशी और बच्चे ओलों से मर भी सकते हैं। मैंने आज तक किसी जंगली जानवर को ओलों की वजह से मरते नहीं देखा लेकिन ओले गिरने के बाद मरे परिंदों से पटा पड़ा जंगल कई बार देखा है। मरने वाले परिंदों में मोर भी होते हैं और गिद्ध भी।

मुझे अभी तीन मील और चलना था लेकिन मैं घर की सीध में सीधे चल कर और घुमावदार पगडंडियों के बीच में से शॉर्टकट मार कर आधे मील का रास्ता बचा सकता था। अब सुरमई रंग का बादल मुझे ठीक सामने से आता दिखायी दे रहा था और बादल के बीच लगातार चमकती बिजली मुझे दिखायी दे रही थी। सब के सब जानवर और परिंदे एकदम खामोश थे। मैं घने पेड़ों वाले हिस्से से गुजर रहा था और जो इकलौती आवाज़ मुझे सुनायी दे रही थी वह दूर से आती हुई बादलों की गरज़ थी। इन पेड़ों की पत्तियां बहुत घनी थीं जिसकी वजह से यहां रौशनी कम होती जा रही थी। मैं तेजी से आगे बढ़ रहा था लेकिन साथ ही यह भी ध्यान रख रहा था कि मेरे कदम कहां पड़ रहे हैं क्योंकि मैं नंगे पैर था। अब मुझे हवा की आवाज़ आयी जो हमेशा ओलों वाले तूफान के पहले सुनायी देती है। अभी इस घने हिस्से को मैं आधा ही पार कर पाया था कि इस तूफानी हवा ने पेड़ों पर हल्ला बोल दिया। मेरे पैरों में बिछा सूखी पत्तियों का कालीन हवा के जोर से एकदम बिखर कर उड़ने लगा। हवा में पत्तियां गोल-गोल, चक्रवात जैसे घूम रही थीं और अंधड़ में इतनी तेज़ी थी कि ऐसा लग रहा था जैसे अचानक कहीं पानी का बांध फूट गया हो और ठीक इसी पल मुझे एक चीख सुनायी दी। मुझे रत्ती भर भी शक नहीं था कि यह उसी 'चुडैल' की आवाज़ है जिसका जिक्र डैनसे किया करता था। यह चीख निचले सुर से शुरू होकर बढ़ते-बढ़ते ऐसी

डरावनी चिल्लाहट में बदल गयी जिसे सुनकर किसी का भी खून जम सकता था। फिर धीरे-धीरे यह चीख लंबी सुबकियों में बदलते हुए ठंडी पड़ गयी। कुछ आवाज़ें ऐसी होती हैं जिनसे डर कर इंसान पत्थर की मूरत बन जाता है और हिलने-डुलने के काबिल नहीं रहता और कुछ आवाज़ें ऐसी होती हैं जो आपको स्प्रिंग लगे गुड्डे की तरह उछाल देती हैं और आप फौरन हरकत में आ जाते हैं। मुझ पर 'चुड़ैल' की इस डरावनी चीख का असर स्प्रिंग भरे गुड्डे की तरह हुआ और मैं सिर पर पांव रख कर वहां से भाग निकला। अभी कुछ हफ्ते पहले ही अपने कुत्ते मैगॉग के साथ शेर को देखने के बाद मैं इस कदर जोर से भागा था कि पूछिये मत। तब मुझे लगा था कि मुझे इस तरह भागने की जरूरत शायद ज़िंदगी भर नहीं पड़ेगी, लेकिन किसी अनजान चीज़ का डर ज्यादा बड़ा होता है। मुझे पता नहीं था कि अनजान बातों का डर हमारे पैरों में जैसे पंख लगा देता है। बहरहाल, यह बात मेरी तारीफ में दर्ज़ की जाना चाहिये कि न तो मैंने अपनी बंदूक वहां फेंकी और न ही अपना डोरीदार भारी झोला। कांटों और ठूंठों की परवाह किये बगैर मैं नंगे पैर भागता चला गया और घर पहुंच कर ही मैंने दम लिया। जब मैं अपने घर के बरामदे तक पहुंचा तब तक तूफान गरज रहा था और शुरूआती ओले सरसराते हुए नीचे आने शुरू हो गये थे। घर में मोटे तौर पर आपाधापी मची हुई थी। तूफान से बचने के लिए कोई दरवाज़े बंद कर रहा था तो कोई खिड़कियों की चिटकनियां लगा रहा था इसलिये तभी-तभी घर पहुंचे एक घबराये और हांफते हुए बच्चे पर किसी का ध्यान नहीं गया।

डैनसे ने कहा था कि चुड़ैल की आवाज़ सुनने वाले इंसान और उसके परिवार पर बहुत बुरी-बुरी मुसीबतें आ जाती हैं। मुझे इस बात का डर था कि मेरे परिवार पर कोई मुसीबत यदि आयी तो उसका जिम्मेदार मुझे ठहराया जायेगा क्योंकि चुड़ैल की आवाज़ तो मैंने सुनी थी। यह सोच कर मैं चुप ही रहा और किसी से इस बारे में एक लफ्ज़ भी नहीं कहा। डर किसी भी किस्म का हो हर इंसान को आकर्षित करता है भले ही वह इंसान एक छोटा लड़का क्यों ना हो। अगले कई दिनों तक मैं जंगल के उस इलाके में जाने से बचता रहा जहां मैंने चुड़ैल की आवाज़ सुनी थी लेकिन एक दिन मैंने खुद को उसी घने झुरमुट के किनारे खड़ा पाया। आज भी उस तूफानी शाम की

तरह हवा के झोंके ज़ोर से आ रहे थे और मैं एक पेड़ की तरफ अपनी पीठ किये खड़ा था कि तभी मुझे फिर से वही चीख सुनायी दी। बड़ी मुश्किल से मैंने वहां से भाग निकलने की इच्छा को दबाया और पेड़ के पीछे डर के मारे कांपते हुए खड़ा रहा। चीख बार-बार दोहरायी जा रही थी। मैंने तय किया कि एक निगाह इस चुडैल को देख ही लूं। पिछली बार उसकी आवाज़ सुनने के बाद मेरे परिवार में कोई अनहोनी नहीं हुई थी और मैंने सोचा कि यदि खुदा न खास्ता चुड़ैल मुझे देख भी लेती है तो यह देख कर कि मैं इतना छोटा लड़का हूं मेरी जान बख्श देगी। इस वक्त मारे डर के मेरा कलेजा मुंह को आ रहा था लेकिन किसी परछाई की तरह मैं बेआवाज़ ढंग से इंच-इंच करके आगे बढ़ता रहा जब तक कि मुझे डैनसे की चुड़ैल दिखायी नहीं दे गयी।

बरसों पहले आये किसी जबरदस्त तूफान से जंगल का एक बहुत बड़ा पेड़ आधा उखड़ गया था और पूरी तरह धराशायी होने से इसलिये बच गया था क्योंकि यह पेड़ अपने से जरा से ही छोटे एक दूसरे पेड़ पर जा टिका था। बड़े पेड़ के वजन से छोटा पेड़ हमेशा के लिये तिरछा होकर रह गया था और जब भी हवा का ज़ोरदार झकझोरने वाला झोंका आता था तो बड़ा पेड़ कुछ पल के लिये थोड़ा ऊपर उठता था और फिर वापस छोटे पेड़ पर आ टिकता था। जिस जगह दोनों पेड़ आपस में मिलते थे वहां दोनों पेड़ों की लकड़ी मर गयी थी और घिस-घिसकर कांच जैसी चिकनी हो गयी थी। हवा के झोंके से जब दोनों की चिकनी सतहें आपस में रगड़ खाती थीं तो दिल दहला देने वाली चीख जैसी आवाज़ पैदा होती थी। मैंने अपनी बंदूक ज़मीन पर रख कर झुके हुये पेड़ पर चढ़कर दोनों डालियों को रगड़ खाते और आवाज़ पैदा करते जब तक अपनी आंखों से नहीं देख लिया तब तक मुझे इस बात की तसल्ली नहीं हुई कि मैंने उस डर का पता लगा लिया है जो जंगल में अकेले घूमते वक्त हमेशा मेरे दिमाग पर चुड़ैल बन कर सवार रहता था। मेरी ज़िंदगी की डायरी में यह दिन एक ऐसे दिन के तौर पर दर्ज है जिस दिन मैंने जंगल में होने वाली हर गैरमामूली बात की तह तक पहुंचने का फैसला किया था। इस बात के लिये मैं डैनसे का शुक्रगुज़ार हूं जिसने मुझे अपनी चुड़ैलों से डरा कर मुझे एक ऐसे रास्ते पर ला खड़ा किया था जिस पर आगे चल कर मुझे बहुत सी दिलचस्प, रोमांचक और जासूसी से भरी कहानियां

जानने का मौका मिला।

काल्पनिक जासूसी कहानियां आमतौर पर किसी खतरनाक जुर्म के सबूतों से शुरू होती हैं और कहानी को पढ़ने वाला वक्ती तौर पर यह भूल जाता है कि वह काल्पनिक कहानी पढ़ रहा है। सनसनी और रोमांच उसे सीन-दर-सीन आगे लिये जाते हैं और आखिरकार जुर्म करने वाला पकड़ा जाता है और जुर्म के बदले उसे जो सजा मिल सकती है वह मिल जाती है। जंगल वाली मेरी जासूसी कहानियों की शुरूआत न इस तरीके से शुरू होती है और न ही हमेशा जुर्म के लिये सजा के साथ खत्म होती हैं। अपनी यादों की लायब्रेरी से ऐसी दो कहानियां आपके लिये मैं ढूंढ कर लाया हूं।

जासूसी कहानी नंबर 1

कालाढुंगी से दस मील दूर जंगल महकमे के बंगले में मैं रुका हुआ था और एक दिन पौ फटते ही रसोई के लिये जंगली मुर्ग या मोर के शिकार के इरादे से निकल पड़ा था। सड़क के बायीं तरफ घने जंगल वाली एक नीची सी पहाड़ी थी और दायीं तरफ खेत थे लेकिन सड़क और खेतों के बीच झाड़-झंखाड़ों वाली एक पतली सी पट्टी थी। जब गांव के लोग सुबह खेतों की तरफ चले तो खेतों में दाना चुग रहे पंछी उड़ कर सड़क की तरफ आने लगे। इन उड़ते पंछियों को आसानी से निशाना बनाया जा सकता था। लेकिन उस सुबह किस्मत मेरा साथ नहीं दे रही थी क्योंकि उड़ कर सड़क पार कर रहे पंछी इतनी ऊंचाई पर थे कि मेरी बंदूक की गोली उन तक नहीं पहुंच पाती। चलते-चलते मैं खेतों के आखिर तक पहुंच गया लेकिन मुझे गोली चलाने का एक भी मौका नहीं मिला।

आसमान में उड़ रहे परिंदों पर तो मैं अपना ध्यान लगाये था लेकिन मेरी निगाह सड़क पर भी थी। खेतों के आखिर में जिस जगह आकर मुझे यह महसूस हुआ था कि आज मुझे कुछ हाथ लगने वाला नहीं, उस जगह से सौ गज आगे मैंने यह नोट किया कि एक बड़ा नर तेंदुआ मेरी बायीं तरफ वाली पहाड़ी से उतर कर यहां आया था। कुछ गज तक तो तेंदुआ सड़क के बायीं तरफ ही चलता रहा था लेकिन फिर सड़क पार कर दायीं तरफ आ गया था और एक झाड़ी में लेटा रहा था। इस जगह

से तेंदुआ बीस गज आगे गया था और फिर वापस झाड़ी में आकर लेट गया था। तेंदुए की हरकतों से यह अंदाज़ हो रहा था कि वह किसी खास चीज़ में दिलचस्पी ले रहा था। यह साफ जाहिर था कि जिस चीज़ में तेंदुए की दिलचस्पी थी वह चीज़ सड़क पर नहीं थी। यदि ऐसा होता तो तेंदुआ झाड़ियों से होता हुआ आगे बढ़ता न कि सड़क के किनारे-किनारे चलता। अब मैं वापस उस जगह पहुंचा जहां तेंदुआ सबसे पहले आकर लेटा था और मैं भी ज़मीन पर इतना झुक गया कि मुझे वही दिखायी देने लगे जैसा तेंदुए को दिखायी दे रहा होगा। जहां पर खेत और झाड़ियों की पट्टी खत्म होती थी उसके आगे थोड़ी-सी खुली जगह थी और यहां उगी घास गांव के मवेशी काफी ज्यादा चर चुके थे। यह जगह तेंदुए के लेटने की पहली जगह से भी दिखायी दे रही थी और दूसरी जगह से भी। इसका मतलब यह हुआ कि जिस किसी चीज़ में भी तेंदुआ दिलचस्पी ले रहा था वह इसी खुली जगह में थी।

झाड़ियों की आड़ लेते हुए तेंदुआ पचास गज और वहां तक गया था जहां झाड़ियां खत्म होती थीं और जहां से एक उथला गड्ढा सड़क के बाजू से शुरू होकर इस खुली जगह तक आता था। जहां झाड़ियां खत्म हुई थीं वहां तेंदुआ कुछ देर घात लगाए लेटा रहा था और इस दौरान कई बार अपनी पोज़ीशन बदलने के बाद आखिरकार वह उथले गड्ढे में उतर आया था और आगे बढ़ता जा रहा था। बीच में वह बार-बार रुका था और घात लगाकर लेटा भी था। सड़क से बह कर गड्ढे में आयी हुई रेत और धूल तीस गज आगे जाकर खत्म हो गयी थी और यहां छोटी घास उगी हुई थी। तेंदुए के पैरों के साथ आयी धूल और रेत के कण घास में वहां-वहां चिपक गये थे जहां-जहां तेंदुए ने पांव रखे थे। इसे देख कर यह अंदाज़ लगाना मुश्किल नहीं था कि तेंदुआ ओस पड़ना शुरू होने के बाद ही इस रास्ते से गुजरा था। उस वक्त शाम के सात बजे होंगे। गड्ढे में उगी घास कुछ गज आगे जाकर खत्म हो गयी थी और उसके आगे बिछी बारीक रेत और धूल की सतह पर तेंदुए के पंजों के निशान नहीं थे। इसका मतलब यही था कि इस जगह तक आकर तेंदुआ उथले गड्ढे से बाहर निकल गया था। खुली ज़मीन पर पंजों के निशान खोज पाना मुमकिन नहीं था लेकिन जहां से तेंदुआ गड्ढे से बाहर निकला था वहां से मैंने देखा कि वह कुछ दूर उगे घास

के झुरमुटों की तरफ चला गया था। यह घास एक या दो फुट ऊंची थी। झुरमुटों तक पहुंचने पर मुझे दस फुट दूर सांभर के खुरों के गहरे निशान दिखायी दिये। यहां से तीस गज आगे तक थोड़ी-थोड़ी दूरी पर सांभर के खुरों ने जमीन में बहुत ज्यादा गहरे निशान बना दिये थे। इन निशानों से यह साफ जाहिर होता था कि सांभर अपनी पीठ से कोई चीज़ झटक कर गिराने की कोशिश कर रहा था। ये तीस गज खत्म होने के बाद सांभर बायीं तरफ मुड़ कर उथले गड्ढे के दूसरे सिरे पर खड़े इकलौते पेड़ की तरफ तीर की तरह भागा था। इस पेड़ की छाल पर करीब चार फुट की ऊंचाई पर मुझे सांभर के बाल और खून का एक छोटा धब्बा दिखायी दिया।

अब मेरे मन में कोई शुबहा नहीं बचा था कि तेंदुए ने पहाड़ी के ऊपर से नीचे खुली जगह में चर रहे सांभर को देख लिया था और हालात का पूरा जायज़ा लेने के बाद उसने सांभर को मारना तय कर लिया था। उसने दबे पांव सांभर का पीछा किया था और घास के झुरमुट के पास छलांग मार कर वह सांभर की पीठ पर जा बैठा था और वह तब तक सांभर की सवारी करता रहा जब तक कि सांभर तेंदुए की मनपसंद जगह तक नहीं पहुंच गया। तेंदुए ने जहां सांभर को देखा था वहां उसे मार गिराने में तेंदुए को कोई मुश्किल नहीं थी लेकिन एक भरे-पूरे सांभर की लाश को दूर तक घसीट कर ले जाने की मशक्कत उसे ज़रूर करनी पड़ती। सांभर के खुरों के निशान देख कर मैं समझ गया था कि सांभर अच्छा भरा-पूरा था। यदि तेंदुआ सांभर को यहीं घास के पास मार लेता तो सुबह होने पर उसे अपने शिकार से हाथ धोना पड़ता। इसलिये उसने समझदारी से काम लिया और सांभर की सवारी करने का फैसला किया। तेंदुए को अपनी पीठ से गिराने की कोशिश में सांभर पहले वाले पेड़ तक गया था और इस कोशिश में नाकामयाब होने के बाद उसने अपने अनचाहे सवार से छुटकारा पाने की तीन और कोशिशें की थीं। तेंदुए को अपनी पीठ पर लादे सांभर घने जंगल में घुस गया था। जाहिरा तौर पर उसे यह उम्मीद थी कि तेंदुए को पीठ से गिराने के जिस काम में पेड़ों ने उसकी मदद नहीं की थी, उस काम में शायद झाड़ियां उसकी मदद कर दें। झाड़ियों में बीस गज भीतर जाने के बाद जहां इंसानों और गिद्धों की खोजी नजरें आसानी से नहीं पहुंच सकती थीं, तेंदुए ने इस भरी-पूरी मादा सांभर के गले में अपने दांत गड़ा

दिए थे। दांत गड़ाए हुए अपने अगले पंजों की मदद से सांभर को काबू किए हुए तेंदुआ बड़ी सफाई से उसकी पीठ से उतर आया था और उसने सांभर को जमीन पर पटक लिया था। सांभर को मारने के बाद उसने तसल्ली से अपना पेट भरा था। तेंदुआ अपने शिकार के पास लेटा हुआ था और मुझे देख कर वह वहां से चला गया लेकिन तेंदुए के पास मुझ से डरने की कोई वजह नहीं होनी चाहिये थी क्योंकि मैं तो चिड़ियों के शिकार पर निकला था और मेरे पास अट्ठाईस बोर की बंदूक और आठ नंबर का कारतूस भर था।

मैं ऐसे बहुत से मामले जानता हूं जिनमें तेंदुओं ने पहले तो अपने शिकार की सवारी की और फिर उन्हें मार खाया। शिकार होने वाले जानवरों में सांभर और चीतल के अलावा एक घोड़ा भी था लेकिन मैं सिर्फ एक ही ऐसा मामला जानता हूं जिसमें किसी शेर ने अपने शिकार की सवारी कर उसे मारा।

एक दफा की बात है कालाढुंगी से बारह मील दूर मंगोलिया खट्टा नाम के मवेशीखाने में मैंने अपना कैम्प लगा रखा था। एक सुबह जब मैं अपना नाश्ता कर रहा था तो मुझे दूर से भैंसों के गले में बंधी घंटियों की ज़ोरदार आवाज़ सुनायी दी। इस सुबह थोड़ा और पहले जब मैं एक तेंदुए की फिल्म बना कर लौट रहा था तो मैंने करीब डेढ़ सौ भैंसों का एक झुंड देखा था। यह झुंड तराई घास के एक लंबे-चौड़े मैदान में चर रहा था। मैदान के बीचों-बीच से एक रेतीला नाला गुजरता था और उसमें पानी की धार पतली सी थी। इस नाले में मैंने एक शेर और शेरनी के पैरों के ताजा निशान देखे थे। अब घंटियों की ज़ोरदार आवाज़ से यह जाहिर था कि भैसों के झुंड में मवेशीखाने वापस लौटने की भगदड़ मची हुयी थी। मवेशीखाने में काम करने वाले आदमी घंटियों की आवाज़ से खबरदार हो गये थे और उन्होंने ज़ोर-ज़ोर से चिल्लाने के साथ-साथ कनस्तर पीटना भी शुरू कर दिया था। इन आवाज़ों को सुन कर भैंसों ने रंभाना तो बंद कर दिया लेकिन उनकी भगदड़ तब तक जारी रही जब तक कि वे मवेशीखाने नहीं पहुंच गयीं।

आवाज़ें बंद होने के थोड़ी ही देर बाद मुझे दो गोलियों की आवाज़ सुनायी दी। गोलियों की आवाज़ सुन कर मैं मवेशीखाने पहुंचा तो मुझे वहां एक नौजवान यूरोपियन

हाथ में बंदूक लिये हुए दिखायी दिया। वहां जमीन पर एक भैंस चित्त पड़ी हुई थी और कुछ हिंदुस्तानी उसे घेरे हुए खड़े थे। यूरोपियन ने मुझे बताया कि वह इज़्ज़तनगर में इंडियन वुड प्रोडक्ट्स कंपनी में नौकरी करता था उसने बताया कि जब दूर से भैंसों की घंटियों की ज़ोरदार आवाज़ आ रही थी उस वक्त वह चरवाहों से बातचीत कर रहा था। जब घंटियों की आवाज़ कुछ नज़दीक आयी तो एक भैंस की रंभाने और शेर के दहाड़ने की आवाज़ भी सुनायी दी थी। (मैं चूंकि ज्यादा दूर था इसलिये मुझे शेर की आवाज़ सुनायी नहीं दी थी) चरवाहों को यह लगा कि शेर मवेशीखाने की तरफ आ रहा है और यह सोच कर उन्होंने चिल्लाना और कनस्तर पीटना शुरू कर दिया था। जब भैंसों का झुंड नजदीक आ पहुंचा तो उन्होंने देखा कि झुंड में से एक भैंस बुरी तरह लहूलुहान है। जब चरवाहों ने यूरोपियन को यह बताया कि अब इस भैंस को बचाने के लिये कुछ नहीं किया जा सकता तो यूरोपियन ने उनकी इजाज़त लेकर दो गोलियां घायल भैंस के शरीर में उतार दीं ताकि उसकी तकलीफ खत्म हो सके।

इस नौजवान ने जिस भैंस की तकलीफों का अंत किया था वह एकदम जवान और शानदार भैंस थी। चरवाहों का यह कहना शायद सही था कि वह झुंड की सबसे बढ़िया भैंस थी। आज तक इस हालत में मैंने किसी जानवर को नहीं देखा था इसलिये मैंने बड़ी बारीकी से इस भैंस की जांच की।

भैंस की गर्दन या गले पर शेर के दांत या नाखून का एक भी निशान नहीं था लेकिन इसकी पीठ पर पचास या और ज्यादा गहरे चीरे थे जो शेर के नाखूनों से बने थे। इनमें से नाखूनों के कुछ निशान तो तब बने थे जब शेर का चेहरा भैंस के सिर की तरफ था और बाकी के निशान तब बने थे जब शेर का चेहरा भैंस की पूंछ की तरफ था। घबराहट और डर से पगलायी इस भैंस पर सवार शेर ने कंधों के बीच से कोई पांच पाउंड मांस फाड़ खाया था और करीब दस से पंद्रह पाउंड मांस भैंस के पिछले हिस्से से। अपने कैम्प वापस जाकर मैंने अपने आप को एक भारी बंदूक से लैस किया और भैंसों के छोड़े निशानों का पीछा करते हुए चल पड़ा। मैंने यह पाया कि उनकी भगदड़ नाले के दूसरी तरफ वहां से शुरू हुई थी जहां मैंने शेर के पंजों के निशान देखे थे लेकिन बदकिस्मती से यहां घास कंधों जितनी ऊंची थी इसलिये मैं यह

अंदाज़ नहीं लगा सकता था कि यहां वाकई क्या-क्या हुआ होगा। इस बात के भी कोई निशान मैं नहीं ढूंढ पा रहा था कि शेर भैंस की पीठ पर कैसे सवार हुआ होगा वह भी तब जब कि भैंस को मारने का उसका इरादा नहीं था। मैं ऐसा इसलिये सोच रहा था क्योंकि भैंस की गर्दन और गले पर दांत या नाखून के निशान नहीं थे। मुझे इस बात का सख्त अफसोस है कि मैं यह अंदाज़ नहीं लगा पाया कि यह वाकया कैसे हुआ होगा क्योंकि यह बिरला मौका था जब गलती मेरी थी और मेरा यह यकीन है कि इसके अलावा ऐसा कोई मामला कभी किसी के देखने-सुनने में नहीं आया कि शेर अपने शिकार की सवारी करे और सवारी करते-करते उसे खाने भी लगे।

नाले में दिखायी दिये शेरों के पैरों के निशान जाहिर कर रहे थे कि दोनों शेर भरे-पूरे हैं इसलिये यह बात साफ थी कि कोई छोटा, नातजुर्बेकार शेर शिकार पर अपना हाथ आजमा रहा हो और दूसरी बात यह कि कोई कम उम्र शेर भैंसों के झुंड तक पहुंचने की हिम्मत करता वह भी दिन के दस बजे या दिन में किसी भी वक्त।

जासूसी कहानी नंबर 2

मेरे बड़े पुराने दोस्त हैरी जिल के बेटे ईवलिन जिल को तितलियां इकट्ठी करने का बड़ा शौक है। एक बार वह कुछ दिनों की छुट्टी लेकर नैनीताल आया हुआ था और बातचीत के दौरान मैंने उसे एक ऐसी तितली के बारे में बताया जिसके पंखों के ऊपरी हिस्से में चटक लाल रंग के धब्बे थे। यह तितली मैंने पोवालगढ़ रोड पर देखी थी। ईवलिन ने कहा कि उसने कभी इस किस्म की तितली नहीं देखी थी और उसने मुझसे गुज़ारिश की कि मैं उसे इस तितली का नमूना दिलवा दूं।

कुछ महीने बाद पोवालगढ़ से तीन मील दूर सांडनी गागा नाम की जगह पर मैं कैम्प लगाये हुए था और नर चीतलों की मुठभेड़ का सिनेमा खींचने की कोशिश कर रहा था। सांडनी गागा के मैदानों में उन दिनों एक ही वक्त पर कई-कई चीतलों के जोड़े आपस में लड़ते हुए दिख जाना आम बात थी। एक दिन सुबह मैंने जल्दी ही नाश्ता किया और तितली पकड़ने का जाल लिये हुए मैं वह तितली पकड़ने निकल पड़ा जिसका वादा मैंने ईवलिन से किया था। मेरे टैंट से सौ गज दूर एक जंगली रास्ता

था जो कालाढुंगी और पोवालगढ़ को जोड़ता था। इसी सड़क के साथ-साथ एक मील लंबा एक ऐसा मैदान था जहां सांभर धूल में लोट लगाया करते थे। मुझे इसी मैदान में तितलियां मिलने की उम्मीद थी।

जंगल के इस रास्ते का इस्तेमाल शायद ही कोई करता था और जिस जंगल से होकर यह रास्ता गुजरता था उसमें बड़ी तादाद में शिकार लायक जानवर थे। सुबह जल्दी उठकर इस सड़क पर घूमना बड़ा दिलचस्प काम था क्योंकि सड़क की सख्त हो चुकी मिट्टी के ऊपर धूल की एक बारीक परत जमी होती और यह परत रात में वहां से गुजरने वाले जानवरों की पहचान का दस्तावेज बन जाती थी। यदि आपकी निगाहों को जानवरों के पंजों के निशान पहचानने का लंबा तजुर्बा है तो ऐसे किसी रास्ते पर चलते हुए पंजों के हर निशान को रुक कर यह देखने की जरूरत आपको नहीं है कि यह किस जानवर के निशान हैं या जानवर किस तरह या किस तरफ जा रहा था क्योंकि यह सब बातें तो अपने आप आपके दिमाग के पिछले हिस्से में दर्ज़ होती चली जाती हैं। मिसाल के तौर पर अपने कैम्प से निकलने के बाद जहां मैंने यह सड़क पकड़ी थी उससे थोड़ा ही आगे एक सेही जंगल से निकल कर सड़क पर आयी थी और किसी से डर कर वापस जंगल में भाग गयी थी। कुछ कदम आगे चलने पर यह साफ हो गया कि सेही किससे डर कर भागी थी। जंगल से एक भालू निकला था और उसने दायें से बायें यह सड़क पार की थी। बायीं तरफ के जंगल में घुसने के बाद इस भालू ने एक एक बनैले सुअर के बच्चे और चीतलों के एक छोटे झुंड को भी डरा दिया था और क्योंकि इन जानवरों ने मारे डर के तेज़ी से दौड़ लगा दी थी और सड़क पार करते हुए दायीं तरफ के जंगल में घुस गये थे। थोड़ा और आगे चल कर एक नर सांभर दायीं तरफ से आया था और एक झाड़ी को खंगालने के बाद सड़क पर पचास गज चला था और एक नन्हें से पौधे से उसने अपने सींगों की खुजली मिटायी थी और फिर वापस जंगल में चला गया था। इसी जगह के नज़दीक एक चौसिंगा छौना अपनी मां के साथ सड़क पर आया था और इसके खुरों के निशान किसी इंसानी बच्चे के नाखूनों जितने ही बड़े थे। यह छौना कुछ देर तक सड़क पर उछल-कूद मचाता रहा था और फिर जब उसकी मां को किसी बात का खतरा लगा तो मां-बेटा दोनों कुछ गज तक

सड़क पर दौड़ने के बाद जंगल में गायब हो गये। यहां एक मोड़ था और इस मोड़ पर एक लकड़बग्घे के पंजों के निशान थे। लकड़बग्घा यहां तक आया था और फिर इसी रास्ते वापस चला गया था। यह कहने की ज़रूरत नहीं कि मादा चौसिंघा और उसका छौना किस वजह से भागे थे।

सांडनीगागा आसपास के सौ मील के इलाके में सबसे खूबसूरत जगह है और तरह-तरह के परिंदों की इफरात की वजह से इसका नाम बड़ा मशहूर है। इसी सांडनीगागा में सड़क पर बने निशानों को पढ़ते हुए और परिंदों की सुरीली आवाज़ें सुनता हुआ मैं आगे बढ़ रहा था। अभी मैं आधा मील आगे बढ़ा था कि सड़क का वह हिस्सा शुरू हो गया जो पहाड़ को सामने की तरफ से काट कर बनाया गया है। यहां सड़क इतनी सख्त थी कि आमतौर पर जानवरों के निशान इस पर बन नहीं पाते थे। यह सब देखते-सोचते थोड़ा ही और आगे बढ़ा था कि सड़क पर बने एक अजीबो-गरीब निशान ने मेरा ध्यान खींच लिया। सड़क पर छोटा-सा एक ऐसा निशान बना हुआ था जैसा मिट्टी में हल के चलने से बनता है। जहां यह निशान शुरू होता था वहां यह तीन इंच लंबा और दो इंच गहरा था। यह निशान सड़क की लंबाई की दिशा में नहीं बल्कि सड़क को काटते हुए बना था। छोटी-सी नाली जैसा यह निशान लोहे की नोक वाली छड़ी से बना भी हो सकता था लेकिन पिछले चौबीस घंटों के दौरान इस सड़क पर कोई इंसानी आमदरफ्त नहीं हुई थी और यह निशान पिछले बारह घंटों के भीतर बना था। और फिर यदि यह निशान किसी इंसान की वजह से बना था तो इसे सीधा सड़क की लंबाई में होना चाहिये था लेकिन यह निशान तो सड़क की चौड़ाई में बना था। सड़क यहां चौदह फुट चौड़ी थी और इसके एक तरफ दस फुट ऊंची कुदरती दीवार थी और दूसरी तरफ एकदम तेज ढलान। इस निशान के बनने से उड़ी मिट्टी मुझे बता रही थी कि जिस चीज़ से भी यह निशान बना था वह दायीं से बायीं तरफ़ जा रही थी।

यह तसल्ली कर चुकने के बाद कि यह निशान किसी इंसान का बनाया नहीं है, मैं इस नतीज़े पर पहुंचा कि ऐसा निशान सिर्फ किसी सींग की नोक से बन सकता था— चीतल या किसी छोटे सांभर के सींग से। इन दोनों तरह के हिरणों में से कोई भी

ऊंची तरफ से कूद कर सड़क पर आ गिरा होता तो ज़मीन के सख्त होने के बावजूद उसके खुरों ने ज़मीन पर निशान जरूर बनाये होते लेकिन यहां आसपास कहीं खुरों के निशान नहीं थे। मेरे पास इकलौता सुराग ज़मीन में बना यह नालीनुमा निशान था और जिस आखरी नतीज़े पर मैं पहुंचा वह यह था कि निशान तो हिरण के सींग से ही बना था लेकिन जिंदा नहीं– मुर्दा हिरण के सींग से। यह निशान तब बना था जब कोई शेर अपने मुंह में हिरण दबाये ऊपरली तरफ से सड़क पर आ कूदा था। यहां सड़क पर घिसटने के निशान इसलिये नहीं थे क्योंकि आमतौर पर ऐसे मामलों में सड़क पार करते वक्त शेर और तेंदुए अपने शिकार को मुंह में दबाए हुए हवा में उठा लेते हैं और शिकार हुए जानवर का शरीर ज़मीन को नहीं छू पाता। मेरा मानना यह है कि वे ऐसा इसलिये करते हैं कि शिकार की गंध सूंघकर भालू, लकड़बग्घे और सियार मुफ्त का माल हासिल करने के लिए कहीं पीछे-पीछे ना आने लगें।

मेरे नतीज़े कितने सही थे, यह देखने के लिये मैंने सड़क पार की और सड़क के बायीं तरफ पहाड़ की ढलान की तरफ निगाह दौड़ायी। घसीटने के निशान मुझे कहीं नहीं दिखे लेकिन पहाड़ की ढलान पर बीस फुट दूर एक झाड़ी में चार फुट की ऊंचाई पर, एक पत्ती पर, सबेरे की धूप में मुझे कुछ चमकता हुआ दिखा। मैं नीचे उतरा और झाड़ी के नजदीक जाकर मैंने पाया कि पत्ती पर खून की बड़ी सी बूंद गिरी थी। यह बूंद अभी पूरी तरह सूखी भी नहीं थी। अब यहां से तहकीकात एकदम आसान थी। पचास गज और आगे जाकर एक छोटे से पेड़ की छाया में छोटी-छोटी झाड़ियों के बीच मुझे वह शानदार नर चीतल दिखा जिसे शेर ने अपना शिकार बनाया था। यह चीतल इतना शानदार था कि हर शिकारी इसे ट्रॉफी बनवाकर अपने घर में टांगना चाहता। शेर अपने शिकार के बारे में पूरी एहतियात बरत रहा था और उसने इसे दूसरे जानवरों और परिंदों से छिपाकर रखा था। शेर ने इधर-उधर दूर-दूर तक फैली सूखी पत्तियों और सूखी टहनियों को इकट्ठा किया था और अधखाये चीतल को अच्छे से ढंक दिया था। पत्तियां और टहनियां इकट्ठी करने में उसने खासी मेहनत की थी। जब कोई शेर अपने शिकार को इस तरह छिपाता है तो इसका यह मतलब होता है कि अपने शिकार पर निगाह रखने के लिए वह आसपास मौजूद नहीं है।

मुझे फ्रेड एंडरसन और हुइश अडाई ने इस इलाके में रहने वाले एक बड़े कद्दावर शेर के बारे में बताया था जिसका नाम श्रीमती (अब लेडी) एंडरसन ने 'बैचेलर आफ पोवालगढ़' रख दिया था। इस नामचीन शेर को देखने की मेरी बड़ी पुरानी हसरत थी और हमारे इलाके के सब शिकारी इस शेर का शिकार करने की कोशिश कर रहे थे। मुझे मालूम था कि यह शेर सांभरों वाले मैदान के नज़दीक से शुरू होने वाली एक गहरी खाई में रहता था और इस वक्त मैं उसी तरफ जा रहा था। चीतल के पास शेर के पैरों के निशान नहीं थे जिससे मैं उसे पहचान पाता। मुझे यूं ही खयाल आया कि कहीं यह चीतल पोवालगढ़ के कुंवारे सूरमा का माल तो नहीं है और यदि ऐसा है तो इस मशहूर कुंवारे सूरमा को देखने का यह अच्छा मौका था। मैं यह देख पाता कि यह शेर क्या वाकई उतना बड़ा है जितना उसके कद्दावर होने का डंका बज रहा था।

मरे हुए चीतल के नज़दीक से ही एक पतली पट्टी जैसा घास का मैदान शुरू होता था। सौ गज आगे चलकर एक छोटी सी धारा के पास यह पट्टी खत्म होती थी। धारा के उस पार जंगली नींबू का बड़ा घना झुरमुट था। यदि 'कुंवारा' अपनी खाई में वापस नहीं लौटा था तो वह जरूर इसी झुरमुट में लेटा होगा इसलिए मैंने फैसला किया कि मैं शेर को उसके शिकार पर वापस पहुंचाने की कोशिश करूंगा। यह फैसला करने के बाद मैं वापस सड़क पर आया और तितली पकड़ने का अपना सफेद रंग का जाल मैंने सूखी पत्तियों में अच्छे से छिपा दिया। ऊपरी सिरे पर घास की पट्टी करीब दस फुट चौड़ी थी और जिस पेड़ के नीचे चीतल पड़ा था वह भी पट्टी की दायीं तरफ से करीब दस फुट दूर था। बायीं तरफ चीतल के करीब-करीब सामने बेलों से ढंका हुआ एक ठूंठ खड़ा था। पहले मैंने इस बात की तसल्ली की कि कहीं ठूंठ में ऐसे बिल तो नहीं है जिनमें सांप हों सकते हों। ठूंठ की जड़ों पर फैली सूखी पत्तियों को भी मैंने हटा दिया क्योंकि मैं बिच्छुओं पर नहीं बैठना चाहता था। अब मैं ठूंठ से पीठ टिकाकर बैठा गया। यहां से मुझे चीतल दिखायी दे रहा था। यह मुझसे करीब तीस फुट दूर था। यहां से मुझे घास की पट्टी भी दिख रही थी और पानी की धारा भी। धारा के उस पार पीपल पर लाल बंदरों का झुंड बैठा था और हर बंदर पीपल के फलों से अपना पेट भर रहा था।

जब मेरी सब तैयारियां पूरी हो गयीं तो मैंने तेंदुए की आवाज़ निकाली। जब

खतरा न हो तो तेंदुए, शेर के मारे शिकार चट कर जाने का मौका नहीं छोड़ते और शेर इसीलिए तेंदुओं को बड़ा नापसंद करते हैं। यदि शेर को मेरी आवाज़ सुनायी दी थी और यदि शेर को धोखा देने लायक अच्छे ढंग से मैंने तेंदुए की आवाज़ निकाली थी तो मुझे पूरी उम्मीद थी कि शेर घास की पट्टी तक ज़रूर आयेगा। उसे भरपूर निगाह से देखने के बाद मेरा इरादा उसे अपनी मौजूदगी के बारे में बताने और फिर वहां से निकल पड़ने का था। बंदरों ने मेरी निकाली तेंदुए की नकली आवाज़ का जवाब अपनी चेतावनी भरी आवाज़ों से दिया और तीन बंदर पेड़ की करीब चालीस फुट ऊंची बाहर को निकली एक डाल पर जा बैठे। चूंकि बंदरों को मैं दिखायी नहीं दे रहा था इसलिए उनकी आवाज़ें एक मिनट तक ही चल कर बंद हो गयीं। और यदि शेर कहीं आसपास था तो उसे यह आवाज़ें सुन कर यकीन हो गया होगा कि उसके शिकार से कोई तेंदुआ छेड़छाड़ कर रहा है। मैं तीन बंदरों पर निगाह रखे रहा और फिलहाल मैंने एक बंदर को बार-बार पीछे मुड़ कर जंगल की तरफ झांकते और बार-बार अपनी मुंडी उचकाते देखा। फिर इस बंदर ने चेतावनी भरी आवाज़ दी। एक मिनट बाद ही बाकी दोनों बंदर भी चिल्लाने लगे और पेड़ की ऊपरी डालों पर बैठे दूसरे बंदर भी आवाज़ लगाने में शामिल हो गये। शेर आ रहा था और मुझे इस बात सख्त अफसोस था कि मेरा कैमरा मेरे पास नहीं था। आज यदि कैमरा होता तो धारा में चमकते पानी और पीपल के पेड़ पर बैठे बेसब्र बंदरों के साथ घास की पट्टी पर आते शेर की बहुत ही शानदार तस्वीर बन सकती थी।

जैसा कि आम तौर पर ऐसे मौकों पर होता है, शेर ने वैसा नहीं किया जैसी मैं उम्मीद कर रहा था। कुछ वक्त बीता– मुझे इस बात की बेचैनी थी कि शेर मेरे पीछे की तरफ से आकर शिकार तक जायेगा। तभी मुझे धारा कूद कर, घास की पट्टी से लगे जंगल में गायब होते शेर की झलक भर दिखी। धारा के परली तरफ की झाड़ियों के पीछे छिप कर शेर ने तेंदुए की पोज़ीशन का अंदाज लगाया था और ज़ाहिरा तौर पर उसने यह सोचा था कि यदि वह घास की पट्टी की तरफ से आया तो तेंदुआ उसे देख लेगा इसलिए उसने दबे पांव अपने मारे चीतल तक पहुंचने का फैसला किया था। जहां तक मेरा सवाल था मुझे शेर के ऐसा करने में जरा भी एतराज़ नहीं था हालांकि

ऐसा करने से जितना मैंने तय किया था उससे कहीं ज्यादा मेरे नज़दीक वह आ जाता।

ज़मीन सूखी पत्तियों से पटी पड़ी थी और शेर ने अपना रास्ता इतनी सफाई से तय किया कि मेरे कानों को उसकी आहट तक नहीं मिली। शेर अगली बार मुझे तब दिखायी दिया जब वह अपने मारे चीतल के पास खड़ा उसका जायज़ा ले रहा था लेकिन मुझे इस बात की बड़ी तकलीफ हुई कि जिसे मैं देख रहा था वह पोवालगढ़ का कुंवारा सूरमा नहीं बल्कि एक बड़ी शेरनी थी। शेरनी बड़े अच्छे मूड में हो तो भी उसका भरोसा नहीं किया जा सकता और फिलहाल तो वह अच्छे मूड में कतई नहीं थी क्योंकि मैं उसके शिकार के इतना काफी नज़दीक था। ऊपर से यह भी बहुत मुमकिन था कि नींबुओं वाले झुरमुट में उसके बच्चे भी बैठे हों और यदि ऐसा हुआ तो अपने शिकार के नज़दीक मेरी मौज़ूदगी को शेरनी कतई गवारा नहीं करती। जिस रास्ते वह आयी थी यदि शेरनी उसी रास्ते वापस जाती हो तो कोई दिक्कत नहीं थी लेकिन शेरनी ने ऐसा नहीं किया। यह तसल्ली करने के बाद कि तेंदुए ने उसके शिकार से छेड़छाड़ नहीं की थी, वह घास की पट्टी की तरफ चल पड़ी– हम दोनों के बीच की दूरी घट कर आधी रह गयी। एक मिनट का वक्फा बड़ा धीरे-धीरे बीता– शेरनी कुछ सोचती सी खड़ी रही। इस दौरान मैं अपनी सांस रोके रहा। फिर शेरनी आराम से बगैर आवाज़ किये चलती हुई धारा तक पहुंची, उसने पानी पिया और फिर एक छलांग में धारा पार करके घने झुरमुट में ओझल हो गयी।

आपको सुनाये इस दोनों मामलों में– शुरूआत में मुझे नहीं मालूम था कि 'वारदात' हुई है और जंगल की जासूसी कहानियों की खूबी यही है कि आपको यह पता नहीं होता कि एक छोटा-सा सुराग आपको कहां तक पहुंचा देगा। इसी वजह से जंगल की जासूसी कहानियां इकट्ठी करना इतना मज़े, चुस्ती और होशियारी से भरा काम है। मन से जासूसी कहानियां घड़ना तो बहुत थोड़े से लोग कर सकते हैं लेकिन जंगल की जासूसी कहानी हर कोई लिख सकता है– बशर्ते उसकी आंखें ऐसी हों कि जिस सड़क पर वह चल रहा है उसके अलावा भी वह काफी कुछ देख-समझ सके। दूसरी ज़रूरी शर्त यह है कि वे यह मान कर न चलें कि उन्हें सब कुछ आता है– वह भी तब जब उन्हें कुछ भी न आता हो।

9

✻ जब मैं दस बरस का था, तो मुझे नैनीताल वॉलंटियर राइफल्स की स्कूल कैडेट कंपनी में भरती होने लायक बड़ा मान लिया गया। वॉलंटियर बनने का उन दिनों बड़ा चलन था और इसे बड़ी संजीदगी से भी लिया जाता था। उन दिनों ठीक-ठाक तंदरुस्ती वाले नौजवान और लड़के वालंटियर बन कर बड़ा फख्र महसूस करते थे और बतौर वालंटियर उन्हें मज़ा भी बहुत आता था। हमारी बटालियन में चार कैडेट कंपनियां और एक बालिग लोगों की कंपनी थी— हमारी बटालियन में कुल मिला कर 500 लोग थे। उन दिनों नैनीताल की आबादी 6000 थी— इस तरह शहर में हर बारह लोगों में एक वालंटियर था।

सत्तर लड़कों वाले हमारे स्कूल के प्रिंसीपल कैडेट कंपनी के भी कप्तान थे। हमारी कैडेट कंपनी में पचास लड़के थे। दोहरी जिम्मेदारी निभानेवाले हमारे प्रिंसीपल पहले फौज में थे और अब उनके दिल में एक ही लगन की अगन सुलगती रहती थी कि उनकी कैडेट कंपनी पूरी बटालियन में बेहतरीन कंपनी होना चाहिये। उनकी इस लगन के चक्कर में हम सब कैडेटों को बड़ी तकलीफें सहन करनी पड़ती थी। हफ्ते में दो बार तो स्कूल में खेल के मैदान पर ही परेड होती थी और हफ्ते में एक बार हमें बाकी चार कंपनियों के साथ नैनीताल झील के ऊपरी सिरे पर बने मैदान में अपने जौहर दिखाने होते थे।

हमारे कप्तान की निगाह बड़ी बारीक थी। परेड ग्राउंड पर की गयी न तो कोई गलती उनकी नजर से बचती थी और न ही किसी गलती को वह नजरअंदाज़ करते

थे। शाम को स्कूल के बाद हर गलती की सज़ा दी जाती थी। सजा पाने वाले लड़के से ठीक चार फुट दूर अपनी पोजीशन लेने के बाद कप्तान साहब अपनी चार फुट लंबी छड़ी का पराक्रम दिखाते थे। उनका निशाना इतना सटीक होता था कि लोगों ने उनका नाम ही "निशानाफोड़ू" रख दिया था। मुझे यह तो पता नहीं कि वह खुद से कोई शर्त लगाते थे या नहीं लेकिन हम लड़के लोग उनके निशाने को लेकर आपस में ज़रूर शर्त लगाया करते थे– अपने कांटों, लट्टुओं, पेंसिल-तराश चाकुओं और यहां तक कि नाश्ते के बिस्कुट भी कई बार दांव पर लग जाते थे। शर्त इस बात की होती थी कि दस में से नौ बार कैप्टेन की छड़ी ठीक वहीं पड़ेगी जहां पिछले दिन या पिछले हफ्ते की पिटाई की टीस अब भी बाकी हो। शर्त लगाने वाले आम तौर पर नये-नये भर्ती हुए लड़के ही होते थे– हमेशा ही हार जाते थे। दूसरी कंपनियों के लड़के भी हमारी कंपनी के पूरी बटालियन में बेहतरीन होने के सवाल पर हमेशा गर्मा-गर्मी करते थे लेकिन इस बात पर उन्होंने कभी सवाल खड़ा नहीं किया कि हमारी कंपनी में सबकी वर्दी और रखरखाव का ढंग पूरी बटालियन में सबसे बढ़िया था। यह दावा गलत नहीं था क्योंकि परेड के मैदान पर पहुंच कर बाकी कंपनियों के साथ परेड करने के पहले हमारा मुआयना बड़ी बारीकी से होता था और नाखूनों के नीचे जमी मैल का छोटा-सा निशान, वरदी पर पड़ा धूल का कण भी पकड़ लिया जाता था।

हमारी वर्दियों का भी क्या कहना था। ये वर्दियां बड़े लड़कों को छोटी हो जाने पर हमें विरासत में मिलती थीं। मोटे, नीले कपड़े से बनी इन वर्दियों की यह गारंटी थी कि सख्त इस्तेमाल के बावजूद वे कई पीढ़ियां चलेंगी और शरीर के नाजुक हिस्सों को छील कर रख देंगी। साथ ही यह भी गारंटी थी कि धूल का छोटे से छोटा कण भी इन नीली वर्दियों पर एकदम उभर कर दिखेगा।

इस वर्दी में जितनी गर्मी और तकलीफ थी वह साथ में पहने जाने वाले हेलमेट के आगे फीकी पड़ जाती थी। किसी बहुत सख्त चीज़ से बने इस हेलमेट को हेलमेट कहना गलत होगा– यह तो मौत का सामान था। इस हेलमेट के बीचों-बीच चार इंच ऊंचा भालेनुमा एक कीला लगा होता था। इस कील का दूसरा चूड़ीदार हिस्सा भीतर की तरफ करीब एक इंच या थोड़ा ज्यादा ही बाहर को निकला होता था। यह हिस्सा

सिर में सुराख न बना दे इसलिए हेलमेट की भीतरी तरफ हम कागज ठूंस लेते थे। इस तरह यह हेलमेट हमारे सिर को शिकंजे की तरह जकड़ लेता था लेकिन हमारी मुसीबतों का अंत यहीं नहीं हो जाता था। शिकंजे जैसे हेलमेट को पहनने के बाद चमड़े में पिरायी हुई लोहे की एक मोटी चेन से ठुड्डी पर बांध लिया जाता था। तीन घंटे तक कड़ी धूप में सख्त परेड के बाद शायद ही कोई लड़का ऐसा हो जिसका सिर दर्द के मारे फटा न जा रहा हो। इस सिरदर्द की वजह से पिछली रात रटे गये सबक दोहराना बड़ा मुश्किल हो जाता था और इसका नतीज़ा सिर्फ यही होता था कि परेड वाले दिन बाकी दिनों के मुकाबले चार फुट लंबी छड़ी का इस्तेमाल ज़्यादा खुल कर होता था।

ऐसे ही परेड वाले एक दिन हमारी बटालियन के मुआयने के लिए एक बड़ा फौजी अफसर आया। एक घंटे तक बंदूक के साथ परेड और मार्चिंग के बाद बटालियन को सूखाताल राइफल रेंज पर ले जाया गया। यहां पहुंच कर कैडेट कंपनियों के लड़कों को पहाड़ी की तरफ बैठा दिया गया और बालिग वालंटियरों ने बाहर से आये फौजी अफसर को अपनी 450 मार्टिनी राइफलों के करिश्मे दिखाये। हमारी बटालियन को इस बात का बड़ा फख्र था कि हिंदुस्तान के चुनिंदा निशानेबाजों में से कुछ हमारी बटालियन में थे और यह फख्र बटालियन के हर मेंबर के चेहरे पर लिखा दिखायी देता था। सीमेंट के एक चबूतरे पर खड़ा टारगेट टीन की मोटी चादर से बना था और जानकार लोग सिर्फ टारगेट पर गोली की आवाज़ सुन कर ही बता सकते थे कि गोली टीन की चादर के बीचों-बीच लगी है या किनारे पर।

हर कैडेट कंपनी का एक हीरो बालिग कंपनी में था और उस सुबह किसी भी हीरो के खिलाफ कसा गया फिकरा उसके मुरीदों और दूसरों के बीच खून-खराबे वाले झगड़े करा सकता था लेकिन वर्दी में झगड़े को बहुत खराब माना जाता था। कामयाब निशानेबाजों के नतीज़े बताने के बाद हमें उठ खड़े होने और मार्च करते हुए पांच सौ गज से दो सौ गज की रेंज तक आने का हुक्म हुआ। यहां हर कंपनी से एक-एक करके सीनियर कैडेटों को चुना गया और हम जूनियर लड़कों को कहा गया कि हम अपनी बंदूकों की ढेरियां बना कर रख दें और फायरिंग पाइंट के पीछे जा बैठें।

स्कूलों के बीच होने वाला खेलों का कोई भी मुकाबला— खास तौर से राईफल

रेंज पर होने वाला मुकाबला तो सबके लिए बेहद दिलचस्प होता था। उस सुबह चलने वाली हर गोली पर हर कोई पूरा ध्यान देता था और दोस्त हों या दुश्मन एक जैसे धुंआधार तरीके से निशानेबाज़ के बारे में अपनी राय पेश करते थे। मुकाबला बहुत कांटे का हुआ क्योंकि हर कंपनी के बेहतरीन निशानेबाज़ खुद कंपनी कमांडरों ने चुने थे। जब यह बताया गया कि हमारी कंपनी दूसरे नंबर पर आयी है तो हम लोग खुशी से नाचने लगे। हमें इस बात की खुशी थी कि हम सिर्फ एक नंबर की वजह से ही दूसरी पोज़ीशन पर हैं और हम उस स्कूल से, जिसमें हमसे तीन गुना ज्यादा कैडेट थे, सिर्फ एक नम्बर से हारे थे।

अभी हम लोग जीतने वालों की कामयाबियों पर अपनी राय जाहिर कर ही रहे थे कि इस बीच सार्जेंट मेजर वहां मौजूद फायरिंग पाइंट के नजदीक खड़े उस्तादों और अफसरों के झुंड से अलग जाते हुए नजर आये और अपनी भारी भरकम आवाज़ में उन्होंने पुकारा "कॉर्बेट, कैडेट कॉर्बेट!" सार्जेंट मेजर की आवाज़ ऐसी थी जो कि मील भर दूर तक साफ सुनायी देती थी। इस आवाज़ में अपना नाम सुन कर मेरे हाथ-पांव ठंडे हो गये। हे भगवान! आखिर मैंने ऐसा क्या कर डाला जिसकी सजा मुझे मिलने वाली है? हां, यह सच है कि वह आखरी निशाना जिसकी वजह से दूसरी टीम हमसे जीत गयी थी वह निशाना धोखे से लगा था— ऐसा मैंने कहा ज़रूर था और किसी ने इस बात पर मुझसे दो-दो हाथ करने की दावत भी दी थी लेकिन मेरी लड़ाई किसी से नहीं हुई थी क्योंकि मुझे तो यह भी पता नहीं था कि मुझे चुनौती किसने दी है। और यहां सार्जेंट-मेजर की आवाज़ गूंज रही थी "कॉर्बेट, कैडेट कॉर्बेट!" मेरे चारों तरफ से आवाज़ें आ रही थीं "जाओ। वह तुम्हें बुला रहा है। जल्दी भागो नहीं तो तुम्हारी ऐसी-तैसी हो जायेगी।" आखिरकार बड़ी कमज़ोर सी आवाज़ में मैंने जवाब दिया "यस सर।" सार्जेंट मेजर ने एक ही सांस में मुझसे कई सवाल पूछ डाले "अब तक तुमने जवाब क्यों नहीं दिया? तुम्हारी बंदूक कहां है? जाओ जल्दी उठा कर लाओ।" इन सब बातों से मैं इतना चकरा गया था कि कुछ देर मैं ऐसे ही खड़ा रहा। तभी पीछे से किसी ने मुझे दोस्ताना धक्का दिया और कहा "जाते क्यों नहीं हो बेवकूफ" यह सुनकर मैं अपनी बंदूक लेने चल पड़ा।

जब हम यहां दो सौ गज की रेंज पर आये थे तो मुकाबले में शामिल न हो रहे लड़कों को बंदूकों की ढेरियां बनाने में जुटा दिया गया था और मेरी बंदूक को बाकी बंदूकों को टिकाने के लिए सहारे के तौर पर इस्तेमाल कर लिया गया था। अब जैसे ही मैंने अपनी बंदूक खींची, बंदूकों की पूरी ढेरी गिर पड़ी। मैं छितरायी हुई बंदूकों को जमाने लगा तो सार्जेंट-मेजर जोर से चिल्लाया "जिन बंदूकों को तुमने अपनी नालायकी से गिराया है, उन्हें वहीं छोड़ दो और अपनी बंदूक यहां ले आओ।" अगला हुक्म मुझे मिला "कंधे शस्त्र, दायें मुड़, तेज चल।" कसाई के हाथों कटने जा रहे बकरे को भी शायद उतना डर नहीं लगता होगा जितना अभी मैं फायरिंग पाइंट की तरफ ले जाया जाते हुए महसूस कर रहा था। जैसे ही हम चलना शुरू हुए सार्जेंट मेजर ने फुसफुसाते हुए कहा "मेरा नाम मिट्टी में मिलाने जैसी नामाकूल हरकत मत करना वरना...।"

फायरिंग पाइंट पर बाहर से आये बड़े फौजी अफसर ने मुझसे पूछा कि क्या मैं पूरी बटालियन में सबसे छोटा लड़का हूं। मैंने कहा "हां" तो अफसर ने कहा कि तुम मुझे कुछ गोलियां चला कर बताओ, मैं देखना चाहता हूं कि तुम कैसा निशाना लगाते हो। उस अफसर ने यह बात जिस नर्मी भरे ढंग से कही और जो मुस्कान यह कहते वक्त उसके चेहरे पर थी— उससे मुझे यह महसूस हुआ कि वहां खड़े तमाम अफसरों और उस्तादों में वही अकेला इंसान था जो यह समझ पा रहा था कि इतने बड़े-बड़े लोगों के सामने अचानक हाज़िर होने का हुक्म पाकर मेरे जैसा छोटा-सा लड़का कितना अकेलापन और कितना नरवस महसूस कर रहा होगा।

कैडेटों की दी गयी 450 मार्टिनी राइफल का धक्का बाकी सब बंदूकों से ज्यादा तेज होता है। अभी पिछले दिनों मैंने बंदूक चलाने का जो कोर्स किया था उसकी वजह से मेरा बायां कंधा वैसे ही दर्द कर रहा था और बहुत बुरे हाल में था। अभी उम्र कम होने की वजह से मेरे कंधों पर मांस नहीं चढ़ा था इसलिये बंदूक का झटका बहुत तकलीफ देता था। अब इस हालत में मुझे और गोलियां चलानी हैं— यह सोच सोचकर मैं और ज्यादा नरवस हो रहा था। बहरहाल, अब तो जो होना था सो होना था और बटालियन में सबसे कम उम्र का लड़का होने का जो नुकसान था वह मुझे सहन करना

ही था। सार्जेंट मेजर की कमान पर मैं लेट गया और अपने लिये रखे पांच कारतूसों में से एक मैंने उठा लिया। कारतूस बंदूक में भरने के बाद मैंने बहुत धीरे-धीरे बंदूक उठा कर कंधे से लगायी और जितना अच्छा निशाना मैं ले सकता था, लेकर मैंने ट्रिगर दबा दिया। मेरे कानों को जिस खूबसूरत आवाज़ का इंतजार बेकरारी से था– टीन के टारगेट में गोली लगने की वह खूबसूरत आवाज़ मुझे नहीं सुनायी दी बल्कि गोली मिट्टी में धंसने की बेकार सी आवाज़ मुझे सुनायी दी और इसके साथ ही एक शांत स्वर सुनायी दिया "ठीक है सार्जेंट मेजर, अब मुझे संभालने दो।" यह कह कर वह बड़ा फौजी अफसर अपनी बेदाग वर्दी में नजदीक आया और मेरी बगल में तेल के धब्बों से सनी गंदी तिरपाल के टुकड़े पर लेट गया "जरा मुझे अपनी बंदूक तो दिखाओ" उसके यह कहने पर मैंने अपनी बंदूक उसे सौंप दी और उसने अपने सधे हुए हाथ से बहुत ध्यान से बंदूक की बैक साइट को दो सौ गज के हिसाब से जमा दिया– यह एक ऐसी बारीकी थी जिस पर ध्यान देना मैं भूल गया था। उसने बंदूक मुझे वापस लौटायी और कहा "तुम आराम से, अपना वक्त लो।" और इसके बाद मेरी बंदूक से निकली चारों गोलियों में से हर एक का जवाब टीन की झंकार से मिला। मेरा कंधा थपथपाने के बाद यह अफसर उठा और मुझसे पूछा कि मैंने क्या स्कोर बनाया। मैंने बताया कि मुझे बीस में से दस नंबर मिले हैं क्योंकि पहली गोली टारगेट पर नहीं लगी थी। अफ़सर ने कहा "बहुत बढ़िया! शानदार! वाकई बहुत बढ़िया शूटिंग थी।" यह कह कर अफसर मुड़ा और वहां खड़े उस्तादों और अफसरों से बात करने लगा। मैं तो जैसे हवा पर डोलते हुए अपने साथियों के पास आ पहुंचा लेकिन मेरी खुशी ज्यादा देर नहीं चली। मेरे साथियों ने मुझे सातवें आसमान से घसीटकर जमीन पर ला पटका। मेरे चारों तरफ से आवाज़ें आ रही थी– क्या सड़ा हुआ निशाना! कंपनी का नाम मिट्टी में मिला दिया! इससे अच्छा निशाना तो मैं आंखें बंद करके लगा सकता था! अरे, किसी ने देखा था पहली गोली तो सौ गज वाले फायरिंग पाइंट पर लगी थी! लेकिन लड़के तो लड़के ही होते हैं और ऐसे ही होते हैं। जो उनके मुंह में आता है वह बोल देते हैं जबकि उनके इरादे में कोई बदमाशी या बेरहमी नहीं होती।

उस दिन सूखाताल की राइफल रेंज पर जब मैं एकदम अकेला और नर्वस

महसूस कर रहा था तब बाहर से आये जिस बड़े अफसर ने मेरा दिल जीत लिया था वह आगे चल कर देश का हीरो बना और फील्ड मार्शल अर्ल राबर्ट्स के तौर पर रिटायर हुआ। जब भी कभी मुझे निशाना साध कर गोली चलाने में या कोई फैसला करने में उतावलापन हुआ है तब तब मुझे उस शांत आवाज़ का ध्यान आता है जो मुझे कहती है "तुम आराम से अपना वक्त लो।" यह आवाज़ मेरा हाथ थाम लेती है। उस शानदार सैनिक का मैं हमेशा शुक्रगुज़ार रहा हूं—इस सलाह के लिये।

बरसों तक नैनीताल वालंटियर्स को बहुत सख्ती से अपने कड़क अंदाज में चलाने वाले सार्जेंट-मेजर का कद छोटा, शरीर मोटा और गर्दन सांड जैसी थी लेकिन उसका दिल सोने का था। मैदान पर उस बरस की आखरी परेड के बाद उसने मुझसे पूछा कि क्या मैं एक राइफल लेना चाहूंगा। अचरज और खुशी ने मुझे गूंगा बना दिया। बहरहाल, जवाब की उसे दरकार थी भी नहीं इसलिए आगे उसने कहा "छुट्टियों में जाने के पहले तुम आना और मुझसे मिल लेना। मैं तुम्हें एक सर्विस राइफल दूंगा और जितनी भी गोलियां तुम्हें चाहिये तुम ले लेना बशर्ते तुम राइफल को अच्छे ढंग से रखो और गोलियों के खोल मुझे वापस करो।"

लिहाज़ा उस बरस सर्दी के मौसम में जब मैं कालाढुंगी आया तो मेरे हाथों में राइफल थी और गोलियों की फिक्र मुझे नहीं करनी थी। उस भले सार्जेंट-मेजर ने जो राइफल मेरे लिये चुनी थी वह एकदम सटीक निशाने वाली थी। हालांकि भारी गोली दागने वाली 450 मार्टिनी राइफल किसी लड़के को ट्रेनिंग देने के लिए बहुत माकूल बंदूक तो नहीं थी लेकिन मेरा काम इससे बड़े मज़े में चल गया।

तीर-कमान लेकर मैं गुलेल के मुकाबले जंगल में ज्यादा भीतर तक जा सकता था और भरतल बंदूक लेकर तीर-कमान के मुकाबले और ज्यादा भीतर तक मेरी पैठ हो गयी थी और अब राइफल हाथ में आने के बाद पूरा जंगल जैसे मेरा घर हो गया था और जहां मेरी मर्जी हो वहां मैं मज़े में जा सकता था।

डर वह चीज़ है जो जानवरों की सुनने, देखने, समझने और महसूस करने की ताकत को बढ़ाता है और उन्हें पूरे वक्त भागने को तैयार रखता है। यही डर उनकी ज़िंदगी में जीने की कशिश पैदा करता है और इस डर का इंसान पर भी वही असर

होता है जो जानवरों पर होता है। डर ने ही मुझे जंगल में बेआवाज़ चलना सिखाया था। डर ने ही मुझे पेड़ पर चढ़ना सिखाया था और आवाज़ की ठीक-ठीक जगह का अंदाज़ लगाना सिखाया था। अब जंगल के बीचों-बीच तक पहुंचने और कुदरत की बेहतरीन नियामतों का मज़ा लेने के लिए जरूरी था मैं अपनी आंखों का इस्तेमाल करना सीखूं और यह सीखूं कि राइफल का इस्तेमाल कैसे किया जाता है।

इंसान की नज़र का दायरा 180 डिग्री होता है और जब आप ऐसे जंगल में हों जहां आपका वास्ता किसी वक्त भी जहरीले सांप सहित किसी भी प्राणी से हो सकता है तो यह जरूरी है कि आप अपनी आंखों को इस तरह की ट्रेनिंग दें कि आपको 180 डिग्री के दायरे में हर चीज, हर हरकत दिख सकें। आंखों के ठीक सामने होने वाली हलचल या हरकत को देख लेना और जरूरत पड़ने पर उससे निपट लेना आसान होता है लेकिन आंख की कोर से दिखने वाली हरकत साफ नहीं होती और ठीक से पहचान में भी नहीं आती। जो चीज़ ठीक से पहचान में न आये वह बेहद खतरनाक भी हो सकती है— इसलिए हमें ऐसी चीज़ से सबसे ज्यादा डरना भी चाहिये। जंगल में कोई भी प्राणी सोच-समझ कर जान बूझकर आपका नुकसान करने को उतारू नहीं बैठा होता लेकिन हालात कई बार किसी प्राणी को हमला करने के लिये उकसा सकते हैं और सिर्फ इसी तरह के अनायास होने वाले हादसों में अपनी जान बचाने के लिये आंखों की ट्रेनिंग जरूरी है। एक बार मैंने एक पेड़ की कोटर में से कोबरे की लपलपाती दोफांक जीभ देखी और एकदूसरे मौके पर झाड़ी के पीछे छिपे जख्मी तेंदुए की दुम का हिलता हुआ सिरा देखा— इन चीजों ने ही मुझे इस बात से आगाह किया कि कोबरा मुझे डसने को उतावला बैठा था और तेंदुआ मुझ पर छलांग लगाने ही वाला था। इन दोनों मौकों पर मैं नाक की सीध में देखता हुआ चल रहा था और इन दोनों खतरनाक प्राणियों की हरकतें मुझे अपनी आंख के किनारे से दिखायी दी थीं।

भरतल बंदूक ने मुझे अच्छे से सिखा दिया था कि गोली-बारूद की बचत कैसे की जाती है। अब मेरे पास राइफल थी और मुझे यह लगा कि किसी एक जगह खड़े टारगेट पर प्रैक्टिस करना गोलियों की बरबादी करना ही होगा इसलिये मैंने मोरों और जंगली मुर्गों पर प्रैक्टिस शुरू कर दी। मुझे सिर्फ एक ही मामला याद आता है जब

मेरी गोली से एक परिंदा टेबल पर परोसने लायक हालात में नहीं बचा था। किसी परिंदें का पीछा करके उसे गोली मारने में लगने वाले वक्त से मुझे कभी शिकायत नहीं रही। इस काम में होने वाली मेहनत से भी मुझे कभी परेशानी नहीं हुई। फिर एक वक्त ऐसा भी आया जब मैंने निशाना लगाने में काफी बारीकी हासिल कर ली। जब किसी परिंदे या जानवर के शरीर में अपनी मनचाही जगह पर 450 नंबर की अपनी भारी बुलेट उतारने की काबलियत मुझमें आ गयी तो मुझे अपने भीतर इतना भरोसा पैदा हो गया कि मैं जंगल के उन हिस्सों में भी शिकार खेल सकता हूं जहां जाने में पहले मेरी रूह कांपती थी।

ऐसा ही एक हिस्सा था जिसे हमारे परिवार में सब लोग फार्म यार्ड कहते थे। इस इलाके में पेड़ों और झाड़ियों के घने झुरमुट थे और जंगल के इस हिस्से के बारे में यह कहा जाता था कि यहां जंगली मुर्ग और शेरों की इफरात है। इफरात कहना बात को बढ़ा-चढ़ा कर कहना नहीं है क्योंकि मैंने ज़िंदगी भर इतने जंगली मुर्ग कहीं नहीं देखे जितने उन दिनों में मैंने फार्म यार्ड में देखे थे। कोटा से कालाढुंगी जाने वाली सड़क कुछ दूरी तक इसी फार्म यार्ड से होकर गुजरती है और यह वही सड़क है जिस पर कुछ बरस बाद बूढ़े डाकिये ने पोवालगढ़ के कुंवारे के पैरों के निशान देखे थे और मुझे यह बात बतायी थी।

अपने तीर-कमान और भरतल बंदूक वाले दिनों में मैं फार्म यार्ड के इर्द-गिर्द से निकल जाया करता था लेकिन जब तक मैं 450 मार्टिनी से लैस नहीं हो गया तब तक झाड़-झंखाड़ वाले इस घने जंगल में घुसने और भीतर शिकार खोजने की हिम्मत मैं नहीं जुटा पाया। इस जंगल के बीच से एक गहरी खाई गुजरती है और एक दिन घर में पकाने के लिए जंगली मुर्ग या गांव वालों के लिए एक सुअर मार गिराने के इरादे से इसी खाई में मैं आगे बढ़ रहा था कि तभी मुझे सूखी पत्तियां कुरेदे जाने की आवाज़ सुनायी दी। यह आवाज़ मुझे अपनी दायीं तरफ से सुनायी दी थी। खाई में एक चट्टान पर चढ़ कर मैं बैठ गया और खाई के किनारे की तरफ धीरे-धीरे अपना सिर उठाते हुए मैंने देखा कि कोई बीस या तीस जंगली मुर्ग कीड़े चुगते हुए मेरी तरफ चले आ रहे हैं। सबसे आगे एक भरा-पूरा मुर्ग चल रहा था। मैंने इसी मुर्ग को अपने

निशाने के तौर पर चुना। ट्रिगर पर उंगली रखे हुए मैं इस बात का इंतजार कर रहा था कि यह मुर्ग किसी पेड़ की सीध में आ जाये। मैं आपको यह बता दूं कि मैंने कभी किसी परिंदे पर तब तक गोली नहीं चलायी जब तक कि गोली को झेलने के लिए उसके पीछे कोई ठोस चीज़ न हो जिसमें जाकर बुलेट समा जाये। जब मैं इसी बात का इंतजार कर रहा था तभी मुझे किसी भारी जानवर के आने का आहट खाई की बायीं तरफ से आयी। अपना सिर घुमाते ही मुझे एक बड़ा-सा तेंदुआ दिखायी दिया जो सीधे कुलांचें भरता हुआ मेरी तरफ आ रहा था— पहाड़ी की ढलान से सीधे मेरी तरफ। कोटा जाने वाली सड़क वहां से सीधे पहाड़ी पर होकर जाती थी— मुझसे कोई दो सौ गज ऊपर से। जाहिर है कि तेंदुए को सड़क पर ऐसा कुछ दिखा था जिससे वह डर गया था और अब वह जल्दी से जल्दी किसी ऐसी जगह पहुंचना चाह रहा था जहां वह हिफाज़त महसूस कर सके।

जंगली मुर्गों ने भी तेंदुए को देख लिया था और जोरों से पंख फड़फड़ाते हुए आधे हवा में, तो आधे जमीन पर भागे। मैंने चट्टान पर घूम कर अपनी पोज़ीशन बदली और अब तेंदुए के ठीक सामने हो गया। वहां फैली आपाधापी में मेरे हिलने-डुलने से तेंदुआ देख पाने में नाकामयाब रहा और सीधे मेरी तरफ चला आया। दौड़ते-दौड़ते वह खाई के किनारे पर ही आकर रुका।

यहां पर खाई करीब पंद्रह फुट चौड़ी थी और इसका बायां किनारा बारह फुट ऊंचा और दायां किनारा आठ फुट ऊंचा था। दायें किनारे के नज़दीक— किनारे से दो फुट नीचे वह चट्टान थी जिस पर मैं बैठा था इसलिये तेंदुआ मुझसे कुछ ऊपर था। जब तेंदुआ खाई के किनारे पर आकर रुका तो उसने पीछे मुड़कर उस तरफ देखा जहां से वह आया था। उसके ऐसा करने से मुझे इतना मौका मिल गया कि मैं अपनी राइफल सीधी करके कंधे से लगा लूं— बगैर तेंदुए की निगाह में आए। बहुत ध्यान से तेंदुए की छाती का निशाना लेकर मैंने ट्रिगर ठीक उस वक्त दबा दिया जब वह अपना सिर वापस मेरी दिशा में देखने के लिये घुमा रहा था। कारतूस में भरे काले बारूद से धुएं का एक बादल निकला और मेरी आंखों के सामने छा गया। कुछ देर के लिये मुझे दिखना बंद हो गया लेकिन अपने सिर के ऊपर से उड़ते हुए तेंदुए की हल्की सी झलक

मुझे जरूर दिखायी दी। मेरी चट्टान पर और मेरे कपड़ों पर खून की फुहार छोड़ता हुआ तेंदुआ मेरे पीछे खाई के किनारे पर जा गिरा।

मुझे अपनी राइफल पर पूरा भरोसा था और मुझे इस बात का भी पूरा भरोसा था कि मैं ठीक उस जगह गोली उतार सकता हूं जहां मैं उतारना चाहूं। मुझे पूरा भरोसा था कि मैं तेंदुए को एक ही झटके में मार गिराऊंगा लेकिन यह देख कर मुझे बहुत अफसोस हुआ कि मैं तेंदुए को सिर्फ जख्मी ही कर पाया था। यह तय था कि तेंदुए को जख्म गहरा लगा है यह बात मुझे उसका खून देखकर समझ में आ रही थी लेकिन तब तक मुझे इतना तर्ज़ुबा नहीं था कि जख्म की पोज़ीशन और खून देखकर मैं यह बता सकूं कि जख्म जानलेवा साबित होगा या नहीं। मुझे इस बात की फिक्र थी कि यदि मैंने तुरंत उसका पीछा नहीं किया तो वह कहीं ऐसी गुफा या ऐसे झुरमुट में जा छिपेगा जहां उसे ढूंढ पाना मेरे लिये नामुमकिन होगा। यह सोच कर मैंने अपनी राइफल दोबारा लोड की और कूद कर चट्टान से किनारे पर आ गया और खून की बूंदों के जरिये तेंदुए का पीछा करने लगा।

सौ गज तक जमीन समतल थी और यहां-वहां पेड़ और झाड़ियां थीं और इससे आगे एकदम तीखी ढलान थी और पचास गज बाद फिर समतल ज़मीन शुरू हो जाती थी। इस पहाड़ी ढलान पर बहुत सी झाड़ियां और बड़ी-बड़ी चट्टानें थीं जिनमें से किसी के भी पीछे तेंदुआ छिपा हो सकता था। पूरी एहतियात बरतते हुए ज़मीन के एक-एक इंच का जायज़ा लेते हुए मैं धीमे-धीमे आगे बढ़ रहा था। अभी मैंने ढलान आधी ही पार की थी कि करीब बीस फुट दूर एक चट्टान के पीछे से झांकती तेंदुए की पूंछ और उसके पिछले पैर का थोड़ा-सा हिस्सा मुझे दिखायी दिया। मुझे पता नहीं था कि तेंदुआ ज़िंदा है या मरा हुआ। यही सोचते हुए मैं वहां कुछ देर पत्थर की मूरत बना खड़ा रहा। इतने में तेंदुए का पांव चट्टान के पीछे गायब हो गया लेकिन पूंछ दिखती रही। तेंदुआ ज़िंदा था और अब उसे फिर से निशाना बनाने के लिये मुझे या तो दायीं तरफ से जाना था या बायीं तरफ से। एक गोली उसके शरीर में मैं पहले ही उतार चुका था और तेंदुआ अभी मरा नहीं था इसलिए मैंने अब तेंदुए के सिर को निशाना बनाने का फैसला किया। इंच-इंच सरकते हुए मैं बायीं तरफ बढ़ा और जब तक उसका सिर

मुझे नजर नहीं आया मैं आगे बढ़ता रहा। तेंदुए की पीठ चट्टान की तरफ थी और वह मेरी तरफ नहीं देख रहा था। मैंने जरा-सी भी आहट नहीं होने दी, लेकिन तेंदुए को किसी तरह मेरी मौजूदगी का एहसास हो गया था और ज्यों ही उसने मेरी तरफ देखने के लिये अपना सिर घुमाया तो मैंने एक गोली उसके कान में उतार दी। तेंदुआ मुझसे दूर नहीं था और मैंने अपना वक्त लेते हुए तसल्ली से निशाना लगाया था और मुझे अब पता था कि तेंदुआ मर चुका है लिहाजा मैं आगे बढ़ा और पूंछ पकड़ कर तेंदुए को खून के उस जोहड़ से बाहर खींच लिया।

उस वक्त वहां खड़े होकर अपने मारे पहले तेंदुए को देखते हुए मैं क्या महसूस कर रहा था यह बयान कर पाना मेरे लिये मुमकिन नहीं है। जिस पल मैंने उसे पहाड़ी से नीचे को दौड़ते देखा था और जब तक मैंने उसे खून के जोहड़ से खींच कर बाहर नहीं निकाल दिया तब तक मेरे हाथ एकदम सधे हुए थे लेकिन अब सिर्फ मेरे हाथ ही नहीं बल्कि पूरा शरीर कांप रहा था। यह कंपकपाहट इस ख्याल से पैदा हो रही थी कि यदि तेंदुआ मेरे पीछे जा गिरने के बजाय मेरे सिर पर ही आ गिरा होता तो क्या होता। इस कंपकपाहट को बढ़ाने में यह खुशी भी शामिल थी कि मैंने इतना खूबसूरत जानवर मार गिराया है लेकिन जो बात मेरी कंपकपाहट को सबसे ज्यादा बढ़ा रही थी वह यह सोच कर कि जब यह शानदार खबर मैं अपने घर के लोगों को दूंगा तो वे उतनी ही खुशी और गर्व महसूस करेंगे जितना कि मैं खुद इस वक्त महसूस कर रहा था। मैं खुशी से चीख सकता था, चिल्ला सकता था, नाच सकता था, गा सकता था– वह भी एक साथ लेकिन मैंने ऐसा कुछ नहीं किया। मैं सिर्फ खड़ा रहा और कंपकंपाता रहा क्योंकि मैं जो कुछ भी महसूस कर रहा था वह इतनी शिद्दत से महसूस कर रहा था कि उसका इज़हार जंगल में नहीं हो सकता था और दूसरों से बातचीत करके ही मैं कुछ हल्का महसूस कर सकता था।

मुझे जरा भी अंदाज़ नहीं था कि एक तेंदुआ कितना भारी होता है लेकिन मैं तेंदुए को घर ले जाने के लिये कमर कसे हुए था इसलिये मैंने अपनी राइफल वहीं जमीन पर रखी और दौड़ कर खाई में गया और वहां से एक लंबी सी बेल तोड़ लाया। मैंने तेंदुए के चारों पैर आपस में बांध दिये और खुद जमीन पर बैठ कर उसके बंधे हुए पैरों

को अपने कंधे पर टिका लिया लेकिन मैं खड़ा नहीं हो सका। अब मैं तेंदुए को घसीटकर चट्टान पर ले आया और खड़े-खड़े ही उसे अपने कंधे पर लादने की कोशिश की लेकिन तेंदुए को ढोना मेरे बस के बाहर था। जब यह तय हो गया कि तेंदुए को वहीं छोड़ना होगा तो मैंने जल्दी-जल्दी कुछ टहनियां तोड़ीं, तेंदुए को उनसे ढंका और अपने घर की तरफ तीन मील लंबी दौड़ लगा दी। घर में लोगों ने जब मेरे हाथों तेंदुए के मारे जाने की खबर सुनी तो एकदम खुशी का माहौल छा गया और कुछ ही मिनटों के भीतर मैगी और मैं दो हट्टे-कट्टे नौकरों के साथ वापस फार्म यार्ड की तरफ वापस जा रहे थे— मेरा पहला तेंदुआ लाने।

यह हम सबकी खुशकिस्मती है कि कुदरत नौसीखियों को उनकी गलतियों की इस ढंग से सजा नहीं देती कि जितनी बड़ी गलती हो उतनी बड़ी सज़ा भी हो। यदि ऐसा नहीं होता तो तेंदुए के साथ मेरी पहली मुठभेड़ ही आखरी भी साबित होती क्योंकि मेरी गलती यह थी कि अपने उस पहले तेंदुए पर गोली मैंने तब चलायी जब वह मुझसे ऊपर की तरफ था और मैं उसकी छलांग की जद में। मुझे यह भी नहीं मालूम था कि तेंदुए को एक ही गोली में ठिकाने लगाने के लिये गोली कहां मारी जाये। उस दिन तक मेरे खाते में कुल जमा एक चीतल जो मैंने भरतल बंदूक से मारा था और तीन सुअर और एक काकड़ था जिन्हें मैंने अपनी 450 राइफल से मारा था। सुअर और काकड़ जिस ढंग से छाती में गोली खाकर आसानी से मारे गये थे उस वजह से ही मैंने यह गलती की थी। यह तो मैंने बाद में जाना कि तेंदुए को भी एक ही गोली में मारा जा सकता है लेकिन यह बड़ा मुश्किल है कि छाती में एक गोली खाकर तेंदुआ तुरंत मर जाये।

जब तेंदुए को शरीर में गोली इस तरह लगे कि वह न तो तुरंत मरे और न ही तुरंत अपाहिज हो जाये तो तेंदुआ गुस्से में जोर से छलांग भरता है और हालांकि गोली खाकर तेंदुआ तुरंत ही जानबूझकर हमला नहीं करता लेकिन इस बात का खतरा हमेशा मौजूद रहता है कि गलती से ही सही, कहीं शिकारी उसकी छलांग की चपेट में न आ जाये। खास तौर पर ऐसा तब होता है जब तेंदुआ शिकारी से ऊपर हो और शिकारी उसकी छलांग की जद में हो। यह खतरा तब और भी बढ़ जाता है जब तेंदुए को

शिकारी की पोजीशन पता न हो। उस दिन तेंदुआ मेरे सिर के ऊपर से छलांग लगाता हुआ मेरे पीछे खाई के किनारे पर गिरा और यह मेरी खुशकिस्मती ही थी कि वह मेरे सिर पर आकर नहीं गिरा। तेंदुए को तो यह मालूम नहीं था कि मैं कहां बैठा हूं और इस वजह से वह गलती से मुझसे टकरा सकता था और उसका मुझसे यूं आ टकराना उतना ही खतरनाक होता जितना कि जानबूझकर किया गया हमला। तेंदुए के मामले में छाती का निशाना कितना गैरभरोसेमंद हो सकता है यह बताने के लिये मैं आपको तेंदुए का एक और वाकया बताता हूं जिसमें मैंने तेंदुए की छाती में गोली मारी थी। मंगोलिया खट्टा के नजदीक एक मवेशीखाने में मैगी और मैं सर्दियों के मौसम में रुके हुए थे। कालाढुंगी में घास की कमी होने पर हमारे गांव के मवेशियों को चरने के लिये यहां भेज दिया जाता था। एक सुबह जब हम नाश्ता कर रहे थे तो हमें चीतलों के एक झुंड के चिल्लाने की आवाज़ सुनायी दी। इस आवाज़ से यह ज़ाहिर हो रहा था कि किसी तेंदुए ने उस झुंड की एक चीतल को अपना शिकार बना लिया है। मंगोलिया खट्टा मैं एक खास वजह से आया था और वजह यह थी कि एक तेंदुआ बड़ी तादाद में हमारी गायों को अपना शिकार बना रहा था और अब मुझे लगा कि उस तेंदुए को अपना निशाना बनाने का यह अच्छा मौका है। मैगी को वहीं नाश्ता करते छोड़कर मैंने अपनी 275 राइफल उठायी और तहकीकात पर निकल पड़ा।

चीतलों की आवाज़ हमें पश्चिम की तरफ चार सौ गज दूर से आयी थी लेकिन वहां तक पहुंचने के लिये मुझे लंबा चक्कर काटकर जाना पड़ता क्योंकि यहां बीच में घनी झाड़ियां और दलदली मैदान था। आवाज़ लगाते हुए चीतलों तक दक्षिण की तरफ से मैं पहुंचा। हवा सामने की तरफ से आ रही थी। मुझे अपने सामने जली हुई घास वाले एक मैदानी टुकड़े पर करीब पचास नर और मादा चीतल खड़े दिखायी दिये। सभी चीतल झाड़ियों की दिशा में देख रहे थे। खुले मैदान और झाड़ियों के बीच दलदली ज़मीन पर घास की दो सौ गज चौड़ी पट्टी थी। मुझसे साठ गज दूर एक तेंदुआ एक नर चीतल को घास की पट्टी की तरफ घसीट कर ले जाने की कोशिश में जुटा हुआ था। मेरे लिये यह मुमकिन नहीं था कि मैं तेंदुए के और नज़दीक जा पाऊं क्योंकि ऐसा करने से चीतलों का झुंड मुझे देख लेता और तेंदुए को मेरी मौजूदगी की चेतावनी दे

देता लिहाज़ा मैं अपनी राइफल सीधी कर वहीं बैठ गया और इस बात का इंतज़ार करने लगा कि तेंदुआ मुझे कब गोली चलाने का मौका देता है।

यह नर चीतल काफी बड़ा था और ऊबड़-खाबड़ जमीन पर इसे घसीटने में तेंदुए को खासी मशक्कत करनी पड़ रही थी। चीतल को घसीटते-घसीटते तेंदुआ रुका, अपने मुंह में दबे चीतल को उसने छोड़ा, और मेरी तरफ मुंह करके सीधा खड़ा हो गया। तेंदुए की सफेद छाती पर बनी काले रंग की छींट निशाना लगाने के लिये बढ़िया टारगेट साबित होती है वह भी खास तौर पर जब आपकी बंदूक एकदम सटीक हो और दूरी साठ गज हो। ट्रिगर दबाने के साथ ही मुझे यह भरोसा हो गया कि मैंने अपनी गोली तेंदुए के शरीर में ऐन वहीं उतारी है जहां मैं उतारना चाहता था। मेरी गोली खाकर तेंदुआ हवा में ऊँचा उछला और धम्म से चारों पैरों के बल जमीन पर आ गिरा और फिर सीधे घास की पट्टी में जा घुसा। जहां तेंदुआ पहले खड़ा था वहां जाकर मैंने पाया कि वहां से खून की लकीर शुरू होकर कमर तक ऊँची घास में जाकर गुम हो गयी थी। एक नज़दीकी पेड़ से कुछ टहनियां तोड़कर मैंने चीतल को अच्छे से ढक दिया ताकि गिद्ध उसे चट न कर जायें। इस नर चीतल के ताज़े उगे सींग अभी मखमली थे और यह कद्दावर चीतल भरपूर जवानी के दौर में था। मुझे मालूम था कि इतना बढ़िया चीतल पाकर मेरे आदमी बड़े खुश होंगे- इसीलिये इसे गिद्धों की निगाह से बचाना जरूरी था। अपने कैंप में लौटकर मैंने अपना अधूरा नाश्ता पूरा किया और अपने चार आदमियों को लेकर चीतल को लेते और जख्मी तेंदुए का निपटारा करने निकल पड़ा। जब हम उस जगह पहुंचे जहां से मैंने गोली चलायी थी तो मेरे साथ चल रहे आदमियों में से एक ने मुझे कंधे पर छूकर उस तरफ इशारा किया जहां जली हुई घास खत्म होती थी और घास की पट्टी शुरू होती थी। मुझे थोड़ी देर में समझ में आया कि वह मुझे क्या दिखाने की कोशिश कर रहा था- ढाई सौ गज़ दूर एक तेंदुआ खड़ा था घास की पट्टी के छोर पर।

हमारे आदमी जब हमारे साथ कैंप में होते थे तो किसी भी काम के लिये दी जाने वाली उज़रत लेने से सख्ती से इनकार कर देते थे। लेकिन जंगल में जब हम साथ-साथ शिकार करने जाते थे और निशाना बनाने लायक जानवर सबसे पहले कौन देखता है

का मुकाबला होता था तो मेरे हारने पर, मुझसे शर्त का एक रुपया जीत लेने में उन्हें बड़ी खुशी होती थी। मैंने शर्त की रकम उन दोनों आदमियों को चुका दी जिन्होंने एक साथ तेंदुए को देखने का दावा किया था। अब मैंने उन दोनों को वहीं के वहीं बैठ जाने को कहा क्योंकि तेंदुए ने अब तक घूम कर हमारी तरफ चलना शुरू कर दिया था। खासे ज़ाहिरा तौर पर यह तेंदुआ मेरे हाथों जख्मी हुए तेंदुए का साथी था और इस जगह की तरफ यह जानने के लिए खिंचा चला आ रहा था कि उसके साथी ने क्या मारा है। थोड़ी देर पहले नाश्ता करते वक्त मैं भी ठीक इसी तरह, यही सोच कर यहां खिंचा चला आया था। हमसे सौ गज दूर खुले मैदान में घास का एक छोटा सा टुकड़ा फैला हुआ था। यहां से तेंदुए को मरा हुआ चीतल दिख सकता था। तेंदुआ यहां पहुंच कर कई मिनट तक खड़ा रहा। यहां से मैं बड़े मज़े में इसकी छाती में गोली मार सकता था लेकिन छाती में जख्म खाया एक तेंदुआ पहले से ही मेरे जिम्मे था इसलिए मैंने गोली नहीं चलायी।

टहनियों से ढके चीतल को देख कर तेंदुआ शक में पड़ गया। बहरहाल, चारों तरफ बड़ी होशियारी से देखने के बाद पूरी एहतियात से तेंदुआ चीतल की तरफ बढ़ा। ऐसा करने में तेंदुए का शरीर पूरी चौड़ाई में मेरे सामने था और मैंने उसके बायें कंधे के एक-दो इंच पीछे का निशाना लेकर गोली चला दी। गोली खाकर तेंदुआ गिरा और फिर नहीं हिला। मैंने नज़दीक जाकर देखा। तेंदुआ मर चुका था। अपने आदमियों को मैंने कहा कि वे अपनी साथ लाये बांस पर तेंदुए की टांगा-टोली करके कैंप ले जायें और फिर वापस लौट कर चीतल को ले जायें। उन्हें यह बता कर मैं चल पड़ा- कमर तक ऊँची घास में एक जख्मी तेंदुए का पीछा कर उसे ठिकाने लगाने का खतरनाक काम जो मुझे करना था।

किसी भी जानवर को किसी भी कीमत पर ज़ख्मी हालत में ढूंढ निकालने और मारने का कानून हालांकि कहीं लिखा हुआ तो नहीं है लेकिन हर शिकारी इस कानून को मानता है। जहां तक मांसाहारी जानवरों का सवाल है- इस काम को पूरा करने में हर शिकारी अपना तरीका अपनाता है। जिन शिकारियों के पास हाथी की सहूलियत होती है उनके लिये यह काम आसान होता है, लेकिन मेरे जैसे शिकारियों को, जिन्हें

यह काम पैदल चल कर करना होता है, अपने माफिक आने वाले तरीके खुद ढूंढने पड़ते हैं। फिर वे अपने-अपने तरीकों से ज़ख्मी मांसाहारी जानवरों को उनकी तकलीफ से निज़ात दिलाते हैं। ज़ख्मी जानवर को ढूंढने में शिकारी को अपनी हिफाज़त का पक्का इंतज़ाम रखना चाहिये। जंगल में आग लगाकर ज़ख्मी जानवर को ढूंढने का तरीका न सिर्फ जालिम है बल्कि बरबादी करने वाला भी है क्योंकि जख्मी जानवर यदि भागने की हालत में है तो वह भाग निकलेगा और उसकी लाश बरामद होगी कई दिनों या फिर कई हफ्तों बाद। यदि जानवर बहुत ज्यादा ज़ख्मी है और भागने की हालत में नहीं है तो वह आग में ज़िंदा ही जल मरेगा।

ऊँची घास में खून की लकीर के सहारे किसी मांसाहारी जानवर की तलाश करने में शिकारी की अपनी हिफाज़त की कोई गारंटी नहीं हो सकती। ऐसे मामलों में जो तरीका मैं इस्तेमाल करता था वह यह था कि मैं खून के निशानों को अनदेखा करके इंच दर इंच उस तरफ बढ़ता था जिस तरफ ज़ख्मी जानवर गया हो। ऐसा करते वक्त मैं सब तरह की खैरियत मनाते हुए बुरे से बुरे अंजाम के लिए तैयार रहता था। हल्की सी आहट सुनकर भी ज़ख्मी जानवर या तो हमला करता है या फिर उसकी बेहद मामूली हरकत भी उसके छिपने की जगह की चुगली कर देती है। यदि आप पर हमला नहीं होता और उसके छिपने की जगह का अंदाज आपको उसके हिलने-डुलने की आवाज़ से हो जाता है तो फिर बाकी काम आसान है। जख्मी जानवर की तरफ आप पत्थर, लकड़ी का टुकड़ा या अपना हैट फेंक दीजिये। जैसे ही वह अपनी तरफ फेंकी गयी ऐसी किसी चीज़ पर हमला बोले, आप जानवर को निपटा सकते हैं। यह तरीका तभी अपनाया जा सकता है जब हवा की वजह से घास में सरसराहट पैदा न हो रही हो और शिकारी को नज़दीक से शिकार करने का कुछ तज़ुर्बा ज़रूर हो। वजह यह है कि हालांकि जख्मी मांसाहारी जानवर थोड़ी भी छेड़छाड़ होने पर भारी आवाज़ करता है लेकिन ऐसी हालत में वह पूरी एहतियात से ज़मीन से चिपक कर चलता है और शिकारी को वह आम तौर पर तभी दिखायी देता है जब वह एकदम सिर पर आ खड़ा हो।

उस दिन मंगोलिया खट्टा में जरा भी हवा नहीं चल रही थी और अपने आदमियों को छोड़ने के बाद मैं जली घास वाले मैदान पर खून की बूंदों का पीछा करते हुए वहां

पहुंचा जहां से जख्मी तेंदुआ घास में घुसा था। मैंने इस बात की तसल्ली करने के बाद कि मेरी राइफल भरी हुई है और ठीक से काम कर रही है, मैंने पूरी एहतियात से घास में कदम रखा। घास में मैंने अभी कदम रखा ही था कि मुझे अपने पीछे से सीटी की आवाज़ सुनायी दी और मैंने पीछे मुड़कर देखा तो मेरे आदमी मुझे इशारा करके वापस बुला रहे थे। जब मैं वापस उनके पास पहुंचा तो उन्होंने मुझे तेंदुए की लाश में गोलियों से बने तीन निशान दिखाये। तेंदुए को बांस पर बांधते वक्त उन्होंने ये निशान देखे थे। बुलेट का एक छेद उसके बायें कंधे के पीछे था और तेंदुए की मौत इसी गोली से हुई थी। दूसरा छेद उसकी छाती के बीचों-बीच था और तीसरा जो कि गोली के आर-पार होने से बना था, उसकी दुम की जड़ से दो इंच दूर था।

बहुत अफसोस के साथ मैं आपको बता रहा हूं कि चीतल के पास लौट आने की बहुत बड़ी वजह तेंदुए के पास थी और जब यह वजह मुझे समझ में आयी तो पछतावे और करुणा से मेरा दिल भर आया। तेंदुए के बच्चे बहुत छोटी उम्र में ही छोटी-मोटी चिड़ियां, छोटे-बड़े चूहे और मेंढक पकड़ कर अपना पेट भरना सीख लेते हैं और मैं सिर्फ यह उम्मीद ही कर सकता हूं कि इस मादा तेंदुए के बच्चे कम से कम इस तरीके से अपना पेट भरने लायक बड़े रहे होंगे क्योंकि उनकी बहादुर माँ ने जख्मी होने के बावजूद अपनी जान का खतरा मोल लिया था और वापस अपने मारे हुए चीतल पर इसीलिए आयी थी कि वह अपने नन्हें-मुन्नों को कुछ खाने को दे सके। मुझे और भी अफसोस इसलिए है कि उन बच्चों को परवरिश के लिए ढूंढ़ निकालने की भी मेरी तमाम कोशिशें नाकाम रहीं।

आपको ध्यान होगा कि थोड़ी देर पहले मैंने आपको बताया था कि जख्मी तेंदुए का पीछा करते हुए घास में घुसने के पहले मैंने इस बात की तसल्ली कर ली थी कि मेरी राइफल भरी हुई है और ठीक चल रही है। मेरी यह बात बहुत से शिकारियों को अजीब सी लग सकती है, क्योंकि यह तसल्ली करने के मिनट भर पहले ही तो मैं अपना निशाना बने तेंहुए के करीब यह देखने पहुंचा था कि वह मरा है या ज़िंदा और यह काम मैं हाथ में खाली राइफल लिये नहीं कर सकता था। जाहिर है कि राइफल भरी हुई थी लेकिन यदि यह जाहिर है तो मुझे राइफल भरी होने की फिर से तसल्ली

करने की क्या ज़रूरत पड़ी थी? मैं बताता हूं कि मैंने ऐसा क्यों किया सिर्फ इसी मौके पर नहीं बल्कि ऐसे हर मौके पर जब भी मेरी जिंदगी और मौत का फैसला इस बात पर होना हो कि मेरी राइफल भरी है या खाली। अपनी खुशकिस्मती से राइफल भरी होने की तसल्ली करने का सबक मैंने अपनी नौजवानी की शुरूआत में ही सीख लिया था और यह इसी सबक का नतीजा है कि आपको यह सब बताने के लिए मैं ज़िंदा हूं।

मोकामा घाट में काम शुरू करने के कुछ ही दिनों बाद जिसके बारे में मैंने अपनी किताब 'माई इंडिया' में बताया है, मैंने अपने दो दोस्तों सिल्वर और मान को कालाढुंगी में शिकार खेलने की दावत दी। जिस दिन वे आये उसके अगले दिन सुबह के वक्त मैं उन्हें हल्द्वानी रोड पर दो मील आगे तक ले गया। यहां पहुंचने पर मैंने एक तेंदुए के हाथों चीतल के मारे जाने की आवाज़ें सुनी। ये आवाज़ें सड़क के दायीं तरफ के जंगल से आ रही थीं। मुझे यह मालूम था कि इन दोनों में से कोई भी तेंदुए का पीछा करके उसका शिकार नहीं कर सकता इसलिए मैंने किसी एक को तेंदुए का शिकार हुए चीतल के नज़दीक किसी पेड़ पर बैठाने का फैसला किया। पेड़ पर कौन बैठेगा सिक्का उछालकर इस फैसले का ज़िम्मा मैंने उन्हीं पर छोड़ दिया। सिल्वर .500 डबल बैरल राइफल किसी की मांग कर लाया था और मान के पास 400 बोर की सिंगल बैरेल राइफल थी। मैं .275 की ऐसी राइफल से लैस था जिनकी गोलियां मैगज़ीन में भरी जाती थीं। सिल्वर उम्र में कुछ बरस बड़ा था और बेहतर ढंग से हथियारबंद भी यह देखते हुए मान खिलाड़ी भावना से खुद ही पीछे हट गया। यह तय होने के बाद हम तीनों तेंदुए के शिकार यानी चीतल की तलाश में चल पड़े। यह शानदार नर चीतल जब हमें मिला तो उसमें कुछ हरकत बाकी थी। सिल्वर के लिये पेड़ तलाशने के बाद, पेड़ पर चढ़ने में उसकी मदद के लिए मान को वहीं छोड़ कर मैंने तेंदुए को वहां से कुछ दूर खदेड़ दिया ताकि वह सिल्वर को पेड़ पर चढ़ते हुए न देख सके। तेंदुआ बहुत भूखा था और वहां से टलने को तैयार नहीं था लेकिन किसी तरह उसके सामने तरह-तरह की हरकतें कर मैंने उसे कुछ दूर खदेड़ दिया और मैं वापस चीतल के पास आ गया। सिल्वर आज के पहले कभी पेड़ पर नहीं चढ़ा था

इसलिये वह काफी नाखुश लग रहा था। मैंने उसे बताया कि यह तेंदुआ काफी बड़ा नर है और इसे मारने में पूरी होशियारी बरतनी होगी मुझे पता नहीं कि मेरी बात सुन कर सिल्वर खुश हुआ कि नहीं। बहरहाल, सिल्वर को मैंने यह बताया कि उसे पांच मिनट से ज्यादा इंतज़ार नहीं करना पड़ेगा और यह कह कर मान को अपने साथ लिये मैं वहां से चला आया।

चीतल की लाश से सौ गज दूर एक फायर ट्रैक था जो हलद्वानी रोड से आ मिलता था। इसी पगडंडी पर चलते हुए हम थोड़ा ही आगे आये थे कि सिल्वर ने एक के बाद एक दो गोलियां चलायीं। गोलियों की आवाज़ सुनकर तुरंत वापस चलने के लिए हम जैसे ही पलटे तो हमें छलांग मार कर पगडंडी पार करता हुआ तेंदुआ दिखा। सिल्वर को यह पता नहीं था उसकी गोली तेंदुए को लगी या नहीं लेकिन जब हम उस जगह पहुंचे जहां से तेंदुए ने पगडंडी पार की थी तो वहां हमें खून की लकीर दिखायी दी। अपने साथियों को वहीं पगडंडी पर बैठने और अपना इंतज़ार करने के लिए कह कर मैं अकेला तेंदुए को तलाशने और उसे ठिकाने लगाने निकल पड़ा। मेरे अकेले जाने में कोई हीरो बनने वाली बात नहीं थी बल्कि सच्चाई तो यह है कि ऐसे मामले में आपको बहुत ज्यादा चौकसी रखनी पड़ती है और अपना पूरा ध्यान सिर्फ इसी बात पर लगाये रहना होता है। यदि आपके साथ दूसरे लोग हों और आपकी ऊंगली चढ़ी हुई बंदूक के ट्रिगर पर कसी हुई हो तो अपना ध्यान सिर्फ तेंदुए की तरफ लगाये रह पाना बड़ा मुश्किल हो जाता है। अभी मैं थोड़ा ही आगे बढ़ा था कि पीछे से सिल्वर आ गया और उसने मेरे साथ चलने की पेशकश की। मैंने उसकी पेशकश मंजूर नहीं की तो वह मेरे पीछे पड़ गया कि कम से कम मैं उसकी राइफल तो ले ही जाऊं। उसका कहना यह था कि यदि तेंदुए ने मुझ पर हमला बोला और अपनी राइफल हलकी होने की वजह से यदि मैं खुद की हिफाज़त नहीं कर पाया तो वह (सिल्वर) खुद को कभी माफ नहीं कर पायेगा। लिहाजा, सिल्वर का मन रखने के लिये मैंने उसकी भारी राइफल ले ली और अपनी राइफल उसे दे दी। जब सिल्वर वापस पगडंडी पर पहुंच गया तो मैं फिर आगे चल पड़ा लेकिन चलने के पहले मैंने बंदूक का तोड़ खोला और इस बात की तसल्ली कर ली कि उसके दोनों चेंबरों में गोलियां मौजूद हैं।

आगे सौ गज तक पेड़-पौधे कुछ कम थे और उसके बाद खून की लकीर घने जंगल में चली गयी थी। जैसे ही मैं इस घने जंगल के किनारे पहुंचा मुझे अपने सामने की तरफ तेंदुए के चलने की आवाज़ सुनायी दी। एक पल के लिये तो मुझे लगा कि तेंदुआ मुझ पर हमला करने ही वाला है- लेकिन यह आवाज़ दुबारा नहीं आयी। बहरहाल, पूरी एहतियात के साथ मैं पेड़ों से ढंकी इस जगह में आगे बढ़ा बीस गज आगे मुझे वह जगह दिखायी दी जहां तेंदुआ अभी तक लेटा हुआ था। जो आवाज़ मैंने सुनी थी वह उसके वहां से जाने की आवाज़ थी। अब मामला इतना नज़ाकत भरा था कि मैं फूंक-फूंक कर ही कदम रख सकता था लेकिन डेढ़ सौ गज आगे चलने पर खून की लकीर थोड़ी खुली जगह की तरफ जाती दिखी तो मैंने शुक्र मनाया। यह जगह मैंने तेज़ी से पार की और सौ गज चलने के बाद एक बड़े से हल्दू पेड़ के पास पहुंचने पर मुझे तेंदुए की पूंछ का सिरा दिखायी दिया। यह सिरा पेड़ की दायीं तरफ से बाहर को निकला हुआ था। जब तेंदुए को यह पता लगा कि उसका पीछा किया जा रहा है तो उसने हमला करने का मन बना लिया था और जाहिरा तौर पर उसने ऐसी पोजीशन ले ली थी जो उसकी समझ में बेहतरीन थी। तेंदुआ हमला करेगा इस बारे में अब मुझे जरा भी शुबहा नहीं था।

मैंने यह तय किया कि तेंदुए के हमले को सामने से झेलना मेरे लिए फायदेमंद होगा। यह सोचकर मैं पेड़ की बायीं तरफ आ गया। जैसे ही मैं तेंदुए के सामने आया मैंने तेंदुए को ज़मीन पर औंधा लेटे हुए देखा। उसके पंजे सामने को फैले हुए थे और उसकी ठुड्डी उन पर टिकी हुई थी। उसकी आँखें खुली थीं और उसके कानों के सिरे और उसकी मूँछें कंपकंपा रही थीं। वैसे तो तेंदुए को मुझ पर तभी छलांग लगा देनी चाहिये थी जब मैं पेड़ का घेरा काट कर उसके सामने आया था लेकिन उसने छलांग नहीं लगायी और मैंने भी गोली नहीं चलायी। मेरा इरादा ये कतई नहीं था कि कुछ फुट की दूरी से उसके सिर में गोली मार कर उसका भेजा बाहर कर दूं बल्कि मेरा इरादा तो उसके शरीर में कहीं और गोली मारने का था ताकि सिल्वर को मिलने वाली तेंदुए की शानदार ट्रॉफी खराब न हो। अभी मैं तेंदुए को एकटक देख ही रहा था कि मेरे देखते-देखते उसकी पलकें बंद हो गयीं और मुझे समझ में आया कि वह मर चुका है।

इस बात पर यकीन आना मुश्किल था लेकिन सच यही था कि तेंदुए ने मेरी निगाहों के सामने, मेरे देखते-देखते दम तोड़ा था। यह तसल्ली करने के लिए कि मैं सही हूं मैंने खांसने की आवाज़ की लेकिन तेंदुए ने कोई हरकत नहीं की। मैंने एक पत्थर उठाया और उसके सिर में मारा। कोई हरकत नहीं।

मेरी आवाज़ सुनकर सिल्वर और मान आ पहुंचे और सिल्वर को उसकी राइफल लौटाने के पहले मैंने उसका तोड़ खोला और पीतल की दो चमकदार गोलियां उसके चैम्बरों से बाहर निकालीं और यह देखकर मैं सन्न रह गया कि दोनों गोलियां चली हुई थीं। मेरे हाथ में तो सिर्फ उनके खोल थे। बहुत से शिकारी इस वजह से मारे जा चुके हैं कि जब उन्होंने राइफल का ट्रिगर दबाया तो उनकी राइफल खाली थी। इस तेंदुए की खून की लकीर का पीछा करते वक्त घने जंगल में मेरी चाल यदि धीमी न हुई होती तो मेरा नाम भी उन शिकारियों में जुड़ जाता। मेरी खुशकिस्मती! बगैर किसी चोट या नुकसान के मैंने अपना यह सबक उस दिन सीख लिया और फिर कभी भी किसी खतरनाक जगह पर तब तक पांव नहीं रखा जब तक कि अपनी राइफल के भरे होने की तसल्ली मुझे न हो जाये। यदि मेरे हाथ में दोनाली राइफल है तो मैं दोनों चेंबरों में गोलियों की अदला-बदली कर लेता हूं और यदि मेरे हाथ में सिंगल बैरेल राइफल है तो मैं कारतूस को बाहर निकाल वैसे ही खाली खटका चला कर जांच लेता हूं कि खटका आराम से चल रहा है या नहीं। यह देखने के बाद मैं गोली वापस चैंबर में डाल देता हूं।

10

✱ कुंवरसिंह के बारे में मैंने 'माई इंडिया' में लिखा है। उसे कालाढुंगी के नज़दीक वाले जंगलों में शिकार करने से बड़ा परहेज़ था क्योंकि यहां की ज़मीन पर बड़ी लंबी-लंबी बेलें फैली रहती थीं। कुंवरसिंह को हमेशा ही यह डर लगा रहता था कि यदि कोई मुस्तैद और ईमानदार फॉरेस्ट गार्ड या गुस्से से भरा कोई शेर कभी उसके पीछे पड़ गया तो उसके लिये इन बेलों की वजह से भाग निकलना मुश्किल हो जायेगा। वह भागने की कोशिश करेगा और बेलों में उलझ-उलझ कर गिरेगा। यही वजह थी कि उसने अपने चोरी-छिपे शिकार की हद खुद ही गड़प्पू के जंगलों तक बांध रखी थी। कुंवरसिंह जंगल का बढ़िया जानकार और बढ़िया निशानेबाज़ था। मैं हमेशा उसकी तारीफ करता रहा हूं लेकिन कुंवरसिंह कोई सुपर-शिकारी नहीं था और इसकी वजह मैं यह मानता हूं कि जिन जंगलों में वह शिकार करता था वहां शिकार लायक जानवरों की इफरात थी। उसे जंगल के हर रास्ते की जानकारी थी और घास की हर पट्टी और हर ऐसे खुले मैदान को कुंवरसिंह बखूबी जानता था जहां शिकार के लिए हिरण मिलते हों लेकिन शिकार तक पहुंचने का उसका तरीका एकदम गलत था। आवाज़ किये बिना वह जरा भी चलने की कोशिश नहीं करता था। यदि किसी एक मैदान में चर रहे हिरण उसकी आवाज़ सुन कर भाग जाते तो वह कहता था कोई बात नहीं, अगले मैदान में और ज्यादा हिरण मिल जायेंगे। बहरहाल, चाहे जो भी, कुंवरसिंह से जो कुछ मैंने सीखा, उसके लिये मैं हमेशा ही उसका शुक्रगुज़ार रहा हूं। मैं इस बात के लिए भी कुंवरसिंह का एहसानमंद हूं कि उसने मुझे अपने अनजान डरों पर काबू पाना सिखाया।

मेरा एक ऐसा ही डर था- जंगल की आग का। मैंने जो कुछ सुन रखा था और इससे होने वाली तबाही का असर अपने जंगलों पर मैं देख भी चुका था इसलिये मेरे मन में डर छुपा बैठा था कि किसी दिन मैं जंगल की आग की गिरफ्त में आ जाऊंगा और जिंदा ही भुन जाऊंगा—मेरे इस डर को दूर किया तो सिर्फ कुंवरसिंह ने।

कुमाऊं की निचली पहाड़ियों पर बसे गांवों में हर कोई अपने पड़ोसी या दूसरों के मामलों में दिलचस्पी लेता है। अब आप खुद ही अंदाज़ लगाइये कि जिन लोगों को कभी अखबार देखने को न मिलता हो और जिनकी दुनिया की हद उनके गांवों के आसपास फैले जंगल तय करते हैं—ऐसे में कोई भी खबर चाहे वह कितनी छोटी क्यूं न हो, बड़ी दिलचस्पी से सुनी जाती है और बड़ी तेज़ी से कानों-कान फैला दी जाती है। मज़ेदार बात यह है बार-बार दोहरायी जाने पर भी खबर का एक लफ्ज़ भी कम नहीं होता। इसीलिये फार्म यार्ड में मेरे हाथों तेंदुआ मारे जाने की खबर कुंवरसिंह तक तेंदुए के ठंडा पड़ने के पहले ही पहुंच चुकी थी। शिकारी तो वह था ही इसलिये तुरंत ही वह मुझे बधाई देने चला आया। सार्जेंट मेजर से मुझे मिली राइफल के बारे में तो उसे पता था लेकिन उसे इस्तेमाल करने की मेरी काबिलियत के बारे में उसे तभी यकीन आया जब मैंने अपना पहला तेंदुआ मार गिराया। बहरहाल, मेरी काबिलियत का ठोस सबूत कुंवरसिंह की आँखों के सामने था और अब उसने मुझमें और मेरी राइफल में बड़ी गहरी दिलचस्पी दिखायी। उस दिन उसके लौटने के पहले मैंने वादा किया कि मैं अगली सुबह ठीक पांच बजे मैं उसे गड़प्पू जाने वाली सड़क पर चौथे मील के पत्थर पर मिलूंगा।

सुबह मैगी ने जब मेरे लिये चाय बनायी तो उस वक्त बड़ा घना अंधेरा था। कुंवरसिंह से मुलाकात के लिए मैं घर से निकल पड़ा। अभी मेरे पास एक घंटे का वक्त था। जंगल की इस सुनसान सड़क से मैं पहले भी कई बार गुज़र चुका था और मुझे अंधेरे से डर नहीं लगता था। जब मैं मील के चौथे पत्थर के नज़दीक पहुंचा तो मुझे दूर से सड़क किनारे एक पेड़ के नीचे जलती आग की चमक दिखायी दी। कुंवर सिंह पहले से ही वहां पहुंच चुका था। मैं जैसे ही अपने हाथ तापने के लिए आग के नज़दीक बैठा, कुंवरसिंह ने कहा 'अरे देखो! तुम इतनी जल्दबाजी में घर से निकले हो कि तुम

पतलून पहनना भी भूल गये।' मैंने कुंवरसिंह को यह समझाने की पूरी कोशिश की कि मैं पतलून पहनना नहीं भूला था बल्कि जो चीज़ आज मैंने पहली बार पहनी थी उसे 'शॉर्ट्स' कहते हैं और यह एकदम नये चलन की चीज़ है। मुझे उसे अपनी बात समझाने में कितनी कामयाबी मिली इसका अंदाज़ तो आप इसी बात से लगा सकते हैं कि मेरी बात सुन कर भी उसने यही कहा कि जांघिया पहनकर जंगल में घूमना ठीक बात नहीं क्योंकि जांघिये जंगल के लिए मुफीद नहीं हैं। उसका चेहरा देख कर ही यह लग रहा था जैसे कि मैंने बड़ी बेशर्मी भरे कपड़े पहने हैं और यदि कुंवरसिंह को कहीं मेरे साथ देख लिया गया तो उसे फाँसी चढ़ना पड़ेगा। इस बुरी शुरूआत के बाद माहौल में कुछ सुधार तभी आया जब एक नज़दीकी पेड़ से एक जंगल मुर्ग ने बांग देनी शुरू की। मुर्ग की आवाज़ सुनकर कुंवरसिंह उठ खड़ा हुआ, उसने आग बुझाई और फिर मुझसे कहा कि "चलो, चलते हैं अभी तो बहुत लंबा रास्ता तय करना बाकी है।"

जब हमने वहां से चलना शुरू किया, उस वक्त जंगल सुबह की पहली अंगड़ाई ले रहा था। हम पेड़ के नीचे से बाहर आ गये और सड़क पर कदम रखा। जो जंगल मुर्ग हमारी आग की वजह से उठ बैठा था, उसकी बांग ने आवाज़ों की एक लहर जंगल में पैदा कर दी। जंगल का छोटा-बड़ा हर पंछी इस लहर में अपना सुर मिलाने लगा और पूरे जंगल के परिंदे एक-एक कर जागने लगे और सुरों से जंगल को जगाने लगे। हालांकि हमारा जंगल मुर्ग सबसे पहले उठ कर अपनी आँखें मलकर नींद भगाता है लेकिन वह ज़मीन पर सबसे पहले उतरने वाला पंछी नहीं होता। पेड़ से धरती पर सबसे पहले उतर कर अपना मुंह जूठा करने का हक विसलिंग स्कूल बॉय (कस्तूरा) ने ले रखा है। दिन और रात या रात और दिन के बीच की आधी रौशनी में कुमाऊं के जंगलों से गुजरते वक्त पंख फैलाये, बेआवाज़ उड़ते एक पंछी आपको अपने सामने से तेजी से गुजरता दिखायी देता है। इस पंछी की जुबान पर हमेशा गीत सजे रहते हैं। इन्हीं गीतों को गाते हुए वह खत्म हो रहे दिन को हर शाम विदाई देता है और हर सुबह नये दिन का स्वागत करता है। आपने एक बार भी कस्तूरे का गीत सुना है तो आप ज़िंदगी भर इसे भूल नहीं सकते। जंगल का यह गायक सुबह-शाम उड़ते वक्त गीत

सुनाता है और दिन के वक्त किसी घने पेड़ पर बैठकर निचले सुर में घंटों तक ऐसा गीत गाता रहता है जिसकी न तो कोई शुरूआत है और न ही कोई अंत। सुबह का स्वागत करने वाला दूसरा पंछी है ड्रोंगो या जंगल कोतवाल। ड्रोंगो की आवाज़ गूंजने के मिनट भर के भीतर ही मोर भी भोर के स्वागत में कूकना शुरू कर देता है। मोर की आवाज़ इतनी तीखी होती है कि एक बार कानों में पड़ने के बाद कोई सोया नहीं रह सकता। सेमल के बड़े भारी पेड़ की सबसे ऊँची डाल पर बैठे मोर की इस आवाज़ के साथ ही ढलती हुई रात और नये दिन के उभरते उजाले के साथ जंगल का ऑरकेस्ट्रा पूरे जोर से बजने लगता है। इस ऑरकेस्ट्रा में शामिल होती हैं हजारों कंठों से फूटती सुरीली आवाज़ें और ऑरकेस्ट्रा का सुर बढ़ता ही जाता है।

सिर्फ परिंदे ही नहीं अब जानवर भी निकल पड़े हैं। अभी चीतलों का एक छोटा सा झुंड हमारे सामने से निकला है। हमसे दो सौ गज आगे सड़क किनारे एक मादा सांभर और उसका बच्चा छोटी घास कुतर रहे हैं। अब पूरब की तरफ शेर की दहाड़ गूंजती है और ढेर सारे मोर एक साथ जोर से चिल्लाते हैं। कुंवरसिंह का अंदाज़ है कि शेर से हमारी दूरी इतनी ही है जितनी कि राइफल से चली गोली की चार उड़ानें इस बात को यूं समझें कि राइफल की गोली जितनी दूर तक जाती है- वह दूरी चार बार। कुंवर सिंह कहता है कि शेर उसी रेतीले नाले में है जहां हरसिंह के साथ शेर की वह मुठभेड़ हुई थी जिसमें उन दोनों की जान जा सकती थी। हरसिंह की तो आंते ही शेर ने एक पंजे में बाहर निकाल दी थीं। (देखिये : जिम कॉर्बेट की मेरा हिंदुस्तान) जाहिरा तौर पर यह शेर अपने शिकार से पेट भर कर घर लौट रहा है और उसे इस बात की रत्ती भर भी परवाह नहीं कि कौन उसे देख रहा है। पहले एक काकड़, फिर दो सांभर अब चीतलों का एक झुंड शेर की मौजूदगी की चेतावनी जंगल के दूसरे बाशिंदों को दे रहे हैं। सूरज पेड़ों की फुनगियों को छूने लगा है और इतने में हम गड़प्पू पहुंच जाते हैं। हम लकड़ी का पुल पार करते हैं तो नज़दीकी खुली जगह में चुग रहे पचास-साउ जंगल मुर्ग वहां से पंख फड़फड़ाते हुए भाग जाते हैं। थोड़ा और आगे निकल कर हम एक पगडंडी पकड़ते हैं जो हमें झाड़-झंखाड़ वाले जंगल से होते हुए उस सूखे नाले में ले आती है जिस पर बना लकड़ी का पुल अभी हमने पार किया था। यह नाला

मानसून को छोड़ कर बाकी दिनों में सूखा पड़ा रहता है और जंगल में सभी जानवरों के लिए यह हाइवे का काम करता है। इस हाइवे पर से होते हुए जानवर, इसी नाले में तीन मील आगे फूटने वाले सोते के साफ, चमकदार पानी से अपनी प्यास बुझाते हैं। आने वाले बरसों में यह नाला मेरी पसंदीदा शिकारगाह बन गया- शिकार भले ही मैं राइफल से कर रहा हूं या फिर कैमरे से। इस जगह की खूबी यह थी कि यहां जानवरों की भरमार थी और नाले के रेतीले तल पर कोई इंसानी पगछाप देख कर आपको सिर्फ उतना ही अंदाज़ लगाना पड़ता जितना कि रॉबिन्सन क्रूसो को वीरान टापू पर फ्राइडे की पगछाप देख कर लगाना पड़ा होगा।

करीब आधे मील तक यह सूखी धारा झाड़ीदार जंगल से गुज़रती है और फिर नल घास की पट्टी में घुस जाती है जो कि चौथाई मील चौड़ी और कई मील लंबी है। नल घास खोखली होती है और इसके जोड़ या गठानें बांस की गठानों जैसी होती हैं। बड़ी नल घास की ऊँचाई चौदह फीट तक हो सकती है। यदि यह घास गांवों के नज़दीक लगी हो तो झोपड़ी बनाने में इसका इस्तेमाल बड़े पैमाने पर किया जाता है। हमारे गांव वाले गड़प्पू के इर्द-गिर्द फैले जंगलों को जब जानवरों की चराई के लिए जला कर साफ करते हैं, तो आसपास के सारे जंगली जानवर नल घास में पनाह ले लेते हैं। यह घास नमी वाली ज़मीन में पैदा होती है और साल भर हरी रहती है।

जिस बरस बहुत ज्यादा सूखा पड़े—ऐसे बरसों को छोड़कर नल घास में आग लगने के इक्का-दुक्का मामले ही देखने में आते हैं। लेकिन जब भी कभी ऐसा होता है तो इसके नतीज़े बड़ी डरावनी आग की शक्ल में होते हैं क्योंकि यह घास आम तौर पर ज़मीनी बेलों में उलझी होती है और इसका हर जोड़ गर्म होने पर फूटता है और पिस्तौल जैसी आवाज़ पैदा करता है। आप अंदाज़ लगाइये कि आग लगने पर जब नल घास के लाखों जोड़ एक साथ फूटते हैं तो कैसी भयानक आवाज़ होती होगी। यह आवाज़ सचमुच कानफोड़ होती है और इसे बड़ी आसानी से मील भर दूर से भी सुना जा सकता है।

उस सुबह कुंवरसिंह और मैं जब सूखी धारा में आगे बढ़े तो सामने काले रंग के धुएं का बादल आसमान में ऊंचा उठता दिखायी दिया और दूर से आती आग की

गरज़ और जलती लकड़ियों के चटखने की आवाज़ मेरे कानों से आ टकरायी। सूखी धारा यहां से दक्खिन की तरफ जा रही थी और आग इसके पूरबी तरफ भड़क रही थी। हवा इसी दिशा में तेजी से बह रही थी- आग को हमारी तरफ धकेलते हुए। कुंवरसिंह आगे चल रहा था और उसने मुझसे कहा कि पिछले दस सालों में पहली बार नल घास ने आग पकड़ी है। यह कहते हुए वह सामने देखते हुए सीधा बढ़ता रहा। जैसे ही हमने एक मोड़ काटा हमें आग दिखाई देने लगी जो कि सूखी धारा से सौ गज दूर थी। आग की बड़ी-बड़ी लपटें ऊपर उठकर छल्ले की शक्ल में गोल होते-होते काले धुएं के बादल में समाती जा रही थीं। धुएं के बादल के किनारों पर सैकड़ों तिलियर, नीलकंठ और जंगल कोतवाल उन पंखदार कीड़े-मकोड़ों को अपना शिकार बना रहे थे जो गर्म हवा के साथ ऊपर उठ रहे थे। इन पंखदार कीड़े-मकोड़ों में से जो इन परिंदों की खुराक बनने से बच रहे थे वो सूखी धारा के रेतीले तले पर उतरते जा रहे थे लेकिन यहां मोर, जंगल मुर्ग और काले तीतर झपट्टे मार-मार कर उन्हें अपने पेट में पहुंचा रहे थे। शिकार लायक इन परिंदों के बीच कोई बीस चीतलों का एक झुंड बड़े मज़े से सेमल के उन बड़े-बड़े लाल फूलों को खाने में मगन था जो तेज़ हवा की वजह से नीचे गिर रहे थे।

यह पहली आग थी जो मैंने अपनी ज़िंदगी में जंगल में देखी थी। जंगल की आग के नाम से भी मेरा कलेजा कांपने की वजह सिर्फ यह इंसानी फितरत थी कि इंसान अनजाने के डर से बहुत घबराता है यानी जिस बात को आप जानते नहीं, उसका डर ज्यादा बुरा होता है। मैंने आपको जो कुछ बताया है वह देखने के बाद— जैसे आग के दौरान बेफिक्री से अपना पेट भरते परिंदे और जानवरों को देखने के बाद मुझे लगा कि सिर्फ मैं ही वो अकेला हूं जो डर रहा हूं और मेरे इस डर की वजह कुछ और नहीं बल्कि सिर्फ मेरी अपनी नादानी ही है। कुंवर सिंह के पीछे चलते-चलते कई बार मैं मुड़कर भाग निकलने को हुआ लेकिन बार-बार मुझे इसी डर ने रोक लिया कि बाद में मुझे कुंवरसिंह कायर कहेगा। अब, पचास गज चौड़ी सूखी धारा की रेतीली तली पर खड़े-खड़े मैं देख रहा था कि आग आगे बढ़ती जा रही है, काले धुएं का बादल और ऊपर उठता जा रहा है और आग की आवाज़ लगातार बढ़ती जा रही है लेकिन

अब मैं वहां खड़े-खड़े सिर्फ इस बात का इंतज़ार कर रहा था कि कब कोई शिकार लायक जानवर वहां से निकले और कब मैं उसे अपना निशाना बनाऊं — मेरा डर मेरा पीछा कभी का छोड़ चुका था —हमेशा-हमेशा के लिये। आग से पैदा हुई गर्मी को अब हम सूखी धारा में खड़े-खड़े महसूस कर सकते थे। थोड़ी देर बाद जब हिरण, मोर, जंगल-मुर्ग और काले तीतर वापस जंगल में गायब होने लगे तो हम दोनों ने भी गड़प्पू होते हुए घर की तरफ वापस लौटना शुरू किया। बाद के बरसों में घास में लगी आग से मुझे कई जबरदस्त रोमांचकारी तजुरबे हुए। लेकिन इन तजुरबों के बारे में कुछ कहने के पहले मैं आपको बताना चाहूंगा कि हिमालय की तलहटी में काश्तकारी करने वाले हम लोगों को अपने मवेशियों की चराई के लिए गैर हिफाज़ती जंगल जलाने की इजाज़त सरकार से मिली हुई है। इन जंगलों में घास की कई तरह की किस्में हैं और क्योंकि वे सब एक ही साथ नहीं सूखतीं इसलिये उन्हें जलाने का काम हम कई किस्तों में करते हैं। यह काम फरवरी में शुरू होता है और जून में खत्म। इस पूरे दौरान यहां-वहां घास जलती हुई दिखायी देती है और घास के किसी भी हिस्से से गुज़रते किसी भी आदमी को घास में आग लगाने की खुली छूट है—बशर्ते कि उसकी निगाह में घास सूखी हुई हो।

एक किस्सा यह है कि मैं विंडहैम के साथ तराई इलाके के बिंदुखेड़ा में काले तीतरों के शिकार पर निकला हुआ था। एक सुबह मैं बहादुर के साथ घर लौटने के लिए निकल पड़ा। कालाढुंगी यहां से पच्चीस मील दूर था। बहादुर मेरा पुराना दोस्त है और तीस बरस से हमारे गांव का मुखिया भी। बहादुर और मैं हम करीब दस मील आ चुके थे। अब तक के पूरे रास्ते में ज्यादातर घास जलायी जा चुकी थी लेकिन कहीं-कहीं ज़मीन के छोटे-छोटे टुकड़ों में अनजली घास अभी भी मौजूद थी। घास के ऐसे ही एक टुकड़े के नज़दीक जब हम पहुंचे तो एक जानवर घास निकल कर हमारे रास्ते में आ गया और कुछ देर तक इस बैलगाड़ी वाले रास्ते के बीचों-बीच आड़ा खड़ा रहा। उसका पूरा शरीर सबेरे के सूरज की रौशनी में चमक रहा था और उसका रंग और डील-डौल देख हमने सोचा कि यह शेर होगा। लेकिन थोड़ी देर में जब वह रास्ता पार करके घास में जा घुसा तो उसकी पूंछ की लंबाई देख कर हमें समझ में आया कि यह तो तेंदुआ

है। बहादुर ने कुछ दुखी होकर कहा "साहब, कितने दुख की बात है कि कमिश्नर साहब और उनके हाथी दस मील दूर है-- ये तो पूरे तराई इलाके का सबसे बड़ा तेंदुआ है। इतने शानदार तेंदुए का शिकार तो होना ही चाहिये।" तेंदुआ वाकई शिकार लायक था इस बात में कोई शक नहीं। विंडहैम और उसके हाथी दस मील दूर थे इसलिए मैंने इस तेंदुए पर एक बार हाथ आजमाने का फैसला कर लिया। इस फैसले की वजह थी कि अभी यह तेंदुआ मवेशीखाने की तरफ से आ रहा था और जिस ढंग से वह खुली जगह में दिन के इस वक्त आगे बढ़ रहा था उससे साबित होता था कि रात में उसने मवेशीखाने के ही किसी जानवर को अपना शिकार बनाया है। जब मैंने बहादुर को बताया कि मैं घास जला कर तेंदुए का शिकार करना चाहता हूं तो वह राजी हो गया लेकिन इस बात में उसे शक ही था कि मेरा तरीका कामयाब होगा। पहला काम तो यह था कि हम पता लगायें कि घास का यह टुकड़ा कितना बड़ा है इसलिये हमने अपना रास्ता छोड़ा और घास का पूरा चक्कर लगाया। घास कोई दस एकड़ में फैली हुई थी। घास का यह टुकड़ा आइसक्रीम के कोन जैसा था और बैलगाड़ी वाला रास्ता इस कोन के ऊपरी हिस्से के नज़दीक से गुजरता था।

मैंने घास के दो गुच्छे काटे और उन्हें सुलगा कर बहादुर को दायीं तरफ आग लगाने भेज दिया और मैंने खुद बायीं तरफ से आग लगानी शुरू कर दी। यहां उगी घास हाथी घास थी जो करीब बारह फुट ऊँची थी और सेमल की रुई की तरह सूखी। मिनट भर के भीतर ही आग ज़ोरदार ढंग से धधकने लगी। मैं दौड़कर वापस बैलगाड़ी वाले रास्ते पर आ गया और वहीं लेट कर मैंने अपनी .275 रिगबी कंधे से लगा ली। राइफल का निशाना मैंने इस तरह से लगाया कि यदि तेंदुआ भागते हुए इस बैलगाड़ी वाले रास्ते पर आये तो मेरी गोली उसके शरीर में लगे। मैं घास से दस फुट दूर लेटा था और जिस जगह से तेंदुआ घास में घुसा था- वह जगह मुझसे पचास गज दूर थी। बैलगाड़ी वाला यह रास्ता दस फुट चौड़ा था और मुझे तेंदुए को मार गिराने में तभी कामयाबी मिल सकती थी कि जैसे ही वह मेरी निगाह में आये मैं ट्रिगर दबा दूं। मुझे यह यकीन था कि तेंदुआ बैलगाड़ी वाले रास्ते को बिलकुल आखरी पल पार करेगा और यह काम वह बड़ी तेज रफ्तार से करेगा। इस पूरे सिलसिले में बहादुर को गोली

से कोई नुकसान होने की गुंजाइश नहीं थी क्योंकि मैंने उसे पहले ही कह दिया था कि आग लगाने के तुरंत बाद वह किसी ऐसे पेड़ पर चढ़कर बैठ जाये जो बैलगाड़ी वाले रास्ते से दूर हो।

अब तक आधी घास जल चुकी थी और धधकती आग की आवाज़ ऐसे आ रही थी जैसे कोई एक्सप्रेस गाड़ी पूरी रफ्तार से लोहे के पुल से गुज़र रही हो। इतने में किसी इंसान का नंगा पैर मुझे अपनी बायीं तरफ दिखायी दिया। मैंने ऊपर को देखा तो पाया कि मेरे पास में ही एक आदमी आ खड़ा हुआ था। पहनावे और शक्ल-सूरत से मुझे वह कोई मुसलमान गाड़ीवान लगा जो अपने भटके हुए बैल की तलाश में इस तरफ आ निकला था। थोड़ा ऊपर उठ कर मैंने इस आदमी को ज़ोर देकर अपने बाजू में लिटा लिया। आग से पैदा हो रहे शोर की वजह से मैंने उसके कान से मुंह सटा कर चिल्ला कर कहा कि वह बगैर हिले-डुले मेरी बगल में लेटा रहे। वह उठ कर भागे नहीं इसलिये अपनी एक टांग के नीचे मैंने उसे दबा लिया। जब आग हमारे और नज़दीक आ गयी और कुल पच्चीस गज घास जलनी बाकी थी कि बिजली की रफ्तार से तेंदुए को रास्ता पार करते देख कर मैंने ट्रिगर दबा दिया और इसके साथ ही मुझे उस की पूंछ ऊपर उठती दिखी। बैलगाड़ी वाले रास्ते की बायीं तरफ की घास कुछ ही दिन पहले जली थी और मैदान में खड़ी घास के डंठलों में तेंदुआ जा घुसा था। डंठलों की वजह से यह देख पाना नामुमकिन हो रहा था कि मेरी गोली तेंदुए को कहां लगी। तेंदुए की पूंछ जिस ढंग से ऊपर उठी थी उसे देख कर तो मुझे पूरा यकीन था कि तेंदुए को गोली ऐसी लगी है कि वह बचेगा नहीं। इसी यकीन के मद्देनज़र अपने साथ वाले आदमी की कलाई को मजबूती से पकड़े हुए मैं तेजी से उठा, झटके से उसे खड़ा किया और उसे साथ लिए-लिए बैलगाड़ी वाले रास्ते मैंने दौड़ लगा दी। रास्ता धुएं से एकदम धुंधला हो रहा था और आगे बढ़ती आग की लपटें बड़े खतरनाक ढंग से हमारे सिर से थोड़ा ऊपर ही लपलपा रही थी। तेंदुआ हमें तब ही दिखायी दिया जब हम एकदम उसके सिर पर जा खड़े हुए। आग की गर्मी बहुत ज्यादा थी इसलिये एक पल का भी वक्त गंवाये बगैर मैं झुका और तेंदुए की पूंछ अपने साथ वाले आदमी के हाथ में पकड़ा दी और उसके हाथ के ऊपर मैंने अपना पंजा कस दिया। अब हम दोनों ने

मिलकर जैसे ही तेंदुए को आग से बाहर खींचना शुरू किया तेंदुए ने अपना मुंह फाड़ा और हमारे ऊपर गुर्राया। यह हम लोगों की खुशकिस्मती थी कि मेरी गोली तेंदुए की गर्दन के आरपार हो गयी थी और इस वजह से तेंदुआ लकवे वाली हालत में था। जब हम तेंदुए को आग से पचास गज दूर ले आये—तब तक तेंदुआ पूरी तरह मर चुका था। अब मैंने जैसे ही अपने साथी का हाथ छोड़ा, वह इस तरह उछल कर भागा जैसे मैंने उसे काट खाया हो। उसने भागते-भागते अपनी पगड़ी सिर से उतार ली और फिर ज्यादा तेजी से भागने लगा। आगे-आगे वह था और पीछे-पीछे हवा में उड़ता उसकी खुली पगड़ी का दूसरा छोर। वह तो बस ऐसे भागा जैसे कभी कोई गाड़ीवान नहीं भागा होगा।

मुझे इस बात का अफसोस है कि वह भाग कर जहां भी गया हो—अपने गांव या कहीं और—वहां मैं मौजूद नहीं था- उसकी कहानी सुनने के लिए। हिंदुस्तानी लोग कहानियां सुनाने में बड़े उस्ताद होते हैं और मैं इस आदमी से उसकी कहानी सुनना चाहता था कि वह कैसे एक पागल अंग्रेज के पंजे से छूट कर भागा। यह कहानी वाकई सुनने लायक रही होगा। पेड़ की फुनगी पर बैठे बहादुर ने पूरा वाकया अपनी आँखों से देखा था। जब वह पेड़ से उतर आया तो उसने मुझे कहा "यह आदमी आने वाले कई बरसों तक अलावों के इर्द-गिर्द जमने वाली महफिलों में बड़ा मशहूर हो जायेगा लेकिन यह बात अलग है कि इसकी कहानी पर कोई भी यकीन नहीं करेगा।

जब खतरनाक कहे जाने वाले जानवरों का पीछा करने या पैदल शिकार करने के लिये हालात माकूल न हों तो सबसे ज्यादा अपनाया जाने वाला तरीका होता है- हांके का। आदमियों या हाथियों या आदमियों और हाथियों के मिले-जुले हांके से छिपे हुए जानवरों को बाहर निकाल कर फिर उनका शिकार किया जाता है। मेरी यादों में तीन ऐसे हांके बसे हुए हैं जिनका मैं यहां जिक्र करना चाहूंगा। इनका जिक्र यहां करने की कोई वजह न भी हो मैं उनके बारे में आपको इसलिए बताना चाहूंगा कि इनमें से दो हांके तो मुट्ठी भर आदमियों की मदद से किये गये थे और तीसरे हांके का तजुर्बा कुछ ऐसा था कि उसे याद कर आज भी मेरे दिल की धड़कन बढ़ जाती है।

हांका नंबर 1

हमारा स्प्रिंगर स्पैनियल कुत्ता रॉबिन और मैं बोआर पुल के पश्चिम में आधा मील आगे बने फायर ट्रैक पर सबेरे के वक्त घूम रहे थे। रॉबिन आगे था और मैं पीछे। एक जगह छोटी घास उगी हुई थी और वहीं कम इस्तेमाल होने वाली एक पगडंडी थी। यहां पहुंच कर रॉबिन ने कुछ सूंघा और पीछे मुड़ कर मेरी तरफ देखा। मैं रॉबिन के पास पहुंचा और पगछाप देखने की कोशिश की। जब मुझे कोई पगछाप नहीं दिखायी दी तो मैंने रॉबिन को इशारा किया कि वह गंध का पीछा करे। बहुत ध्यान से वह बायीं तरफ मुड़ा और पगडंडी के सिरे पर पहुंच कर उसने घास की एक पत्ती को ऊपर से नीचे तक सूंघने के बाद मेरी तरफ कुछ इस तरह से देखा जैसे कि मुझसे कह रहा हो 'ठीक है, सूंघने में मुझसे कोई गलती नहीं हुई।' फिर उसने बाजू में उगी अठारह इंच ऊँची घास में कदम रखा। एक-एक फुट कर वह गंध का पीछा करते आगे बढ़ता रहा। करीब सौ गज आगे एक उथला सा गड्ढा था। इस गड्ढे की नम ज़मीन में मुझे शेर के पैरों के निशान दिखायी दिये। रॉबिन शेर का पीछा कर रहा था। उथले गड्ढे के परली तरफ रॉबिन ने फिर बड़े ध्यान से, इरादतन घास की एक पत्ती की जांच की। वहां पहुंच कर मैंने देखा कि रॉबिन ने खून की एक बूंद ढूंढ निकाली थी। दूसरे शिकारियों के हाथों ज़ख्मी हालत में छोड़ दिये गये जानवरों के साथ जो तज़ुरबे मुझे हुए हैं, उनकी वजह से जंगल में जरा भी खून दिखने पर मैं चौकन्ना हो जाता हूं- वह भी खासतौर पर किसी शेर के पंजों के निशानों के रास्ते पर खून दिखने पर। बहरहाल, इस मामले में ज्यादा फिक्र की बात नहीं थी क्योंकि खून एकदम ताज़ा था और आज सुबह से इस तरह गोली चलने की कोई आवाज़ नहीं सुनायी दी थी। मैंने यह नतीजा निकाला कि शेर कोई जानवर मार कर ले गया है- कोई चीतल या बड़ा सा सुअर। कुछ गज आगे पेड़ों का झुंड था जो कोई पचास वर्ग गज में फैला हुआ था। वहां पहुंच कर रॉबिन ने मेरी तरफ देखा—यह पूछने के लिये कि अब क्या करना है।

गीली ज़मीन पर बने पंजों के निशानों से मैं शेर को पहचान गया। यह एक कद्दावर शेर था और उसने बोआर नदी की परली तरफ झाड़ियों के घने जंगल को अपना

घर बना लिया था। पिछले तीन महीनों के दौरान, जब से हम लोग नीचे उतर आये थे तब से मैं इस शेर की मौजूदगी से काफी फिक्रमंद था। जिन दो सड़कों और फायर ट्रैक पर मैगी और मैं सुबह-शाम आदतन घूमने जाते थे, वे इसी झंखाड़ वाले जंगल से होकर गुज़रते थे। कई बार जब मैं बाहर गया हुआ था-- मैगी और रॉबिन का सामना इस शेर से हुआ था और हर बार इन दोनों के लिए शेर ने बड़े बेमन से ही रास्ता छोड़ा था। रास्ता छोड़ने में उसकी रजामंदी हर बार कम से कमतर होती जा रही थी। अब तो हालात ये हो गये थे कि रॉबिन ने यह तय कर लिया था कि ये रास्ते मैगी के लिए खतरनाक हैं। घूमते वक्त यदि मैगी पुल के पार जाने का सोचती भी थी तो रॉबिन आगे बढ़ने से साफ इनकार कर देता था। मुझे इस शेर के बारे में हमेशा खटका लगा रहता था कि इसकी वजह से कभी भी कोई हादसा हो सकता है इसलिये मैंने यह तय कर रखा था कि जब भी पहला मौका मिला इस शेर को खत्म कर दूंगा। यदि शेर अपना शिकार लेकर यहां बैठा था तो वह मौका आ चुका था जिसका इंतज़ार मैं कई दिनों से कर रहा था। रॉबिन के मुताबिक शेर हवा के बहने की दिशा में मौजूद था इसलिये मैं काफी घूम कर उलटी तरफ से झाड़ियों की तरफ आगे बढ़ा। अभी हम तीस गज दूर थे कि रॉबिन एकदम रुका, अपना सिर हवा में ऊपर उठाया अपनी थूथन को ऊपर-नीचे कई झटके दिये और फिर घूम कर मुझे देखा। बस, इतना काफी था। शेर वहीं मौजूद था। पक्के तौर पर। हम वापस फायर ट्रैक पर आये और घर की तरफ चल पड़े।

नाश्ते के बाद मैंने बहादुर को बुलवा लिया, उसे शेर के बारे में बताया और कहा कि वह हमारे दो जोतदारों, धनबन और धर्मानंद को जाकर बुला लाये। इन दोनों आदमियों पर मुझे भरोसा था कि जो इन्हें बताया जाये, उसे वे ठीक से कर देते हैं और अलावा इसके ये दोनों ही पेड़ पर चढ़ने में उतने ही होशियार थे जितने कि बहादुर और मैं। दोपहर होते-होते तीनों आदमियों ने अपना खाना खा लिया था और वे हमारी कॉटेज पर आ चुके थे। पहले मैंने इस बात की तसदीक की कि उनकी जेबों में ऐसी कोई चीज़ न हो जो खनकने की आवाज़ पैदा करे, फिर मैंने उनके जूते उतरवाये, खुद को एक .450/400 राइफल से लैस किया और हम निकल पड़े। रास्ते में मैंने यह

तय किया कि तीन आदमियों की मदद से हांका किस तरह लगाया जायेगा। ये तीनों आदमी जंगल को उतना ही अच्छे से जानते थे जितना कि मैं। जब मैंने उन्हें बताया कि शेर कहां छिपा बैठा है और मैं उनसे क्या कराना चाहता हूं तो वे जोश से भर उठे। मेरा मंसूबा यह था कि तीनों आदमियों को मैं झाड़ी के तीन तरफ पेड़ों पर चढ़ा दूंगा जहां से वे शेर को बाहर निकलने के लिए छेड़ेंगे और चौथी तरफ असली मोर्चा मैं खुद संभालूंगा। बहादुर के लिये मैंने बीच वाला पेड़ चुना। बहादुर को मैंने समझा दिया कि जब उसे मेरा इशारा मिले तो वह अपने पेड़ की डाल को ठकठकाना शुरू कर दे। मैंने उसे बता दिया कि मैं तेंदुए की आवाज़ निकाल कर उसे इशारा करूंगा। यदि बहादुर के ठकठकाने की आवाज़ से शेर दायीं या बायीं तरफ को निकलता है तो उस तरफ बैठा आदमी जोर से ताली बजायेगा। इस पूरे मंसूबे की जान थी- चुप्पी क्योंकि तीनों आदमी शेर से तीस-चालीस गज के दायरे में थे और अपने-अपने पेड़ों तक पहुंचने में, उन पर चढ़ने में या मेरे इशारे का इंतज़ार करने के दौरान हुई जरा सी आवाज़ भी पूरे मंसूब को चौपट कर सकती थी।

जहां रॉबिन ने शेर की गंध पकड़ी थी, वहां पहुंच कर मैंने धनबन और धर्मानंद को ज़मीन पर बैठा दिया और बहादुर को मैंने झाड़ियों से बीस गज दूर एक पेड़ पर चढ़ा दिया। यह पेड़ उस जगह के ठीक सामने थी जहां मैं पोज़ीशन लेने का इरादा रखता था। फिर बाकी दोनों आदमियों को एक-एक करके ले गया और बहादुर के दायें-बायें उन्हें पेड़ों पर चढ़ा दिया। तीनों आदमी एक-दूसरे की निगाह में थे और तीनों ही को झाड़ी भी पूरे तौर पर दिखायी दे रही थी इसलिये शेर कोई भी हरकत करता तो वह हरकत तीनों को दिखायी देती। मैं उन तीनों को नहीं दिखने वाला था क्योंकि मेरे खड़े होने की जगह के सामने पेड़ों की पट्टी थी। बगैर जरा-भी आवाज़ किये जब तीसरा आदमी भी पेड़ पर चढ़ चुका तो मैं वापस फायर ट्रैक पर आ गया। सौ गज आगे जाकर यह फायर ट्रैक एक दूसरे फायर ट्रैक को सीधा काटता हुआ निकल गया था। दूसरा फायर ट्रैक एक नीची-सी पहाड़ी के साथ-साथ था। इसी फायर ट्रैक की चौथी तरफ वह झाड़ियां थीं जहां शेर बैठा हुआ था। बहादुर जिस पेड़ पर बैठा था उसके सामने एक पतली और गहरी खाई थी जो पहाड़ी के किनारे-किनारे जाती थी। इस खाई

का इस्तेमाल बहुत से जानवर करते थे और मुझे इस बात का पूरा एहसास था कि छेड़े जाने पर शेर भी इसी तरफ आएगा। खाई के दायीं तरफ पहाड़ी पर जामुन का एक बड़ा पेड़ था। हांके का मंसूबा बनाते वक्त मैंने इसी पेड़ के ऊपर बैठकर शेर को अपना निशाना बनाना सोचा था। मैंने तय किया था कि जैसे ही शेर खाई में आगे बढ़ेगा मैं उस पर गोली चला दूंगा। लेकिन अब पेड़ तक पहुंचने के बाद मुझे यह समझ में आया कि अपने हाथों में भारी बंदूक लिये हुए मैं इस पेड़ पर नहीं चढ़ सकता था और चूंकि आसपास कोई और पेड़ नहीं था इसलिए मैंने जमीन पर ही बैठने का फैसला किया। लिहाजा इस पेड़ की जड़ों पर फैली सूखी पत्तियों को हटाकर, पेड़ के तने से पीठ टिका कर मैं बैठ गया।

तेंदुए की आवाज़ निकालने की दो वजहें थीं। पहली तो ये कि तेंदुए की आवाज़ शक्ल में इशारा पाकर बहादुर लकड़ी से पेड़ की डाल को ठकठकाना शुरू कर देगा और दूसरा यह कि तेंदुए की आवाज़ से शेर को यह भरोसा हो जाता कि उसके लिये फायर ट्रेक पार करने में कोई खतरा नहीं है। शेर के मन में खतरे का कोई शक भी होता तो वह तेंदुए की आवाज़ से मिट जाता। जब मैं आराम से बैठ गया तो मैंने राइफल का सेफ्टीकैच खोल कर राइफल कंधे से टिका ली और तेंदुए की आवाज़ निकाली। कुछ ही पलों बाद बहादुर ने पेड़ ठकठकाना शुरू किया। अभी बहादुर ने कुछ देर ही ठकठक की थी कि झाड़ियां दो हिस्सों में बट गयीं और बीच की दरार में से एक शानदार शेर ने कदम बाहर रखा। शेर फायर ट्रेक पर आकर रुक गया। मैं पिछले दस साल से इस कोशिश में था कि मुझे शेर का अच्छा सिनेमा खींचने का मौका मिल जाये और हालांकि इस बीच दर्जनों मौकों पर शेर से मेरा सामना भी हुआ था लेकिन अभी तक मैं शेर का ऐसा सिनेमा नहीं खींच पाया था जिससे मुझे तसल्ली हो सके। और अब यहां खुले में मुझसे बीस गज दूर एक शानदार शेर खड़ा था बीच में न तो घास का तिनका था न ही कोई सूखी पत्ती। सर्दियों में उगे उसके नये बाल सूरज की धूप में चमक रहे थे। शेर का यह ऐसा नज़ारा था जिसे कैमरे में कैद करने के लिये मैं दुनिया में कहीं भी जाने को तैयार था और ऐसे शेर का सिनेमा खींचने के लिये कोई भी कीमत चुकाने को तैयार था। मेरी ज़िंदगी में ऐसे कई मौके आये हैं जब मैं कई घंटों तक और

कभी-कभी कई दिनों तक किसी जानवर का पीछा करता रहा हूं और उस जानवर को अपना निशाना बनाने के लिये बंदूक सीधी करने के बाद उस जानवर का ध्यान खींचने के लिये मैंने अपना हैट उसकी तरफ फेंक दिया— सिर्फ इसलिये कि मैं उस जानवर को भागते हुए देखने का सुख ले सकूं। करीब-करीब अपना निशाना बन चुके जानवर को बगैर खरोंच भी लगे शानदार ढंग से भागते हुए देखने का मजा कुछ और ही होता है। बड़ी खुशी से इस शेर के साथ भी मैं यही कर सकता था लेकिन मुझे लगा कि मेरा ऐसा करना ठीक नहीं होगा। मैगी, शेरसिंह और जंगल में मवेशी चराने वाले दूसरे बच्चों को शेर से होने वाले खतरे की बात छोड़ दें तो भी इस जंगल में बड़ी तादाद में औरतें और बच्चे ईंधन के लिये सूखी लकड़ियां बीनने आते थे। यह बात अलग है कि इस शेर ने अभी तक किसी इंसान या मवेशी को कोई नुकसान नहीं पहुंचाया था लेकिन जिस ढंग से उसकी अकड़ बढ़ती जा रही थी वह खतरनाक बात थी और इसका नतीजा कभी भी हादसे की शक्ल में सामने आ सकता था।

फायर ट्रैक पर कदम रखने के बाद शेर एक या दो मिनट खड़े-खड़े दायें-बायें देखता रहा। उसने गर्दन घुमा कर बहादुर की दिशा में भी देखा और फिर उसने बड़े शानदार ढंग से धीमे-धीमे कदम उठाते हुए फायर ट्रैक पार किया और खाई के बायीं तरफ को बढ़ने लगा। जिस पल उसका सिर झाड़ियों में से नमूदार हुआ था उसी पल से मेरी राइफल की मक्खी उसके सिर पर जमी हुई थी। अब जैसे ही शेर मेरी बराबरी की ऊंचाई पर आया मैंने ट्रिगर दबा दिया। शेर के घुटने मुड़े और वह पीछे को धसकता हुआ-सा मेरे पैरों के नजदीक आ गिरा। मुझे लगता नहीं इस दौरान उसने मेरी राइफल की आवाज़ भी सुनी होगी।

हांका नंबर 2

भरी-पूरी उम्र और लोगों का बेहिसाब प्यार पाने वाले हिज हाइनेस जींद महाराजा की मौत के साथ हिंदुस्तान का एक बेहतरीन शिकारी भी चला गया। करीब सवा तीन लाख की आबादी वाली 1299 वर्ग मील में फैली जींद स्टेट के महाराजा ऐसे आदमी थे जिन्हें अपनी राजसी हैसियत का ज़रा भी गुमान नहीं था। इतने भले इंसान को

जानना मेरी खुशकिस्मती ही थी। महाराजा के दो ही खास शौक थे- कुत्तों को शिकार की ट्रेनिंग देना यानी 'गन डॉग' बनाना और शेरों का शिकार करना। इन दोनों ही शगलों में पूरे हिंदुस्तान में उनका मुकाबला कर सकने वाले लोग न के बराबर थे। जब महाराजा से मेरी पहली मुलाकात हुई, उनके पास चार सौ कुत्ते थे। छोटे कुत्तों की ट्रेनिंग और बाद में उनसे काम लेना अपने आप में धीरज और नर्मी की ऐसी मिसाल था जिसे आप जितना चाहें देखें कभी ऊब नहीं सकते। महाराजा को मैंने कभी ऊंची आवाज़ में कुत्तों को डांटते या छड़ी का इस्तेमाल करते नहीं देखा था। उस रात डिनर पर महारानी ने पूछा कि सब कुत्ते ठीक से तो बरताव कर रहे थे तो महाराजा ने कहा "नहीं, सैंडी बहुत हुक्मउदूली कर रहा था और मुझे उसकी अच्छी सुताई करनी पड़ी।"

उस दिन महाराजा और मैं दिन भर परिंदों का शिकार करते रहे थे। हाथियों और आदमियों की एक लंबी कतार घास की लंबी पट्टी में हांका करते हुए आगे बढ़ रही थी। घास की पट्टी के इस तरफ कोई पचास गज चौड़ी खुली जगह थी और महाराजा और मैं इस खुले मैदान के सिरे पर एक-दूसरे से कुछ दूर खड़े हुए थे। महाराजा की बायीं तरफ एक कतार में उनके तीन कम उम्र लैब्रेडोर कुत्ते बैठे हुए थे। इनमें से सैंडी सुनहरे रंग का था और बाकी दो काले रंग के। हांके वालों की आवाज़ से डर कर पहले तो एक काला तीतर निकला। महाराजा ने फौरन उसे मार गिराया और एक काले कुत्ते को उसे उठा लाने को भेजा। इसके बाद एक जंगल मुर्ग काफी नीचे से उड़ता हुआ मेरे ऊपर से गुजरा और मैंने भी उसे टपका दिया। जंगल मुर्ग मेरे पीछे उगी घास में जा गिरा। इस परिंदे को दूसरा काला कुत्ता उठा कर लाया। अब बारी एक मोर की थी लेकिन इस मोर ने गोलियों की आवाज़ सुन ली थी इसलिये वह बायीं तरफ़ को भागा और जल्दी ही हमारी रेंज के बाहर हो गया। इतने में ही एक बड़ा खरगोश घास से निकल कर बाहर आया। महाराजा की पीठ खरगोश की तरफ थी क्योंकि वह पीछे मुड़कर अपने किसी नौकर से बात कर रहे थे। महाराजा से बचते हुए खरगोश मेरे सामने से गुजरा। जब वह थोड़ा दूर निकल गया तो मैंने उस पर गोली चला दी। गोली खाकर खरगोश उल्टा भागा और दुबारा से हमारे सामने से गुजरते हुए महाराजा के दायीं तरफ— तीस गज दूर गिर पड़ा। खरगोश के गिरने की देर थी कि सैंडी तीर के समान

उसे उठा लाने को लपका। महाराजा ने आवाज़ लगायी "सैंडी, सैंडी" लेकिन फिलहाल सैंडी किसी की बात सुनने के मूड में नहीं था। उसके दो साथी पहले ही परिंदे उठा कर ला चुके थे और अब उसकी बारी थी इसलिये अब सैंडी को दुनिया की कोई ताकत रोक नहीं सकती थी। कुछ ही छलांग में सैंडी खरगोश तक पहुंच गया और दौड़ते हुए वापस लौटा। मेरे पास आकर उसने खरगोश मेरे पैरों में डाल दिया। फिर सैंडी वापस अपने मालिक के पास जाकर अपनी तयशुदा जगह पर बैठा ही था कि उसे खरगोश उठा लाने का हुक्म मिला। जहां मैंने खरगोश रखा था वहां से उसे उठा कर सैंडी महाराजा की तरफ बढ़ा। उसने खरगोश को ऊंचा उठा रखा था और महाराजा उसे लगातार और दूर, और दूर जाने का इशारा कर रहे थे। जब सैंडी वहां पहुंच गया जहां से उसने पहली बार खरगोश उठाया था तो उसे वहीं रुकने के लिये कहा गया। अब उसे हुक्म मिला कि खरगोश को वहीं छोड़ दे और वापस लौट आये। अब दूसरी बार जब सैंडी अपने मालिक के पास लौटा तो उसकी दुम दबी और कान लटके हुए थे। महाराजा ने एक दूसरा कुत्ता भेजा– खरगोश को लाने के लिये। यह सब होने के बाद महाराजा ने अपनी बंदूक पास खड़े नौकर को पकड़ायी और उससे बेंत ले ली। महाराजा ने सैंडी को गर्दन से पकड़ा और उसकी 'बढ़िया ढंग से सुताई' की। इसमें कोई शक नहीं कि सुताई बहुत ज़ोरदार ढंग से हो रही थी लेकिन सैंडी की नहीं उसके आजू-बाजू की ज़मीन की। सैंडी को तो बेंत ने छुआ भी नहीं। रात को जब महाराजा अपनी पत्नी को सैंडी की हुक्मउदूली और उसको दी गयी सजा के बारे में बता रहे थे तो मैंने कागज़ की एक परची पीछे खड़े नौकर से मांगी। दरअसल महाराजा एकदम बहरे हो चुके थे। परची पर मैंने लिखा "हालांकि सैंडी बहादुर ने आज आपकी हुक्मउदूली की है लेकिन वह हिंदुस्तान का सबसे बढ़िया कुत्ता है और शिकारी कुत्तों की अगली चैंपियनशिप में वह जरूर जीतेगा।" उसी बरस मुझे महाराजा का टेलीग्राम मिला "तुम बिल्कुल सही कहते थे। सैंडी ने ओपन चैंपियनशिप जीत ली है।"

बात उस मौसम की है जब दिन लंबे हो रहे थे और सूरज की गर्मी बढ़ रही थी इसलिये मैं बड़े सबेरे ही निकला और दस मील पैदल चल कर मोहन (मोहंड) नाम की जगह पहुंचा। महाराजा का कैंप यहां लगा हुआ था। मैं जब कैंप में पहुंचा उस वक्त

महाराजा अपने परिवार के साथ नाश्ते की टेबल पर बैठ ही रहे थे। मैंने भी एक कुर्सी संभाल ली। महाराजा ने मुझसे कहा "तुम बड़े सही मौके पर आये हो क्योंकि आज हम उस शेर के लिए हांका लगवाने जा रहे हैं जो पिछले तीन साल से हमें छका रहा है।" इस शेर का ज़िक्र मैं पहले भी सुन चुका था और मुझे मालूम था कि महाराजा उससे ज्यादा होशियारी दिखाते हुए उसे मार गिराने को कितने उतावले हो रहे हैं। उन्होंने मुझे अपने तीन मचानों में सबसे अच्छे मचान पर बैठने की दावत दी और मुझे एक राइफल भी उधार देने की पेशकश की लेकिन मैंने यह कहते हुए उनकी पेशकश मंजूर नहीं की कि आज मैं सिर्फ शिकार होते देखना चाहता हूं— करना नहीं चाहता। दस बजे महाराजा, महारानी, उनकी दो बेटियां और उनकी एक सहेली, और मैं एक मोटरगाड़ी में बैठ कर उसी रास्ते पर रवाना हो गये जिसे मैंने सबेरे पैदल तय किया था। जंगल में हांका हमारा इंतजार कर रहा था।

जहां हांका लगना था वह जगह निचली पहाड़ियों की तरफ जाती एक गहरी घाटी थी। दोनों तरफ तीन सौ फुट ऊंची पहाड़ियों के बीच एक छोटी-सी नदी इठलाती हुयी अपना घुमावदार रास्ता तय करते हुए बहती थी। घाटी के निचले सिरे पर जहां से सड़क निकलती थी, घाटी की चौड़ाई करीब पचास गज थी। आधा मील ऊपर को जाकर घाटी फिर संकरी हो गयी थी और उसकी चौड़ाई पचास गज रह गयी थी। इन दोनों जगहों के बीच घाटी तीन सौ से चार सौ गज चौड़ी थी और इस चौड़ाई वाले हिस्से में कई एकड़ फैला हुआ घना जंगल था। शेर के बारे में यह माना जा रहा था कि पिछली रात उसने जिस भैंस को मारा है उसे खाते हुए वह इसी जंगल में मौजूद है। घाटी के ऊपरी सिरे पर पहाड़ का एक छोटा-सा उठाव आगे तक चला आया था यहीं पर एक मचान बनाया गया था और इस मचान से पूरी घाटी और दोनों तरफ खड़ी पहाड़ियों के ढलान दिखायी देते थे। घाटी में आ रहे पहाड़ी के उठाव से कुछ आगे और बल खाती नदी के दूसरी तरफ दो और मचान बनाये गये थे। इन मचानों के बीच की दूरी तीस गज थी।

अपनी मोटर गाड़ियां सड़क पर छोड़कर हम पैदल घाटी की तरफ बढ़े। महाराजा के हैड शिकारी और सेक्रेटरी इस हांके के कर्ताधर्ता थे और फिलहाल वे हमारे आगे-

आगे चल रहे थे। आगे बढ़ते हुए हम उस जंगल के बायीं तरफ से निकले जहां शेर की मौजूदगी बतायी जा रही थी। जब महाराजा और उनके बंदूकचियों ने मचान में अपनी जगह संभाल ली तो उनके परिवार की चार औरतों के साथ मैंने नदी पार की और फिर हम लोगों ने नदी के उस पार बने दोनों मचानों पर अपनी पोज़ीशन ले ली। हमारे बैठने के बाद हैड शिकारी और सेक्रेटरी सड़क की तरफ लौट गये क्योंकि अब उन्हें हांका शुरू करवाना था।

जिस मचान पर मैं दोनों राजकुमारियों के साथ बैठा था वह बड़ी मजबूती से बना हुआ शानदार मचान था। मचान पर मोटा कालीन बिछा हुआ था और बैठने के लिये रेशमी गद्दे मौजूद थे। मेरी आदत तो मचान के नाम पर पेड़ों की सख्त और खुरदरी डालों पर बैठने की थी— मैं सुबह जल्दी उठा था और दस मील पैदल चल कर आया था— इसलिये इस नफीस राजसी मचान पर बैठते ही मुझे नींद के झोंके आने लगे। मैं अभी गहरी नींद के आगोश में समाने वाला ही था कि दूर से आने वाली बिगुल की आवाज़ ने मुझे चौंकन्ना कर दिया और मैं पूरी तरह उठ बैठा। हांका शुरू हो चुका था। इस हांके में दस हाथी, महाराजा के कई सेक्रेटरी, कई एडीसी, घरेलू नौकर-चाकर, हैड शिकारी और उसके नीचे काम करने वाले लोगों के अलावा आसपास के गांवों से इकट्ठे किये गये दो सौ आदमी भी शामिल थे। घाटी के तल में खड़े घने जंगल में हांका हाथियों की मदद से किया जा रहा था। महाराजा के सेक्रेटरी लोग इन हाथियों पर सवार थे और घाटी के दोनों तरफ दो सौ आदमी हांका कर रहे थे। हांका करने वाले पैदल लोगों में से कुछ लोग बाकी लोगों से थोड़ा आगे लाइन बना कर चल रहे थे ताकि शेर आजू-बाजू से न भाग निकले।

हांके के तमाम इंतजाम और खुद यह हांका मेरे लिये बेहद दिलचस्पी से भरा था क्योंकि पहली बार मैं एक दर्शक के तौर पर यह सब होते देख रहा था। अभी तक तो ऐसे हर मामले में मैं खुद भी खास किरदार अदा किया करता था। हांके के इंतज़ामात में और हांका लगाने के तरीके में कोई खामी नहीं ढूंढी जा सकती थी। हांका लगाने के लिये बिलकुल सही वक्त चुना गया था। हम लोगों को बगैर जरा-सी भी आवाज़ किये मचानों तक पहुंचाया गया था और सबसे बढ़ कर तो यह कि हांके के चलते ढेरों

परिंदे जिनमें जंगल मुर्ग और मोर शामिल थे तेजी से पंख फड़फड़ाते जंगल से बाहर को भाग रहे थे। इससे यही साबित हो रहा था कि हांका लगाने वाले अपना काम बखूबी अंजाम दे रहे हैं। हांके हमेशा ही बड़ा रोमांच पैदा करते हैं क्योंकि जिस पल दूर से आ रही आदमियों की चिल्लाहट आपको सुनायी देती है उसी पल से आप यह मान सकते हैं कि अब शेर भी अपनी जगह से चल पड़ा है और वह कभी भी सामने आ सकता है। महाराजा हालांकि अपने बहरेपन से मजबूर जरूर थे लेकिन ऐसे मौकों पर उनके साथ एक बहुत काबिल आदमी मौजूद रहता था। मैंने देखा कि यह आदमी महाराजा को दायीं तरफ इशारा कर कुछ बता रहा है। एक दो पल उस तरफ देखने के बाद महाराजा ने अपनी सिर हिलाया और थोड़ी देर में एक नर सांभर ने नदी पार की और गोल घूमते हुए महाराजा के पीछे से निकल गया।

बायीं तरफ की पहाड़ी पर आदमियों की लाइन अब हमें दिखायी दे रही थी और इसके साथ ही शेर के सामने आने का वक्त भी हो चुका था। हांका और आगे बढ़ता गया। हांके में शामिल हर आदमी ऊंची आवाज़ में चिल्ला रहा था और जोर-जोर से तालियां बजा रहा था। कदम-दर-कदम जैसे-जैसे हांका आगे बढ़ता आ रहा था मेरी निगाह में महाराजा के हाथों शेर के मारे जाने की उम्मीद धूल में मिलती दिखायी दे रही थी। मचान पर मेरे साथ बैठी राजकुमारियां एकदम रोमांचित थीं और उधर महाराजा अपनी राइफल कंधे से लगाये एकदम तैयार बैठे थे क्योंकि अब यदि शेर सामने आया तो महाराजा को तुरंत ही गोली चलानी होगी। लेकिन आज राइफलें किसी काम की नहीं थीं क्योंकि शेर हांके की पहुंच से कहीं दूर था। मचानों में नसैनियां लगायी गयीं और बुझे मन से शिकार पार्टी नीचे उतरी जहां और भी ज्यादा बुझे मन लिये महाराजा के मुलाज़िम मौजूद थे। हांके में मौजूद किसी भी आदमी को शेर की हवा तक नहीं लगी थी और किसी को यह अंदाज नहीं था कि गड़बड़ कहां हुयी। लेकिन एक बात तय थी कि कुछ न कुछ तो गड़बड़ जरूर हुई थी क्योंकि हमारी मोटर गाड़ियों के यहां पहुंचने के थोड़ी देर पहले ही घाटी में शेर की दहाड़ सुनायी दी थी।

मुझे कुछ-कुछ अंदाज़ तो था कि गड़बड़ कहां हुई है लेकिन मैंने अपना शुबहा किसी पर जाहिर नहीं किया क्योंकि मैं यहां सिर्फ एक दर्शक की हैसियत से मौजूद था।

बहरहाल, जंगल में पिकनिक लंच लेने के बाद सब लोग अपने कैंप लौट गये। जब बाकी लोग कैंप में आराम कर रहे थे तब मैं कोसी नदी में मछली पकड़ने चला गया। उस शाम मुझे मच्छीमारी में बहुत मज़ा आया क्योंकि अप्रैल महीने का दूसरा हिस्सा चल रहा था जो कि यहां मच्छीमारी के लिए बेहद माकूल सीजन होता है।

रात को डिनर के दौरान और काफी देर बाद तक बड़ी बारीकी से यह बहस चलती रही कि आखिर क्या वजह है कि एक ही शेर के लिए किये गये पांच-पांच हांके बेकार चले जायें। सबसे पहले हांके में यह शेर महाराजा के मचान की दायीं तरफ से निकला था और बगैर हिलने-डुलने वाली सीट से लिया गया महाराजा का निशाना चूक गया था। अगले तीन बरसों के दौरान किये गये हांकों में तो शेर दिखा ही नहीं था जबकि हांके शुरू होने के पहले उस इलाके में शेर की मौजूदगी की खबरें पक्की थीं। इस बहस के दौरान जब बाकी लोग महाराजा को पर्चियों पर लिख-लिख कर अपनी बात बता रहे थे, उस दौरान मैं चुपचाप सोच रहा था। महाराजा बेहतरीन शिकारी थे और जिस शेर के शिकार पर वह इतने बरसों से अपना दिल लगाये बैठे थे, उस शेर के शिकार में उनकी मदद मैं कर सकता था, बशर्ते मैं कोशिश करूं। उस दिन एक गलती तो यह हुई थी कि महाराजा की पार्टी को मचान तक वह जगह पार करते हुए पहुंचाया गया था, जहां कि शेर के बैठे होने की खबर थी। यह बात अलग है कि हांका इस गलती की वजह से फेल नहीं हुआ क्योंकि शेर तकरीबन उसी वक्त घाटी से निकल रहा था जब महाराजा की पार्टी घाटी में दाखिल हो रही थी। एक काकड़ की इकलौती चेतावनी भरी पुकार मेरे इस शक की बुनियाद थी। यह पुकार हमें उस वक्त सुनायी दी थी जब हम अपनी मोटरकारों से उतर रहे थे। बाद में जब यह साबित हो गया कि हांका खाली जंगल में लगाया गया था, तब मैंने इस बात की पड़ताल शुरू की थी कि क्या कोई ऐसा रास्ता भी है जिससे शेर बगैर मचान के सामने पड़े घाटी से बाहर निकल सके। मचान के पीछे एक पहाड़ी उठाव से धसकी हुई ज़मीन का एक टुकड़ा शुरू होता था जो सीधे घाटी के भीतर तक चले जाता था। काकड़ इसी धसकी जमीन के ऊपरी सिरे से बोला था और यदि यहां जानवरों के गुजरने से बनी कोई पगडंडी उस झुरमुट की तरफ जा रही थी जहां शेर ने अपना शिकार छिपा रखा था--तो बहुत

मुमकिन यही था कि हांके की तैयारियों की आवाज़ सुन कर वह इसी रास्ते घाटी से बाहर चला गया है।

जब बाकी लोग बहस में जुटे थे तब मेरे दिमाग में एक मंसूबा तैयार हो रहा था कि मैं महाराज को पहाड़ी उठाव पर उस जगह बैठा दूं जहां से काकड़ बोला था--और फिर मैं शेर को महाराजा की तरफ हांक दूं। इस बात से सभी ने सख्त इनकार कर दिया कि अगले दिन भी शेर के लिए हांका किया जाये। सबका सोचना यह था कि शेर ने कोई नया शिकार नहीं किया है और इस बात की उम्मीद नहीं करना चाहिये कि वह अभी अपने अधखाये बासी शिकार पर मौजूद होगा। मेरा सोचना यह था कि यदि मेरा मंसूबा फेल भी हो जाता है तो किसी को कोई नुकसान नहीं था क्योंकि अगले दिन हांके का कोई इंतज़ाम ही नहीं किया जा रहा था। ये सब सोच कर मैंने महाराजा के सेक्रेटरी से एक कोरी पर्ची ली और उस पर लिखा "यदि कल सबेरे पांच बजे आप तैयार हो जायें तो मैं आपके लिए अकेले खुद उस शेर का हांका कर सकता हूं जिसे गिरा पाने में आज हम नाकामयाब रहे।" महाराजा ने मेरी पर्ची पढ़ने के बाद अपने सेक्रेटरी को थमा दी और फिर मेरी पर्ची हाथों-हाथ पूरे कमरे में मौजूद लोगों ने पढ़ी। मुझे मालूम था कि महाराजा के स्टाफ के लोग मेरे मंसूबे पर ऐतराज़ करेंगे और वो ऐतराज़ अब सामने आये। बहरहाल, चूंकि महाराजा मेरे मंसूबे के मुताबिक चलने को तैयार थे इसलिए उनके स्टाफ के लोग भी बड़े बेमन से ही सही, महाराजा के साथ जुड़ी परंपराओं को दरकिनार करने को तैयार हो गये। आखिर यह तय हुआ कि महाराजा के साथ उनके पूरे लवाज़मे की बजाय सिर्फ दो बंदूक उठाने वाले नौकर जायेंगे।

अगली सुबह ठीक पांच बजे महाराजा और उनकी बंदूकें उठाने वाले दो नौकर और मैं कार में बैठकर कैंप से निकल पड़े। तीन मील आगे एक हाथी पर महाराजा के कुछ आदमी छोटा मचान लिए हमारा इंतज़ार कर रहे थे। महाराजा और उनके दो नौकरों को हाथी पर बैठा कर मैं पैदल ही हाथी के आगे-आगे चल पड़ा--रास्ता बताते हुए। मज़ेदार बात यह थी कि मुझे कई मील तक ऐसे जंगल में महाराजा के गाइड का काम करना था जहां मैं पहले कभी नहीं आया था। खुशकिस्मती से मेरा दिशा-बोध

एकदम बढ़िया है। जब हमने चलना शुरू किया था तब एकदम घुप्प अंधेरा था। जो रास्ता हमें तय करना था वह करीब-करीब सीधा ही था। जब हम अपनी मंज़िल यानी पहाड़ी उठाव तक पहुंचे तब सूरज निकल ही रहा था। मुझे यह देख कर बड़ी खुशी हुई कि मेरे अंदाज़ के मुताबिक यहां एक पगडंडी मौजूद थी जिसे जंगली जानवर खूब इस्तेमाल करते थे। इसी पगडंडी के नज़दीक एक पेड़ पर मैंने मचान बंधवा दिया। महाराजा और उनके बंदूकधारी ने जब मचान पर पोज़ीशन ले ली तो महाराजा के दूसरे बंदूकधारी को लेकर मैं पहाड़ी उठाव पर थोड़ा और आगे तक आया और एक पेड़ पर उसे बैठा दिया। हाथी को मैंने वहां से दूर भिजवा दिया। ये सब तैयारियां पूरी करने के बाद मैं चल पड़ा वह हांका लगाने के लिए जो मुझे खुद अकेले ही लगाना था।

घाटी में जाने वाला रास्ता एकदम तेज़ ढलान वाला और बड़ा ऊबड़-खाबड़ था पर चूंकि मेरे हाथ में राइफल का बोझ नहीं था इसलिए मैं बगैर मुश्किल के नीचे घाटी में आ गया। पिछले दिन इस्तेमाल किये गये मचान पार करने के बाद मैं दबे पांव घाटी में आगे बढ़ता चला गया। दो सौ गज आगे वह घना झुरमुट था जहां मुझे शेर के बैठे होने की उम्मीद थी। मैं पलटा और वापस अपने कदमों के निशान पर चलने लगा। इस दौरान धीमी आवाज़ में मैं खुद से बात करता जा रहा था। गारे के तौर पर बंधी भैंस को मार कर शेर जिस घने झुरमुट में खींच कर ले गया था, वहीं एक पेड़ गिरा पड़ा था। एक सिगरेट सुलगा कर मैं इसी पेड़ पर बैठ गया और ध्यान से सुनने लगा। मैं सुनना चाहता था कि जंगल मुझसे क्या कह रहा है। सब कुछ एकदम शांत था। सन्नाटा। मैं दो-तीन बार खांसा और अपने जूतों की एड़ियों से मैंने पेड़ के खोखले तने को ठकठकाया। इसके बाद मैं यह देखने चल पड़ा कि शेर अपने गारे पर लौट कर आया है या नहीं। मुझे अधखायी भैंस दिख गयी। शेर ने इसे बड़ी होशियारी से झाड़ियों में छिपा रखा था। मुझे यह देख कर बड़ी खुशी हुई कि अभी कुछ मिनट पहले ही शेर ने भैंस के गोश्त का नाश्ता किया था। जहां शेर लेटा हुआ था उस जगह अब भी हल्की गर्माहट बाकी थी। मैं दौड़कर वापस अपने खोखले पेड़ के पास आ गया और उसे ज़ोर-ज़ोर से पत्थर से ठोकना शुरू कर दिया। इसके साथ ही मैं ज़ोर से चिल्लाया भी ताकि महाराजा और उनके आदमियों को मालूम चल जाये कि शेर उनकी तरफ चल

पड़ा है। एक या दो मिनट बाद ही मुझे ऊपर की तरफ से राइफल चलने की आवाज़ सुनायी दी और जब मैं वापस पहाड़ी उठाव पर पहुंचा तो महाराजा मुझे पगडंडी पर खड़े मिले। वह शानदार शेर उनके कदमों में पड़ा था। जींद में महाराजा के महल में अब उनके बड़े बेटे रहते हैं। इस महल में शेर की खाल है जिस पर एक लेबल लगा है। लेबल पर लिखा है-- 'जिम्स टाईगर' यानी जिम का शेर। और महाराजा की शिकार की डायरी में एक पन्ने पर वह तारीख, वह जगह और वह हालात दर्ज हैं जिनमें यह शानदार शेर महाराजा के हाथों मारा गया।

हांका नंबर 3

यह बात एक बड़े यादगार शिकार के आखरी दिन की है। बात यादगार सिर्फ मुझ जैसे उन लोगों के लिये ही नहीं है जिन्हें इस शिकार में शामिल होने का मौका मिला बल्कि यह बात इस देश के हुक्मरानों के लिए भी याद रखने लायक इसलिए है क्योंकि हिंदुस्तान के इतिहास में किसी वॉइसरॉय ने पिटी-पिटायी लीक छोड़कर कुछ दिन कालाढुंगी के जंगलों में बिताने का फैसला किया था। पूरे हिन्दुस्तान में किसी भी इंसान के इधर-उधर जाने पर परंपराओं की उतनी पाबंदी नहीं थी जितनी कि खुद वॉइसरॉय के आने जाने पर। ये कभी सोचा भी नहीं गया कि कभी यदि किसी वॉइसरॉय ने बंधा-बंधाया ढर्रा तोड़ा तो क्या करना होगा। इस तरह के हालात से निपटने का न तो कोई तरीका कभी सोचा गया था और न ही कोई इंतजाम किये गये थे जो ऐसे मौके पर काम आते इसलिये लॉर्ड लिनलिथगो ने हिंदुस्तान का वॉइसरॉय बनने के कुछ दिन बाद ही जब पुराने वॉइसरॉयों के बनाये ढर्रे को तोड़ने का फैसला किया तो पूरे हिंदुस्तान में इसे लेकर बड़ी सरगर्मी होने लगी। परंपरा यह थी कि हिंदुस्तान का हुक्काम, गर्मियों के मौसम में दक्खिन भारत का दौरा करेगा। राजधानी दिल्ली के दफ्तर गर्मी के मौसम में शिमला चले जाते थे। दिल्ली में दफ्तर बंद होने और शिमला में उनके खुलने के बीच दस दिन का वक्फा होता था और वॉइसरॉय का दक्खिन का यह दौरा इन्हीं दस दिनों में करना होता था। लॉर्ड लिनलिथगो ने इस पुरानी परंपरा को दरकिनार करने का फैसला किया तो पूरी सरकार में खलबली सी मच गयी।

मैं तो एकदम सीधा-सादा ऐसा इंसान हूं जिसका सरकार से कोई वास्ता नहीं। मुझे इस बात का कतई मलाल नहीं था कि मुझे इस बात की कोई जानकारी नहीं थी कि सरकार कैसे चलती है, किस तरह सरकार में पहिये के भीतर पहिये घूमते हैं। इन चक्करों से दूर रह कर ही मैं अपने को खुशनसीब मानता था लेकिन एक दिन मेरा वास्ता सरकार से पड़ ही गया। मार्च के आखरी दिन चल रहे थे और उस दिन डिनर के लिए एक मछली पकड़ने के लिए अपने कॉटेज से निकल ही रहा था कि रोज़ाना दो मील दूर डाकखाने से हमारी डाक लाने वाला नौकर दौड़ता हुआ आया। उसने मेरे हाथ में एक टेलिग्राम थमा दिया और कहा कि यह बड़ा अरजेंट है- ऐसा उसे पोस्ट मास्टर ने बताया था। मैंने टेलिग्राम देखा। टेलिग्राम भेजने वाले का नाम था ह्यू स्टेबल जो कि वॉइसरॉय के मिलिट्री सेक्रेटरी थे। टेलिग्राम से मुझे पता चला कि वॉइसरॉय की दक्खिनी हिंदुस्तान की यात्रा कैंसिल हो गयी है। टेलिग्राम में स्टेबल ने मुझसे पूछा था कि क्या मैं कोई ऐसी जगह बता सकता हूं जहां वॉइसरॉय शिमला जाने के पहले दस दिन रुक सकें और थोड़ा-बहुत शिकार भी कर सकें। टेलिग्राम के आखिर में मुझसे यह दरख्वास्त की गयी थी कि मैं जल्द से जल्द जवाब दूं क्योंकि वक्त कम है और मामला बेहद ज़रूरी। रामसिंह को अंग्रेजी बोलनी नहीं आती थी लेकिन वह हमारे यहां तीस साल नौकरी कर चुका है इसलिए वह अंग्रेजी समझ ज़रूर लेता है। जब मैं टेलिग्राम पढ़ कर मैगी को सुना रहा था तो रामसिंह छुट-पुट काम निपटाते हुए हमारे नज़दीक ही मौजूद था। अब उसने कहा कि मैं जल्दी-जल्दी सब कुछ निपटा कर खाना खा लेता हूं फिर कुछ ही मिनटों में आपका जवाब हलद्वानी ले जाने के लिए तैयार हो जाउंगा। हमारा सबसे नज़दीकी टेलिग्राम और टेलिफोन ऑफिस चौदह मील दूर हलद्वानी में था। रोज़ाना आने वाले डाक-हरकारे के बजाय अपना जवाब रामसिंह के हाथों भेजने में मुझे चौबीस घंटे की बचत होती। मैंने अपने जवाब में ह्यू स्टेबल को लिखा कि कल सुबह ग्यारह बजे वह मुझे हलदानी में टेलीफोन करे। मेरा जवाबी तार लेकर रामसिंह जब रवाना हो गया तो मैंने एक बार फिर अपनी मछली पकड़ने की बंसी उठायी क्योंकि मछली पकड़ते वक्त सोचने का बहुत वक्त मिल जाता है। मुझे ह्यू स्टेबल को जवाब देने के पहले काफी कुछ सोचना था और फिर रात के खाने के लिए मछली तो पकड़नी

ही थी। ह्यू स्टेबल ने अपने टेलिग्राम के जरिये बहुत संजीदगी से मेरी मदद मांगी थी और फिलहाल सवाल यह था कि मैं किस तरह उसकी मदद कर सकता था।

कोटा सड़क पर दो मील आगे जाने के बाद मैं फार्म यार्ड के निचले सिरे की तरफ मुड़ गया। अपने बचपन में मैंने अपना पहला तेंदुआ यहीं मारा था। यहां से मैं नदी में मौजूद उस जोहड़ की तरफ चल पड़ा जहां एक तीन पाउंड की माहसीर मछली रहती थी। इस माहसीर को मैं कई दिनों से जानता था। जैसे ही मैं जोहड़ की तरफ बढ़ा रेत पर मुझे शेर के पैरों के निशान दिखायी दिये। शेर ने अलस्सुबह ही नदी पार की थी। जोहड़ के ऊपरी सिरे पर तीन बड़ी चट्टानें हैं। यहां पानी गहरा है और तेजी से बहता है। यहां उछलते पानी से इन चट्टानों पर लगातार पानी की फुहारें पड़ती रहती हैं और इस वजह से ये चट्टानें बर्फ जितनी फिसलन भरी हैं। तेंदुए इन चट्टानों को नदी पार करने के लिए इस्तेमाल करते हैं। अभी जिस शेर के पंजों के निशान मुझे दिखे थे—एक दिन उसी शेर को मैंने इन चट्टानों पर आगे बढ़ने की कोशिश करते देखा था। मैंने उस दिन इस शेर का पीछा एक मील तक किया था। शेर को ज़रा भी अहसास नहीं था कि मैं उसके पीछे आ रहा हूं। दो बार तो मैं उसके इतना नज़दीक था कि वह मेरी राइफल की रेंज में था लेकिन दोनों मौकों पर मैं इसलिए जब्त कर गया क्योंकि मुझे पक्का पता नहीं था कि मेरी गोली से वह तुरंत मरेगा या नहीं। उसे नदी की तरफ जाते देखकर मैं उसे अपनी निगाह में रखे रहा क्योंकि मुझे मालूम था कि जब वह नदी पार कर रहा होगा तब अपने मनचाहे ढंग से उसे निशाना बनाने का मौका मुझे मिलेगा। जब वह नदी के नज़दीक पहुंचा तो यह साफ हो गया कि वह सूखे पांव ही नदी पार करने का इरादा रखता था। सूखे पांव नदी पार करने के लिए उसे इन्हीं चट्टानों के ऊपर से गुज़रना पड़ता। पहले मेरा ख्याल था कि वह तैर कर नदी पार करेगा। अब उसका नया इरादा मुझे बहुत ज्यादा मुफीद पड़ रहा था क्योंकि नदी में उतरने के पहले उसे इस तरफ मौजूद बीस फुट की तीखी ढलान उतरनी पड़ती। जैसे ही शेर ने ढलान से उतरना शुरू किया मैं दौड़कर आगे बढ़ा और शेर के ठीक ऊपर की तरफ ढाल के सिरे पर जा लेटा।

नदी में उन तीन चट्टानों की आपसी दूरी इतनी थी कि ओलंपिक में दौड़ने वाले

किसी अच्छे एथलीट को भी उनके ऊपर से गुजरने के लिए तिकड़ी कूद लगानी पड़ती। मैंने तेंदुओं को ऐसी शानदार कूद लगा कर ये चट्टानें पार करते कई बार देखा है। मैंने अपनी पोजीशन से जरा सा सिर उचका कर देखा कि शेर ने अपनी पहली कूद तो ठीक से लगा ली है लेकिन उसकी दूसरी कूद थोड़ी ओछी रह गयी—जैसे ही उसके पांव चिकनी चट्टान से फिसले वह उलटबाजी खाता हुआ गहरे पानी में जा गिरा और पानी बड़े जोर से उछला। पानी के छपाके की वजह से मैं यह नहीं सुन पाया कि शेर ने क्या कहा। लेकिन मैं बखूबी यह अंदाज़ लगा सकता था कि उसने क्या कहा होगा क्योंकि एक बार सूखे पांव नदी पार करने की कोशिश करने में मैं भी उसी चट्टान पर फिसल चुका था। पानी के उस पार रेतीली जमीन का टुकड़ा है। बड़ी मुश्किल से और पूरे जोर से हाथ-पांव मार कर शेर पानी से बाहर निकल पाया और रेतीली ज़मीन पर आ गया। रेत पर आकर पहले उसने अपने शरीर को झटकारा और फिर उसने लोटना शुरू किया ताकि उसकी खूबसूरत खाल सूख जाये। ठंड के मौसम में उगे उसके नये बाल वाकई बहुत सुंदर थे। लोट लगाने के बाद वह उठ खड़ा हुआ और फिर अपने शरीर को दुबारा झटकारा और चुपचाप चला गया—मैंने उसे छेड़ने या रोकने की कोशिश नहीं की क्योंकि जंगल का नियम है कि जिस जानवर ने आपका दिल बहलाया हो उसके साथ कोई भी छेड़छाड़ नहीं करना चाहिये। और अब मैं देख रहा था कि इस बार शेर ने कामयाबी के साथ चट्टानें पार कर ली थीं। शेर की कामयाबी रेत पर बने उसके पैरों के निशान से जाहिर हो रही थी—नदी पार करने के बाद भी उसके पंजे एकदम सूखे थे।

इन्हीं चट्टानों के नीचे एक लंबी सी चट्टान थी जो दूसरे किनारे शुरू होकर यहां तक फैली हुई थी। इस चट्टान की वजह से पानी का जो रुकाव था वहीं मेरी दोस्त तीन पाउंड वाली माहसीर शिकार करती थी। यह उसकी पसंदीदा शिकारगाह थी। ढलानदार चट्टान के ऊपर से दो बार पहले भी जॉक स्कॉट (कांटे) का इस्तेमाल करते हुए चारा फेंक कर मैं इस माहसीर को बुला चुका था। दोनों बार वह बड़ी तेजी से बाहर आयी थी। यहां कांटा फेंकना बड़ा मुश्किल था क्योंकि कांटा दूर तक फेंकना होता था और यहां ढंके हुए किनारे उगे एक पेड़ की डालियां काफी नीचे तक पानी पर छायी

हुई थीं। बंसी को ठीक पोजीशन में पकड़ने के लिए काफी झुकना पड़ता था। माहसीर के दुश्मन ज़मीन पर, हवा में और पानी में भी होते हैं और इनसे बचने के लिए माहसीर को कुदरत ने बड़ी तेज आंखें दी हैं इसीलिए इसे पकड़ने के लिए आपको भी काफी होशियारी की ज़रूरत होती है।

अब रेतीली ज़मीन छोड़ मैं नदी के बहाव की उल्टी दिशा में किनारे-किनारे कुछ दूर बढ़ा। आज सुबह से ही मैंने बड़े ध्यान से बकरे की तांत से मछली पकड़ने की डोरी बनायी थी। इस डोरी को मैंने पानी में भीगने के लिए छोड़ दिया। अपनी बंसी को फिट किया और तसल्ली से बैठकर एक सिगरेट सुलगा ली। जब पूरी तैयारी हो गयी तो मैंने डोरी की रील में से अपनी ज़रूरत के मुताबिक डोरी खींची और इसका छल्ला बना कर, बड़े ध्यान से अपने बायें हाथ में ले लिया और रेंगता हुआ ऐसी जगह पहुंचा जहां से बाजू की तरफ कांटा फेंका जा सके। यहां नदी का किनारा ऐसा नहीं था कि सामने की तरफ कांटा फेंका जा सके। तीन पाउंड की माहसीर की शान में पेश किया गया नंबर 8 जॉक स्कॉट कांटा ठीक वहीं जा गिरा जहां मैं चाहता था। मुझे बंसी में जैसे ही खिंचाव महसूस हुआ तो मैं समझ गया कि आज तो मछली अच्छे से और सही मायनों में फंसी है। यदि आप हल्की डोरी का इस्तेमाल कर रहे हैं तो माहसीर के पागलपन भरे पहले झटके को संभाल पाना मुमकिन नहीं है लेकिन हल्का-हल्का जोर लगाकर आप माहसीर को काबू में कर सकते हैं। पहले दो बार यह माहसीर मेरे कांटे से निकल भागी थी लेकिन इस बार मैंने इसे ऐसा कोई मौका नहीं दिया। वहां पानी में आगे को निकली एक जड़ का फायदा माहसीर उठा लेती थी लेकिन इस बार मैंने उसे खूब धींगा-मुश्ती कर लेने दी और जब वह थक कर चूर हो गयी तो मैंने उसे किनारे पर खींच लिया। कांटे से निकाल कर मछली हाथ में ली उसके वजन का अहसास मुझे हुआ। तीन पाउंड का मेरा पुराना अंदाज़ गलत नहीं था। क्योंकि फर्क सिर्फ आधे पाउंड का था- और वह आधा पाउंड भी मेरे फायदे की तरफ। अब यह माहसीर हाथ में थी। हमारे डिनर का हिस्सा तो इसे बनना ही था, इसका एक हिस्सा उसे छोटे बीमार बच्चे के काम भी आता जिसकी देखभाल का जिम्मा मैगी ने उन दिनों ले रखा था। हमारे गांव के इस बच्चे को दुनिया में सबसे बढ़िया कोई चीज़ लगती थी तो वह थी मछली।

राइफल रेंज पर बचपन में जो सलाह मुझे मिली थी उस पर अमल करते हुए मैंने ह्यू स्टेबल को कोई पक्के जवाब वाला टेलिग्राम नहीं भेजा था। इसी सलाह पर अमल करते हुए मैंने अपने सोचने के लिए ढेर सारा वक्त हासिल कर लिया था। शेर के पंजों के निशान देखने और माहसीर को पकड़ने का मेरे फैसले पर कितना असर हुआ यह तो मैं नहीं कह सकता लेकिन घर लौटते तक मैं यह तय कर चुका था कि ह्यू स्टेबल को मैं यही बताऊंगा कि वॉइसरॉय की छुट्टी मनाने के लिए एक अकेली जगह मैं बता सकता हूं वह है- कालाढुंगी। बरामदे में मैगी ने चाय तैयार रखी थी और अभी हम इस फैसले के बारे में बात कर ही रहे थे कि इतने में बहादुर आ पहुंचा। बहादुर की खूबी यह है कि वह ज़रूरत होने पर अपना मुंह बंद रख सकता है इसलिए मैंने उसे दिल्ली से आये टेलिग्राम के बारे में बता दिया। बहादुर जब जज़्बाती होता है तो उसकी आँखें सचमुच नाचने लगती हैं और इस टेलिग्राम की बात सुनकर उसकी आँखें जिस तरह नाचीं वैसे मैंने कभी देखा नहीं था। वॉइसरॉय कालाढुंगी आयेंगे ये तो ऐसी खुशखबरी है जिस पर यकीन नहीं होता। बड़ा भारी बंदोबस्त करना होगा। खुशकिस्मती से यह वक्त भी ऐसा है जब फसलें पक चुकी हैं इसलिए गांव का हर आदमी आसानी से मिल जायेगा। बाद में जब यह खबर आम हो गयी कि बड़े लाट साहब हमारे जंगलों में आने वाले हैं तो न सिर्फ छोटी हलद्वानी के लोग बल्कि पूरी कालाढुंगी के लोग उतने ही खुश हुए जितना पहली बार यह खबर सुनकर बहादुर हुआ था। ऐसा कतई नहीं था कि ये लोग बड़े लाट साहब की आमद से कोई फायदा उठाने का सोच रहे हों बल्कि वे तो सिर्फ इसलिए खुश थे कि बड़े लाट साहब आ रहे हैं और उनकी इच्छा थी कि इस मौके को कामयाब बनाने के लिए उन्हें भी ऐसा कुछ करने को मिले जो उनके बूते के भीतर हो।

अगली सुबह अभी अंधेरा था जब मैं हलद्वानी के लिए अपने चौदह मील के सफर पर चल पड़ा क्योंकि ह्यू स्टेबल से बात करने के पहले मैं जेऑफ हॉपकिंस से मिलना चाह रहा था। जेऑफ फतेहपुर में कैंप लगाये हुए था। पहले सात मील सड़क जंगल से गुजरती है और सबेरे के इस वक्त यह सड़क पूरे तौर पर जंगलवासियों (जानवरों और परिंदों) और मेरे कब्जे में थी और हम अपने ढंग से इसका

मज़ा ले सकते थे। कालाढुंगी बाज़ार से जब मैं एक मील आगे पहुंचा तो आसमान में रौशनी फूटनी शुरू हो गयी थी। इस रौशनी में मुझे एक नर तेंदुए के पंजों के ताज़े निशान दिखायी दिये। तेंदुआ भी उसी दिशा में जा रहा था जिस तरफ मैं आगे बढ़ रहा था। थोड़ी ही देर में सड़क का मोड़ काटते वक्त मैंने तेंदुए को देखा। वह मुझसे दो सौ गज आगे था। मुझे ऐसा लगा कि उसे मेरी मौजूदगी का अहसास हो गया था क्योंकि अभी मैंने मोड़ काटा ही थी कि उसने पीछे मुड़ कर मुझे देखा। बहरहाल, वह सड़क पर चलता रहा और बीच-बीच में पीछे मुड़ कर मुझे देखता भी रहा। जब मैंने दोनों के बीच की दूरी घटा कर पचास गज कर दी तो उसने सड़क छोड़ दी और सड़क के बाजू में उगी ऊँची घास में उतर गया। एकदम सामने को देखते हुए मैं सीधा चलता रहा। अपनी आँख की कोर से मैंने देखा तो तेंदुआ मुझे घास में झुक कर बैठा हुआ नज़र आया। वह सड़क से कुछ ही फुट दूर था। सौ गज आगे निकलने के बाद मैंने पीछे मुड़कर देखा तो तेंदुआ वापस सड़क पर आ चुका था और आराम से आगे बढ़ रहा था। तेंदुए की निगाह में मैं सिर्फ एक राहगीर था और इसी नाते मेरे लिए उसने रास्ता छोड़ दिया था। कुछ सौ गज और आगे चलने के बाद तेंदुआ सड़क छोड़कर एक गहरी खाई में चला गया। अब अगले एक मील तक मैं अकेला ही इस राह का मुसाफिर था लेकिन थोड़ी देर में दाहिनी तरफ के जंगल से पांच लाल कुत्ते दुलकी चाल से दौड़ते हुए सड़क पर आ गये। इन लाल कुत्तों की खूबी यह है कि इनके पैरों में गजब की फुर्ती होती है, ये पूरी तरह बेखौफ होते हैं और पूरे जंगल में बड़े बेआवाज़ तरीके से तितलियों सरीखे उड़ते फिरते हैं। जब ये भूखे होते हैं तो जंगल का सबसे बढ़िया माल उड़ाते हैं। मैं जितने भी जंगली जानवरों को जानता हूं उनमें से किसी की भी ज़िंदगी हिंदुस्तानी लाल कुत्ते की जिंदगी से बेहतर नहीं होती। ऐसी ऐश किसी और जानवर को नसीब नहीं।

जेऑफ और ज़िला हॉपकिंस अपने फौरेस्ट बंगले में आज कुछ जल्दी ही नाश्ता करने बैठे थे कि इतने में मैं भी वहां पहुंच गया। जब मैंने उन्हें बताया कि मैं किस काम से हलद्वानी जा रहा हूं तो दोनों बड़े खुश हुए। जेऑफ इन दिनों तराई और भाबर की सरकारी जायदाद का स्पेशल फौरेस्ट ऑफिसर था और उसकी मदद के बगैर मैं ह्यू

स्टेबल को कोई ठोस तज़वीज़ नहीं दे सकता था। जेऑफ को मामला समझने में ज़रा भी देर नहीं लगी और उसने मौके की अहमियत के मुताबिक कमर कस ली। वॉइसरॉय के शिकार को कामयाब बनाने के लिए ज़रूरी था कि जेऑफ के जंगल वाले दो शूटिंग ब्लॉक भी मेरे कंट्रोल में हों। जेऑफ तुरंत ही दोनों शूटिंग ब्लॉक मेरे लिए रिजर्व करने को तैयार हो गया। यहां तक कि उसने नज़दीकी सरकारी जंगल का दचौरी ब्लॉक भी मेरे हवाले करने की पेशकश कर दी—यह ब्लॉक खुद उसने अपने लिए रिजर्व कर रखा था। रेत में शेर के पंजों के निशान देखने से लेकर, माहसीर पकड़ने और अब जेऑफ के साथ इस कामयाबी भरी मुलाकात तक सब कुछ शानदार ढंग से चल रहा था—जब मैं हलद्वानी पहुंचा तो मुझे ज़रा भी अहसास नहीं था कि यह लंबा रास्ता कितनी जल्दी मील दर मील मेरे पैरों के नीचे सरकता गया।

ठीक ग्यारह बजे ह्यू स्टेबल तीन सौ मील लंबी टेलिफोन लाइन के दूसरे सिरे पर मौजूद था और अगले पूरे एक घंटे तक हम लोग बेखलल बात करते रहे। उस एक घंटे के दौरान ह्यू को मुझसे यह मालूम चला कि हिमालय की निचली पहाड़ियों में कालाढुंगी नाम का एक छोटा सा गांव है। यह गांव खूबसूरत जंगलों से घिरा है। शिकार लायक जानवरों की इन जंगलों में भरमार है और पूरे हिन्दुस्तान में छुट्टी बिताने के लिए इससे बेहतर कोई जगह मेरी निगाह में नहीं है। इसी एक घंटे के दौरान मैंने ह्यू स्टेबल से यह जाना कि वॉइसरॉय की पार्टी में लॉर्ड और लेडी लिनलिथगो, उनकी तीन बेटियां- लेडी ऐन, लेडी जोन और लेडी डोरीन (बंटी) भी शामिल होंगी। पार्टी के साथ में वॉइसरॉय का जाती अमला (पर्सनल स्टाफ) भी होगा क्योंकि छुट्टी के दौरान भी भारत का वॉइसरॉय उतना ही काम करता है जितना कि काम के दिनों में। मुझे यह भी पता चला कि शिकार के लिए सभी ज़रूरी इंतजाम करने के लिए मेरे पास सिर्फ पंद्रह दिन की मियाद है। वॉइसरॉय के घरेलू इंतज़ामों के लिए जिम्मेदार (कंट्रोलर ऑफ वॉइसरॉएज़ हाउसहोल्ड) माउज़ मैक्सवेल अगले ही दिन मोटर से कालाढुंगी आ पहुंचा। उसके बाद पुलिस, सीआईडी, सिविल एडमिनिस्ट्रेशन और जंगल महकमे के मुखिया भी एक-एक कर कालाढुंगी आ पहुंचे। कई दूसरे महकमों के मुखिया लोगों ने भी कालाढुंगी में डेरा डाल दिया। सबसे ज्यादा ताज्जुब तो मुझे तब हुआ जब एक

गार्ड्समैन ने मुझे बताया कि वॉइसरॉय की हिफ़ाज़त के लिये वह सिपाहियों की एक पूरी कंपनी ला रहा है।

बहादुर ने बिलकुल सही कहा था कि बड़े लाट साहब के लिए बड़े पैमाने पर बंदोबस्त करना होगा लेकिन बंदोबस्त कितना बड़ा होगा ये अंदाज़ न तो बहादुर को और न ही मुझे था। इतने बड़े बंदोबस्त की बात तो हम सपने में भी नहीं सोच सकते थे। बहरहाल, बंदोबस्त से जुड़े सब लोगों ने दिल खोलकर मदद की और सबने मिलजुल कर इतना बढ़िया इंतज़ाम कर डाला कि पूरे सिलसिले में न तो कहीं कोई गलती हुई और न ही कोई गड़बड़। चार हांके बड़े कामयाब रहे थे और चार शेर मारे गये थे। इन्हें मारने में उतनी ही गोलियों का इस्तेमाल हुआ था जितनी कि ज़रूरत थी। वह भी तब जबकि चारों शेर ऐसे लोगों ने मारे थे जिन्होंने अपनी जिंदगी में पहले कभी जंगल में शेर की शक्ल तक नहीं देखी थी।

जिन लोगों ने कभी शेरों के हांके में हिस्सा लिया हो, सिर्फ वही लोग समझ सकते हैं कि यह कितनी बड़ी कामयाबी थी। अब इस यादगार शिकार का आखरी दिन आ पहुंचा था और पार्टी के एक ही और वह भी सबसे कम उम्र मेंबर के हाथों शेर का शिकार होना बचा था। आज का हांका आधे चांद की शक्ल में फैले जमीन के उस हिस्से में होना था जो किसी जमाने में बोआर नदी की तलहटी होता था। अब इस जगह में पेड़ों और झाड़ियों के घने झुरमुट हैं और बीच-बीच में नल घास और जंगली संतरों के झुरमुट भी यहां मौजूद हैं। जिस जगह किसी जमाने में नदी का किनारा था वहां आज पांच मचान बनाये गये थे। हांका निचली तरफ से शुरू होना था ताकि शेर मचानों की तरफ बढ़े।

कई बार हांके सिर्फ इसलिये बेकार हो जाते हैं कि शिकारियों को मचान तक ऐसे रास्ते से पहुंचाया जाता है जो शेर के बैठे होने की जगह के नजदीक से निकलता है— इसलिए मैं शिकार पार्टी को मचानों के पीछे की तरफ से काफी लंबा चक्कर लगवा कर लाया। शेर को मचानों से आगे न निकलने देने के लिए कुछ लोगों को मचानों के दायें-बायें उनके लिए पहले से तय की जगहों पर तैनात कर दिया। इसके बाद वॉइसरॉय के एक एडीसी पीटर बौरविक, बहादुर और मैंने शिकारियों को उनके मचानों

पर बैठाना शुरू किया। एक नंबर मचान पर ऐन को और दो नंबर मचान पर लाट साहब को मैंने बैठा दिया। मचान नंबर तीन कठ-बेर के एक बौने से पेड़ पर बना था क्योंकि यहां कोई और पेड़ मौजूद नहीं था। मेरा इरादा इस मचान पर बहादुर को बैठाने का था ताकि वहां बैठकर वह शेर को आगे बढ़ने से रोके। रोके जाने पर शेर का बायें मुड़ना बड़ा लाज़मी था इसलिए मैंने बंटी के लिए मचान नंबर चार चुना था। पार्टी में अब वही अकेली बची थी जिसने शेर नहीं मारा था।

मुझे मालूम था कि शेर कहां बैठा है। जिस झुरमुट में शेर बैठा था उस तरफ से एक पगडंडी शुरू होकर इस किनारे तक आती थी और मचान नंबर तीन के ठीक नीचे से गुज़रती थी। मुझे यकीन था कि शेर इसी पगडंडी पर आयेगा। चूंकि यह मचान सिर्फ छह फुट ऊंचा था इसलिए मैंने यह फैसला किया था कि शेर को रोकने वाले आदमी को यहां बैठाने में पूरी हिफाजत है लेकिन मय बंदूक के शिकारी को यहा बैठाने में बड़ा जोखिम है। फिलहाल, जैसे ही बहादुर ने मचान पर चढ़ना शुरू किया, उसी पल मैंने अपना खुद का फैसला उलट दिया। मैंने मचान पर अपना हाथ रखा जो कि मेरे सिर की बराबरी पर था और बंटी से फुसफुसा कर कहा कि मैं चाहता हूं कि वह इस मचान पर बैठे और पीटर उसके साथ रहे। जब मैंने उसे इस मचान पर बैठने के खतरे गिना दिये तो एकदम बगैर हिचके बंटी ने मचान पर बैठने की हामी भर दी। फिर मैंने हाथ जोड़ कर बंटी से विनती की कि वह भगवान के वास्ते तब तक गोली न चलाये जब तक शेर मेरे बनाये निशान तक न पहुंच जाये। निशान बनाना अभी बाकी थी। मैंने बंटी से यह भी कहा कि वह शेर के गले को निशाना बनाये। बंटी ने वादा किया कि वह दोनों बातों का ध्यान रखेगी। अब पीटर और मैंने बंटी को उठाया और मचान पर बैठा दिया। पीटर को अपने कंधे के सहारे मचान पर चढ़ाने के बाद मैंने उसे अपनी डबल बैरल 450/400 राइफल थमा दी। बंटी बिलकुल ऐसी राइफल से पहले से ही लैस थी। पीटर निहत्था इसलिये था कि उसे हांके में मेरे साथ जाना था। यह सब करने के बाद मैं कभी का रास्ता बदल चुकी उस नदी के किनारे की तरफ पगडंडी पर चल पड़ा और मचान से बीस फुट की दूरी पार करने के पहले मैंने एक सूखी टहनी पगडंडी पर आड़ी करके रख दी। मैंने घूमकर बंटी की तरफ देखा तो उसने सिर हिला कर इस

बात की तसदीक की कि वह मेरी बात समझ गयी थी। लेडी जोन, बहादुर और मैं अब उस पेड़ की तरफ बढ़े जिस पर मचान नंबर 4 बांधा गया था। यह मचान ज़मीन से बीस फुट ऊंचा था और इस मचान से तीस गज दूर मौजूद बंटी वाला मचान एकदम साफ दिखायी देता था। जब मै नसैनी चढ़कर जोन को उसकी राइफल देने ऊपर पहुंचा तो उससे मैंने यही दरख्वास्त की कि यदि वह देखे कि बंटी और पीटर शेर को अपना निशाना नहीं बना पाये हैं तो वह अपनी राइफल का इस्तेमाल करे और शेर को मचान नंबर तीन की तरफ जाने से रोके। जोन ने कहा "जो कुछ मेरे बस में हैं मैं जरूर करूंगी।" फिर उसने मुझे दिलासा दिया "और आपको फिक्र करने की कोई जरूरत नहीं।" वहां कोई झाड़ियां नहीं थीं सिर्फ इधर-उधर खड़े कुछ पेड़ जरूर मौजूद थे इसलिये मुझे यकीन था शेर जब बाहर निकलेगा तो बीच के साठ गज का फासला तय करने के दौरान दोनों मचानों से एकदम साफ दिखायी देगा और मेरी उम्मीद के मुताबिक वह इस बीच जरूर बंटी का निशाना बन जायेगा। जरूरत पड़ने पर शेर को रोकने की हिदायत देकर मैंने बहादुर को मचान नंबर 5 पर बैठाया और काफी दूर से हांके वालों का घेरा काटते हुए मैं बोआर नदी तक आ गया।

नदी के चौथाई मील आगे जहां मैंने माहसीर पकड़ी थी, हांके में शामिल सोलह हाथी इकट्ठे थे। हाथियों की कमान हमारे पुराने उस्ताद मोहन के हाथ में थी। अरसे तक विंडहैम का हेड-शिकारी रहा मोहन मेरा बरसों पुराना दोस्त है। शेरों के बारे में उससे बड़ा जानकार पूरे हिंदुस्तान में कोई और नहीं। मोहन मेरी तलाश में ही इधर-उधर देख रहा था और मुझ पर निगाह पड़ते ही, और इशारे के तौर पर मुझे अपना हैट हवा में ऊंचा हिला कर दिखाते ही वह अपने सब हाथियों के साथ सूखी नदी में ऊपर को चल पड़ा। पत्थरों से अटे सूखी नदी के तल पर चौथाई मील का रास्ता, वह भी एक के पीछे एक, तय करने में सोलह हाथियों को कुछ वक्त तो लगना ही था। इस दौरान एक चट्टान पर बैठकर एक सिगरेट पीते हुए जितना ज्यादा मैं सोच रहा था उतनी ही सिहरन मुझे हो रही थी। आज ज़िंदगी में पहली बार मैंने किसी इंसान की ज़िंदगी को जोखिम में डाला था... ज्यादा मुमकिन तौर पर दो इंसानों की जिंदगी को... इस बारे में सोच-सोच कर ही मेरी जान निकली जा रही थी। इस बात से मुझे रत्ती भर भी राहत

महसूस नहीं हो रही थी कि ऐसी गलती मैंने पहली बार की है। कालाढुंगी आने के पहले लॉर्ड लिनलिथगो ने मुझे कहा था कि मैं शिकार के कायदे-कानून तय कर दूं। इन कायदे-कानूनों पर बड़ी ईमानदारी से अमल किया गया था—कैंप में तीन सौ से ज्यादा लोग थे जो रोज ही जानवरों और मछलियों का शिकार कर रहे थे लेकिन किसी को खरोंच तक नहीं आयी थी और आज आखरी दिन— मैं, वह आदमी, जिस पर हर कोई पूरा भरोसा करता था—एक ऐसा फैसला कर बैठा था जिसका मलाल मेरे मन में कड़वाहट भर रहा था। एक नाजुक सा मचान—वह भी ज़मीन से सिर्फ छह फुट ऊपर-ऐसी जगह तो मैं किसी ऐरे-गैरे को भी नहीं बैठाता लेकिन इसी मचान पर मैंने आज सोलह साल की एक नज़ाकत भरी एक लड़की को बैठा दिया था। इस कम उम्र लड़की के हाथ में राइफल थी और उसे सीधे अपनी तरफ आते शेर को गोली मारनी थी। शेर को मारने का यह सबसे खतरनाक तरीका था। बंटी और पीटर दोनों ही शेर जैसे बहादुर थे। उनकी बहादुरी का सबूत इसी बात से मिल रहा था कि जब मैंने वहां बैठने का खतरा उन्हें बताया था तो भी उन्होंने बेहिचक मचान पर अपनी पोज़ीशन संभाल ली थी। लेकिन अकेली बहादुरी किस काम की?... साथ में निशाना भी तो पक्का होना चाहिये.... मुझे तो यह भी पता नहीं था कि उनमें राइफल सीधी पकड़ने की काबिलियत भी है या नहीं। मैं अभी यह फैसला नहीं कर पाया था कि मैं हांका रद्द कर दूं या चलने दूं कि इतने में मोहन अपने हाथियों के साथ आ पहुंचा और जब मैंने उसे बताया कि मैंने क्या कर डाला है तो उसने जोर की सांस खींची और भीतर ही रोक ली- यूरोप-अमेरिका के लोग होंठों से सीटी बजाकर जो जाहिर करते हैं वह जाहिर करने का यह हिंदुस्तानी तरीका है—सांस भीतर करने के साथ ही उसने जोर से आँखें मींच लीं। और फिर आँख खोलने के साथ ही बोला "डोंट घबराओ साहब! सब कुछ ठीक हो जायेगा।"

सब महावतों को बुलाकर मैंने अच्छे से ताकीद कर दी कि यह बेहद जरूरी है कि शेर को बाहर हांकने में उसे डरायें नहीं। मैंने यह भी उन्हें बताया कि सूखी नदी के किनारे पर लाइन में खड़े होने के बाद वे मेरे इशारे का इंतज़ार करें। जब वे मुझे अपना हैट सिर से उतारते देखें तो एक बार ज़ोर से चिल्लायें और उसके बाद जब तक

मैं हैट वापस अपने सिर पर नहीं रख लेता तब तक लगातार ताली बजाते रहें। यह तरीका बार-बार थोड़ी-थोड़ी देर में काम में लाया जाना था और शेर को बाहर निकालने में यह तरीका यदि नाकाम रहेगा तो मैं आगे बढ़ने का इशारा करूंगा। आगे बढ़ने की कार्रवाई एकदम बेआवाज़ ढंग से और बेहद धीमी रफ्तार से होगी। शुरू में चिल्लाने की एक आवाज़ से दो मक़सद पूरे होने थे- एक तो इस आवाज़ से शेर अपनी नींद से उठ जाता और दूसरे, मचानों पर बैठे लोग इसे सुनकर खबरदार हो जाते।

जंगल की जिस पट्टी में हांका होना था वह तीन सौ गज चौड़ी और पांच सौ गज लंबी थी। जब सारे हाथी मेरे आजू-बाजू लाइन में खड़े हो गये तो मैंने अपना हैट उतारा और इशारे के लिए हिलाया। एक जोरदार चिल्लाहट के बाद जब आदमियों ने तालियां बजानी शुरू कर दीं। जब वे तीन-चार मिनट ताली बजा चुके तो मैंने हैट वापस सिर पर रख लिया। जंगल के इस हिस्से में सांभर, चीतल, काकड़, मोर, जंगल मुर्ग थे और मैं बड़ी फिक्रमंदी के साथ इनमें से किसी की चेतावनी भरी आवाज़ (अलार्म कॉल) सुनने को कान लगाये बैठा था लेकिन मुझे कोई आवाज़ नहीं सुनायी दी। पांच मिनट बाद मैंने फिर अपना हैट सिर से उतारा और हिलाया और एक मिनट या शायद दो मिनट बाद राइफल शॉट की जोरदार आवाज़ गूंजी और इसके साथ ही मैंने मन ही मन सेकेंडों की गिनती शुरू कर दी क्योंकि दो गोलियों के बीच के वक्फे से शेर के हांके में काफी कुछ बातों का अंदाज लगाया जा सकता है। एक....दो.....तीन....चार....पांच तक मैंने गिना और मैं अगली सांस लेने ही वाला था कि तड़ातड़ दो गोलियों की गूंज मुझे सुनायी दी। और फिर एक.....दो.....तीन....चार सेकेंड मैंने गिने ही थे कि चौथी गोली की गूंज मुझे सुनायी दी। पहली और चौथी गोली जब चली थीं तो राइफल का मुंह मेरी दिशा में था। बाकी दोनों गोलियों के चलते वक्त नाल का मुंह किसी और दिशा में था। इस बात का एक ही मतलब हो सकता था और वह था कि वहां कोई मुसीबत आ गयी थी और जोन को मदद के लिए गोली चलानी पड़ी थी। गोली जोन ने ही चलायी होगी यह बात एकदम साफ भी क्योंकि हिज़ एक्सलेंसी के मचान से बंटी का मचान दिखायी नहीं पड़ता था।

मेरा दिल तेजी से धड़क रहा था और सब तरह के बुरे खयाल मुझे डरा रहे थे।

मेरी घबराहट का आलम यह था कि मैं बयान नहीं कर सकता। हाथियों की कमान मैंने मोहन को सौंप दी और उसे आगे बढ़ने को कहा। जिस हाथी पर मैं सवार था उसका महावत अज़मत था। अज़मत को मैंने कहा कि जितनी तेज चल सकते हो चलो.... हमें सीधे वहां पहुंचना है जहां गोलियां चली हैं। अज़मत को ट्रेनिंग विंडहैम ने दी थी। अज़मत एकदम बेखौफ, निडर इंसान है और उससे बेहतर महावत मैंने आज तक नहीं देखा। उसका हाथी भी उतना ही होशियार और बेखौफ है जितना कि खुद अज़मत। झाड़ियों-झंखाड़ों, बड़ी-बड़ी चट्टानों, कटी-फटी जमीन और ऊपर से लटकती टहनियों के बीच अपना रास्ता बनाते हुए जैसे-जैसे हम आगे बढ़ रहे थे। मेरे मन में बुरे खयाल और ज्यादा तेजी से घुमड़ रहे थे। जैसे ही हम बारह फुट ऊंची नल घास में घुसे, हमारा हाथी आगे बढ़ने में थोड़ा झिझका। अजमत पीछे को झुका और फुसफुसाया "मेरी हथिनी को शेर की गंध आ रही है... आप मजबूती से बैठे रहो क्योंकि आपके पास राइफल भी नहीं है।" अब हमें सिर्फ सौ गज की दूरी तय करनी थी और हमारी शिकार पार्टी की तरफ से कोई इशारा अब तक नहीं मिला था। हमने पार्टी के हर शिकारी को रेलवे-गार्ड वाली एक-एक सीटी दे रखी थी और बता रखा था कि कोई भी मुश्किल पेश आते ही वे मदद के लिए इसे बजायें। मुझे इस हकीकत से जरा भी राहत नहीं मिल रही थी कि अभी तक किसी ने सीटी नहीं बजायी क्योंकि मुझे अपने पिछले तजुर्बों से मालूम था कि कई बार घबराहट के पलों में सीटी से बड़ी चीज़ें भी मचान से नीचे आ टपकती हैं। मैं यह सोच ही रहा था कि तभी पेड़ों के बीच से मुझे जोन की झलक दिखायी दी। उस पर नजर पड़ते ही मैं खुशी से चिल्लाना चाहता था क्योंकि वह बेफिक्र ढंग से मचान पर बैठी हुई थी और उसकी राइफल उसके घुटनों पर आड़ी रखी हुई थी। मुझ पर निगाह पड़ते ही उसने अपनी बाहें फैला कर इशारा किया- मैं इसका मतलब ठीक ही समझा 'इतना बड़ा टाइगर'। और इसके साथ ही उसने बंटी के मचान की निचली तरफ इशारा किया।

आज पंद्रह बरस बाद भी हर बार इस वाकये को बयान करते वक्त मेरे दिल की धड़कन एक पल के लिए थम सी जाती है। अब आगे की कहानी छोटी सी है और यदि तीन नौजवान लोगों के पास वह हिम्मत और वह बढ़िया निशानेबाज़ी नहीं होती

तो यह कहानी एक बड़े हादसे का अफसाना बन जाती।

हमारे चिल्लाने की आवाज़ मचानों पर बैठी शिकार पार्टी ने साफ सुनी थी और तालियों की मद्धिम आवाज़ भी उन्हें सुनायी दी थी। दो बार तालियां बजायी गयीं थी और दोनों बार ताली बजाने के बीच शेर मचान नंबर 3 के सामने, साठ गज की दूरी पर झाड़ियों से बाहर निकल आया था और धीमे-धीमे पगडंडी पर आगे बढ़ रहा था। हाथियों पर बैठे-बैठे जब हम दूसरी बार चिल्लाये थे तब शेर सूखे किनारे तक पहुंच गया था। चिल्लाहट सुन कर रुका था और उसने गर्दन घुमा कर पीछे देखा था। उसे इस बात की तसल्ली थी कि अभी उसे जल्दबाजी करने की जरूरत नहीं है इसलिए वह वहीं खड़ा होकर एकाध मिनट तक आवाज़ें सुनता रहा था और फिर सूखे किनारे पर आगे चल पड़ा था। जब शेर वहां पहुंचा जहां मैंने सूखी टहनी पगडंडी पर रखकर बंटी के लिए निशान बनाया था तो बंटी ने गोली चला दी। बंटी ने शेर की छाती को निशाना बनाया था क्योंकि शेर सिर नीचे किये चल रहा था और इसलिए बंटी को उसका गला दिखायी नहीं दे रहा था। बंटी की गोली निशाने पर ठीक लगी थी—गोली खाने पर शेर ने, इसके पहले कि बंटी या पीटर दूसरा फायर कर सकें—ज़ोर की दहाड़ के साथ छलांग लगायी और मचान पर निचली तरफ से हमला कर दिया। ठिगने से पेड़ पर बना नाजुक सा मचान जब हिचकोले खा रहा था और शेर के हमले से टूट कर नीचे गिरने को हो रहा था- और जब बंटी और पीटर मचान के फर्श में अपनी राइफल की नाल घुसेड़ने की जीतोड़ कोशिश कर रहे थे तब तीस गज दूर अपने मचान पर बैठी जोन ने अपनी पहली ही गोली से शेर को गिरा दिया। जैस ही शेर जमीन पर गिरा जोन ने एक और गोली शेर के शरीर में उतार दी। जोन की दूसरी गोली खाने के बाद शेर उठा और सूखे किनारे की तरफ जाने लगा- जाहिरा तौर पर उसका इरादा उन्हीं घनी झाड़ियों में वापस जा बैठने का था जहां से अभी-अभी वह बाहर निकला था। बंटी ने वापस लौटते शेर पर एक और गोली चलायी जो उसके सिर में पीछे की तरफ से जा धंसी।

तो यह था हमारे वॉइसरॉय का कालाढुंगी में पहला मुकाम लेकिन आखरी नहीं। वॉइसरॉय ने आगे कई बार कालाढुंगी को अपनी छुट्टियों का मुकाम बना कर इस छोटे

से गांव को बड़ी इज्ज़त बख्शी लेकिन फिर कभी उनकी हिफाज़त को लेकर मैं एक पल के लिए भी फिक्रज़दा नहीं हुआ। बिफिक्री की वजह यह थी कि मैंने फिर कभी वैसा जोखिम नहीं लिया जो इस यादगार शिकार के आखरी दिन मैंने लिया था।

11

❋ नवंबर से मार्च तक हिमालय की निचली पहाड़ियों के मौसम का कोई जवाब नहीं और इन पांच महीनों में भी सबसे शानदार महीना होता है फरवरी। फरवरी में हवा बहुत खुशनुमा ढंग से करारी महसूस होती है और इस हवा में सांस लेने से लगता है जैसे कि हर सांस के साथ हमारे तन-बदन में नयी जान पड़ रही हो। नवंबर में खाने और गर्मी की तलाश में ऊंचे परबतों से आये पंछियों के समूह इस महीने में भी हमारे साथ यहीं होते हैं। पतझड़ और ठंड के दौरान तन कर नंगे खड़े पेड़ों पर यौवन की बहार इस महीने में फूटने लगी है और पत्तियों की कोंपल हरियाली और गुलाबीपन की कई छटायें दिखाने लगती हैं। जंगली जानवरों-परिंदों के खून से लेकर सब पेड़ों के दूध में, हवा सहित पूरे माहौल में बसंत का जादू घुल जाता है। भले ही उत्तर के ऊंचे-ऊंचे परबत हों या दक्खिन के मैदान या फिर यहां हिमालय के पैरों में सिमटी ये पहाड़ियां-बसंत रातों-रात आता है। एक रात जब आप सोते हैं वह तो सर्दी की रात होती है और अगली सुबह आप जागते हैं तो बसंत का पहला दिन होता है। आप पाते हैं कि आपके चारों तरफ कुदरत खुशियां मना रही है। इन खुशियों की वजह है- बसंत के मौसम की नियामतें, खाने-पीने को बहुत कुछ, गर्माहट और मिलन ऋतु के सुख। बाहर से आये हुए पंछी छोटे-छोटे झुंड बना रहे हैं। सब झुंड किसी नियत दिन आपस में मिलेंगे अपने लीडरों की कमान पर कबूतर, तोते, चिलबिलें और फल खाने वाले दूसरे पंछी घाटी में उड़ते हुए अपने घोंसले बनाने, अंडे देने पहले से तय की जगहों को चले जाएंगे। कीट-पतंगों को खाने वाले पंछी भी एक पेड़ से दूसरे पेड़ तक

छोटी-छोटी उड़ानें तेज़ी से भरते हुए वही रास्ता उसी मकसद से तय कर रहे होते हैं लेकिन यह बात अलग है कि एक दिन में वे कुछ ही मील आगे बढ़ पाते हैं- वह भी पूरी कोशिशों के बाद। जब बाहर से आये पंछी वापस लौटने की तैयारियों में जुटे होते हैं और हस्बेमामूल हिमालय की निचली पहाड़ियों पर रहने वाले पंछी अपना-अपना जोड़ा बनाते हुए घोंसला बनाने की जगह ढूंढ रहे होते हैं तो दोनों तरह के पंछियों की मिली-जुली आबादी से हमारा जंगल एकदम भर जाता है। इन पंछियों की मिली-जुली चहचहाट और तरह-तरह की आवाज़ों का जो मुकाबला पौ फटने के साथ शुरू होता है तो अंधेरा होने तक थमता ही नहीं। इस मुकाबले में सभी पंछियों की भागीदारी पूरी बराबरी से होती है। दूसरे पंछियों का शिकार करने वाले पंछी भी इस मुकाबले में शामिल हो जाते हैं—यहां तक कि बहुत ज्यादा हल्ला मचाने वाली चील भी लेकिन उससे भी बहुत ऊंचे उड़ती सांप मार चील नीले आसमान में सिर्फ एक बिंदी की तरह दिखती अपनी तीखी आवाज़ में जो संदेसे भेजती है वो जमीन पर भी साफ सुनायी देते हैं।

एक दिन हिंदुस्तान के बीच के हिस्से में मैं जंगल में नौजवान फौजियों की एक टुकड़ी को जंगल में लड़ाई (जंगल वॉरफेयर) के तरीके सिखा रहा था। इस टुकड़ी में ऐसे कई अफसर थे जो परिंदों में खासी दिलचस्पी रखते थे। हमारे ऊपर करीब-करीब जन्नत की ऊंचाई पर एक सर्पेंट ईगल (सांपमार) उड़ रही थी। यह सांपमार चील गोल-गोल दायरों में चक्कर लगा रही थी और लगातार चीख रही थी। इस टुकड़ी के अफसर इंग्लैंड के अलग-अलग हिस्सों से आये थे और उनकी तैनाती बर्मा (म्यांमार) में होनी तय थी। इनमें से किसी ने भी कभी सांपमार चील नहीं देखी थी। हरी घास के एक खुले मैदान में पहुंच कर मैंने उन्हें आसमान में तैरती वह काली बिंदी दिखायी। तुरंत दूरबीनें निकाल ली गयीं लेकिन इतनी दूरी पर तो दूरबीन भी कोई खास मददगार नहीं होती वह भी तब जब आप एक परिंदे को ठीक से देखने की कोशिश में हों। सब लोगों ने इस बात पर बड़ी नाउम्मीदी जाहिर की कि वे इतनी दूरी से ठीक से इस परिंदे को नहीं देख पा रहे हैं। अपने साथियों को बगैर हिले-डुले खड़े रहने के लिए मैंने कहा और अपनी जेब से तीन इंच लंबी एक पुंगी निकाली जो एक तरफ से दो भागों में बंटी हुई थी और इसका दूसरा सिरा बंद था। यह पुंगी बड़ी बारीकी से वैसी सीत्कार

भरी आवाज़ पैदा करती थी जैसी पुकार मुसीबत में पड़ा हिरण का कोई बच्चा निकालता है। इस पुंगी का इस्तेमाल मुझे अपनी ट्रेनिंग में सिखाया गया था—सिगनल या इशारे भेजने के लिए। वजह यही थी कि यही इकलौती कुदरती आवाज़ है जो हिरणों वाले जंगल में कभी-भी सुनायी पड़ सकती है- चाहे दिन हो या रात- और यह ऐसी आवाज़ है जिस पर दुश्मन आमतौर पर शक नहीं कर सकता। मेरी पुंगी से निकली आवाज़ सुनकर चील ने आवाज़ करना बंद कर दी। हालांकि सांपमार चील मोटे तौर पर सांपों से अपना पेट भरती है लेकिन हिरण का गोश्त खाने से उसे कोई खास गुरेज़ नहीं। अपने पंख बंद कर वह एकदम कई सौ फुट नीचे आ गयी और फिर से पंख खोल कर हवा में तैरने लगी। मेरी पैदा की हुई हर आवाज़ पर वह नीचे आती गयी और आखिरकार वह इतना नीचे आ गयी कि पेड़ों की फुनगियों और उसके बीच की दूरी खत्म सी हो गयी। वह इतनी नीचे आ गयी थी कि हम सभी ने बिलकुल साफ-साफ और काफी नजदीक से देखा उसे। क्या आप उन लोगों में से हैं जो बर्मा अभियान से सही सलामत घर पहुंच गये? यदि हां, तो आपको याद होगा कि छिंदवाड़ा के जंगलों में उस दिन आपको इस बात से कितना अफसोस हुआ था आपको, इस बात से कि आपके हाथों फोटो खींचने के लिए मैं उस सर्पेंट ईगल को किसी पेड़ की डाली पर नहीं बिठा सका था। चलिये मेरे साथ, और बसंत की इस सुबह मैं आपको उस सांपमार चील जैसी कितनी ही दिलचस्प चीज़ें और दिखाता हूं।

यादों के गर्त में काफी गहरे पैठे छिंदवाड़ा के उस दिन के बाद से आप जंगल-विद्या के रास्ते पर बहुत आगे बढ़ चुके हैं। अपनी हिफाज़त की इंसानी फितरत आपको यह सिखा चुकी है कि आपकी आँखें 180 डिग्री के दायरे में देख सकती हैं। शुरू में आवाज़ें पहचानना जो बड़ा मुश्किल काम लगता था अब आपकी फितरत का हिस्सा बन चुका है। और अपने लड़कपन में ही गुलाब और वायलेट की खुशबू के बीच फर्क करने की तमीज आप सीख चुके हैं इसलिए आपको अब फूल की बास से ही किसी पेड़ को पहचानने में मुश्किल नहीं होनी चाहिये- भले ही फूल पेड़ की फुनगी पर खिला हो या जंगल में कहीं भीतर छिपा हो।

यह बात तय है कि अब तक आपने जंगल के बारे में काफी कुछ सीख लिया

है अब आपको पता है कि जंगल की जानकारी ने आपकी हिम्मत, हिफाज़त और खुशियों में कितना इज़ाफा किया है लेकिन फिर भी सीखने को अभी काफी कुछ बाकी है और बाकी बचा हुआ इल्म सीखने के लिए बसंत की यह खूबसूरत सुबह एक बेहतरीन मौका पेश कर रही है। आपको वह नहर तो याद होगी जिसमें लड़कियां नहाया करती थीं। यही नहर हमारी जायदाद की उत्तरी सरहद तय करती थी और जहां यह नहर पानी की एक कुदरती धारा पार करती है वहां इसी नहर का जिक्र मैंने पहले एक्वीडक्ट (किसी धारा के ऊपर से पुल के जरिये पानी पहुंचाने के लिए बना ढांचा) के तौर पर किया है। इस एक्वीडक्ट का नाम 'बिजली दांत' है। यहां पहला एक्वीडक्ट सर हेनरी रैम्ज़े ने बनवाया था जो बाद में बिजली गिरने से टूट गया। यहां के लोग ऐसा मानते हैं कि बिजली उसी जगह गिरती है जहां कोई बुरी आत्मा सांप की शक्ल में रहती है- इसीलिए पुराने वाले एक्वीडक्ट की नींव इस्तेमाल न करते हुए उसी के बाजू में मौजूदा एक्वीडक्ट बनाया गया। यह एक्वीडक्ट पिछली आधी सदी से ठीक काम कर रहा है। जंगल की तरफ से आने वाले जंगली जानवर जो दस फुट चौड़ी नहर पानी में चल कर या कूद कर पार नहीं करना चाहते, वे इसी एक्वीडक्ट के नीचे से होकर गुजरते हैं इसलिए आज बसंत की इस खुशनुमा सुबह-इसी जगह से अपनी जंगल-यात्रा शुरू करेंगे।

एक्वीडक्ट की मेहराब के नीचे पैदल चलने के लिए बने रास्ते पर बिछी रेत पर जंगली खरगोश, काकड़, सुअर, सेही, लकड़बग्घे और सियारों के पैर के निशान मौजूद हैं। आज जिन निशानों को हम ध्यान से देखने जा रहे हैं वे हैं सेही के निशान। ये निशान तब बने हैं जब रात को हवा चलनी बंद हो चुकी थी और इन निशानों पर उड़ कर आयी रेत भी नहीं जमी है। पांच उंगलियों और गद्दी वाला, सेही के पैर का हर निशान एकदम साफ है क्योंकि सेही को किसी जानवर का पीछा करने की जरूरत नहीं होती और उसके पिछले पैर के निशान अगले पैरों के निशान पर नहीं पड़ते। सेही के पैर की हर छाप के आगे रेत में एक गहरा सा छेद बना हुआ है। ये छेद सेही के जबरदस्त नाखूनों से बनते हैं। सेही का पेट भरने में ये नाखून बड़े मददगार होते हैं। सेही के पिछले पैरों के निशान थोड़े लंबे से दिखते हैं। हालांकि सेही की पिछली गद्दियों

के निशान वैसे गहरे तो नहीं होते जैसे भालू के होते हैं लेकिन फिर भी इनकी बनावट ऐसी होती है जिसे देखकर आप दूसरे जानवरों और सेही के निशानों में आसानी से फर्क कर सकते हैं। यदि आप और ज्यादा तसदीक करना चाहते हैं तो आइये और ध्यान से इन निशानों को देखते हैं। देखिये, इन निशानों के बीच लंबी चलती बारीक-बारीक लकीरें आपको अब दिख रही होंगी- ये लंबी-पतली लकीरें सेही के पीछे लटकते कांटों से बनती हैं। सेही अपने नुकीले कांटों को तीर जैसे चला नहीं सकती। अपनी हिफाजत या दूसरे पर हमला करने का सेही का तरीका यह है कि वह अपने कांटे खड़े कर लेती हैं और पीछे को दौड़ती है। सेही की दुम पर उगे ये ढेर सारे कांटे भीतर से खोखले होते हैं। सेही अपने दुश्मनों को डराने के लिए इन कांटों को जोर से खड़खड़ाती है। इन कांटों का दूसरा इस्तेमाल सेही अपने बिल तक पानी पहुंचाने में करती है। पानी में डुबोने पर ये कांटे तुरंत पानी से भर जाते हैं और सेही इस पानी से अपने बिल को ठंडा रखती है। बिल की सिंचाई होने से उसमें धूल भी नहीं होती। सेही शाकाहारी होती है और फल, कंद-मूल और खेतों में उगी फसलों से अपना पेट भरती हैं। हिरणों के गिरे हुए सींग और तेंदुए, जंगली कुत्तों और शेरों के हाथों मारे गये हिरणों के सींग भी सेही खाती है- मुमकिन तौर पर अपने शरीर में कैल्शियम या कोई ऐसा विटामिन पूरा करने के लिए जो उनके रोजमर्रा के खाने में मौजूद न हो। हालांकि सेही छोटा सा जानवर है लेकिन इसका कलेजा बहुत मजबूत होता है और बड़े-बड़े दुश्मनों से जा टकराने में सेही को जरा भी हिचक नहीं होती।

एक्वीडक्ट से कुछ सौ गज ऊपर को धारा का सूखा पड़ा तल पथरीला है। इसमें जानवरों की आवाज़ाही से बनी एक पगडंडी को छोड़ कर कहीं और जानवरों की पगछाप दिखना मुश्किल ही है। थोड़ा और आगे चल कर हमें बारीक मिट्टी की एक लंबी पट्टी मिलती है। यह बारीक मिट्टी तलहटी वाली पहाड़ियों से बह-बह कर यहां जमा हो गयी है। सूखी धारा जंगल के जानवरों के लिए हाइवे की तरह है और यहां इस बारीक मिट्टी वाली पट्टी पर उनके निशान बड़े साफ उभरते हैं। सूखी धारा के इस हिस्से के दोनों तरफ लेंटाना की घनी झाड़ियां हैं जिनमें दिन के वक्त हिरण, सुअर, मोर, जंगल मुर्ग वगैरह अड्डा जमाये रहते हैं और रात के वक्त इन झाड़ियों पर सिर्फ

तेंदुए, शेरों और सेहियों का कब्जा रहता है। इन्हीं लेंटाना झाड़ियों में जो खड़-खड़ की आवाज़ आप सुन रहे हैं उससे आपको पता चलता है कि भीतर कोई जंगली मुर्ग कीड़ों की तलाश में सुखी पत्तियां कुरेद रहा है। यहां से सौ गज दूर सेमल के एक नंगे पेड़ की सबसे ऊंची टहनी पर जंगल मुर्ग का सबसे खतरनाक दुश्मन कलगीदार उकाब बैठा है। यह उकाब सिर्फ जंगली मुर्ग की ही नहीं, मोर का भी सबसे बड़ा दुश्मन है। ये दोनों पंछी इस उकाब की कुदरती खुराक हैं। यह बात मेरे ध्यान में थी कि जंगल में इन पंछियों के बच्चों और बड़ों की तादाद बराबरी की थी- इसका मतलब ये था कि ये पंछी अपनी हिफाजत खुद करने के काबिल थे यही सोचकर मैंने कलगीदार उकाब के साथ कोई छेड़छाड़ नहीं की लेकिन एक दिन मेरा यह रवैया बदल गया। यह वह दिन था जब चीतल के बच्चे की दर्द भरी पुकार सुनकर मैं तेजी से मौके पर पहुंचा और मैंने देखा कि एक कलगीदार उकाब ने हिरण के महीने भर के छौने को अपने पंजों में दबोच रखा है और चील उसका सिर चीथ रही है। बच्चे की बहादुर मां चील और अपने बच्चे के चारों तरफ गोल-गोल घूम रही है और अपने छौने की जान बचाने के लिए अपने अगले पैरों से उकाब पर वार करती जा रही है। मां की बहादुरी का इससे बड़ा और क्या सबूत हो सकता था कि उसे खरोंचें लगी हुई थीं और उसकी थूथन खून से भरी हुई थी। इतने बड़े उकाब से मुकाबला करना वाकई उसके बस में नहीं था। हालांकि उसके दुश्मन से तो मैंने उसे छुटकारा दिला दिया लेकिन उसके छौने के लिए मैं कुछ नहीं कर पाया — सिवाय इसके कि अपनी एक गोली से उसकी तकलीफों से उसे निजात दिला दूं। बात यह थी कि यदि मैं नन्हें छौने को बचा भी लेता, उसके घाव भी ठीक कर लेता लेकिन फिर भी उसकी आँखें मैं उसे नहीं लौटा सकता था। इस एक वाकये की कीमत बहुत से कलगीदार उकाबों ने उन जंगलों में चुकायी है जहां मैं शिकार करता रहा हूं। हालांकि छर्रेदार गोली या शॉटगन का इस्तेमाल करते हुए कलगीदार उकाब को मारने के लिए उसके नजदीक पहुंचना बड़ा मुश्किल है लेकिन सही निशाने वाली राइफल के लिए कलगीदार उकाब बढ़िया टारगेट साबित होता है। लेकिन फिलहाल, सेमल के पेड़ पर ऊंचे बैठे उकाब को हमसे डरने की जरूरत नहीं है क्योंकि आज हम सिर्फ चीजों को देखने-समझने के लिए सैर पर निकले हैं—छौनों

के दुश्मनों को सबक सिखाने नहीं। मेरे गुलेल वाले दिनों की बात है जब मैंने कलगीदार उकाब की किसी जानवर के साथ सबसे जबरदस्त मुठभेड़ देखी। यह मुठभेड़ बोआर पुल के थोड़ा पहले नदी के रेतीले तल पर हो रही थी। मुमकिन है, कि कलगीदार उकाब ने मछली मारने वाली बिल्ली को गलती से जंगली खरगोश समझकर उस पर झपट्टा मार दिया था और या तो उकाब अपने नुकीले और मुड़े हुए नाखूनदार पंजे बिल्ली के शरीर से छुड़ा नहीं पाया था या फिर उसका दिमाग ही फिर गया था कि वह बिल्ली के साथ ज़िंदगी और मौत की लड़ाई में गुत्थमगुत्था हो गया था। दोनों लड़ाकों के पास बराबरी के हथियार थे—बिल्ली के पास पंजे और तीखे दांत थे तो उकाब के पास अपनी नुकीली चोंच और खतरनाक नाखूनों वाले पंजे। यह बड़े अफसोस की बात है कि फोटोग्राफी उन दिनों स्टूडियो में कैद थी और मूवी कैमरे का किसी ने नाम भी नहीं सुना था— इसलिए इस लंबी और जीतोड़ लड़ाई की तस्वीर नहीं उतारी जा सकी। यदि बिल्ली के नौ जीवन होते हैं तो उकाब के दस होते हैं। इस लड़ाई का फैसला इसी बात से हुआ कि किसके पास कितनी ज़िंदगियां हैं। अपने दुश्मन को वहीं रेत में छोड़ अपनी एक और ज़िंदगी अपने पास बचाये हुए कलगीदार उकाब अपना टूटा पंख घसीटते हुए नदी में ही मौजूद पानी के एक जोहड़ में पहुंचा, जहां अपनी प्यास बुझाने के बाद उसने अपनी दसवीं ज़िंदगी अपने बनाने वाले के सुपुर्द कर दी। लेंटाना की झाड़ियों से कई रास्ते खुले मैदान की तरफ फूटते हैं। जब हम उकाब को देख रहे थे उस दौरान एक नर काकड़ लेंटाना की झाड़ियों से निकलकर पचास गज दूर मौजूद पानी की सूखी धारा की तरफ चला गया है- उसका इरादा इसे पार करने का है। यदि हम मूर्ति बन खड़े हो जाएं और वैसे ही खड़े रहें तो उसका ध्यान हमारी तरफ नहीं जायेगा। काकड़ को देख कर ऐसा अहसास होता है कि सब जानवरों में काकड़ ही सबसे ज्यादा चौकन्ना और हर आहट पर भागने को तैयार रहता है।

और यहां खुले मैदान में भी यह काकड़ अपने खुरों के बल खड़ा है। इसके पिछले पैर अंदर को मुड़े हुए हैं- एकदम भागने को तैयार। खतरे का अहसास इसे चाहे नजर से हो, आवाज़ से हो या गंध से। काकड़ का ज़िक्र कई जगह एक छोटे, कमीने और डरपोक जानवर के तौर पर किया जाता है और खतरे की चेतावनी देने के मामले

में इसे गैर-भरोसेमंद बताया जाता है। मैं यह नहीं मानता। किसी भी जानवर को कमीना नहीं कहा जा सकता क्योंकि कमीनापन सिर्फ इंसानों में ही पाया जाता है और काकड़ जैसा कोई भी जानवर जो घने जंगलों में शेरों के साथ रहता है उस पर डरपोक होने का इलज़ाम नहीं लगाया जा सकता। जंगल में खतरे की चेतावनी देने के मामले में जहां तक काकड़ के गैर-भरोसेमंद होने की बात है तो मुझ जैसे पैदल शिकार करने वालों को काकड़ से बढ़िया कोई दोस्त नहीं मिल सकता। काकड़ छोटा और कमजोर जानवर है और उसके दुश्मनों की तादाद बहुत ज्यादा है। यदि किसी हांके में वह शेर के बजाय अजगर या चितराले (पाइन मार्टिन) को देखकर चेतावनी भरी पुकार लगाये तो बेचारे को हमदर्दी की निगाह से देखा जाना चाहिये—उस पर भरोसे लायक न होने का इलजाम नहीं थोपना चाहिये। काकड़ और उसके साथियों के लिए अजगर और चितराला दोनों ही बेहद खतरनाक दुश्मन हैं। जब बेचारा काकड़ उन्हें देख कर चिल्लाता है वह सिर्फ अपने साथियों को इन खतरनाक दुश्मनों की मौजूदगी से खबरदार कर रहा होता है। एक चौकीदार के तौर पर यही उसका काम भी है।

काकड़ के ऊपर जबड़े में दो लंबे दांत होते हैं। ये दांत बहुत नुकीले होते हैं और यही उसकी हिफाज़त का अकेला जरिया भी होते हैं क्योंकि उसके सींग तो भीतर की तरफ गोल घूमे हुए होते हैं और बचाव के हथियार के तौर पर एकदम बेकार होते हैं।

इधर काकड़ सूखा नाला पार कर रहा है और उधर हमारी दायीं तरफ से कीट-पतंगों और परिंदों का सैलाब सा उड़ता हुआ हमारे नजदीक आ पहुंचा है।

पंछियों के इस सैलाब में वे परिंदे भी हैं जो बाहर से आये हैं और वो भी जो यहीं के बाशिंदे हैं। हम जहां है यदि वहीं खड़े रहें तो ये पंछी हमारे सिर के ऊपर से गुजरेंगे। सूखे नाले के दोनों तरफ उगे पेड़ों और झाड़ियों पर जब ये पंछी बैठ जाएंगे तो आप उन्हें बारीकी से देख कर पहचान सकेंगे। जब वे हमारे ऊपर से उड़ कर जा रहे होंगे तो भी आप उन्हें पहचान सकते हैं। जब तक कि कोई पंछी आपके बहुत नजदीक न बैठा हो तो तब उसके रंगों से उसे पहचान पाना बड़ा मुश्किल है। बैठे हुए पंछी के पीछे जब कोई ठोस चीज़ जैसे पेड़ का तना या घनी पत्तियां न हों या ऊंचे

बैठे पंछी के पीछे सिर्फ आसमान हो तो पंछी के रंग ठीक से नहीं दिखते और उन्हें पहचानने में मुश्किल होती है लेकिन हवा में उड़ता हर पंछी अपनी बनावट से और पंख हिलाने के तरीके से पहचाना जा सकता है। हमारी तरफ आते झुंड में हर पंछी या तो गा रहा है, चहचहा रहा है या सीटी बजा रहा है। इन पंछियों में दो तरह की सहेली चिड़िया, छोटी चोंच वाली लाल और संतरई छाती वाली सहेली चिड़िया। जब मुनिया पेड़ों और झाड़ियों की फुनगियों पर बैठ जाती है तो वहां से तीर के समान उड़-उड़कर हवा में उड़ रहे कीट-पतंगों को पकड़-पकड़कर खाती रहती हैं। इतनी शानदार पोजीशन पर बैठकर उन्हें अपनी साथियों और दूसरे तरह के पंछियों की वजह से भाग रहे कीट-पतंगे आसानी से नजर आते हैं। सहेलियों के साथ जो दूसरे पंछी हैं वे हैं-

1. छह तरह के रामगंगरे : भूरे, पीली गाल वाले, नीले पंख वाले, लाल चोंच वाले, सफेद आंख वाले और आम तौर पर दिखने वाले हरे रामगंगरे
2. चार तरह के मक्खीमार (फ्लाइकैचर) : सफेद भंवों और पंखे जैसी पूंछवाला, पंखे जैसी पूंछ और पीले रंग वाला, स्लेटी सिर वाला और नीले-हरे रंग वाला मक्खीमार।
3. छह तरह के कठफोड़वे : सुनहरी पीठ वाले, काली गुद्दी वाले हरे कठफोड़वे, बादामी पेट वाले, चितकबरे, चितकबरे ठिगने, पीली गुद्दी वाले और केंचुली सरीखे पेट वाला कठफोड़वा।
4. चार तरह की बुलबुलें : सामने के सुनहरे रंग वाली हरी, सफेद पंख वाली हरी, सफेद गाल वाली कलगोदार और लाल मूंछों वाली बुलबुलें।
5. तीन तरह के शकरखोरे : हिमालय वाला लाल रंग का बैंगनी और छोटा हरा शकरखोरा।

दो सौ और तीन सौ के बीच की तादाद में यहाँ मौजूद इन पंछियों के अलावा यहाँ एक जोड़ा सुनहरे पीलकों का भी है जो लगातार एक पेड़े से दूसरे पेड़ तक एक-दूसरे का पीछा कर रहे हैं। एक छोटा जंगल कोतवाल (भीमराज) भी यहाँ मौजूद है। यह अपने बड़े भाई जैसा हमलावर तो नहीं है लेकिन जिन पंछियों की रखवाली करते वह चल रहा है, उनके साथ कई रसीले निवाले यह छोटा जंगल कोतवाल भी ले चुका

है। अभी थोड़ी देर पहले मक्खीमार ने एक सूखी डाली से बड़ी मेहनत से एक मोटी इल्ली खोद निकाली थी उसे यह छोटा जंगल कोतवाल ले उड़ा। चिड़ियों की यह बड़ी जमात हमारे सिर पर से उड़ती हुई बायीं तरफ से जंगल में जा समायी है। अब जंगल की अकेली आवाज़ हमें सुनायी दे रही है, जंगल मुर्ग लैंटाना की झाड़ियों में पत्तियां कुरेद रहा है और इकलौता पंछी जो हमें दिखायी दे रहा है वह है कलगीदार उकाब। सेमल की सबसे ऊंची टहनी पर बैठा हुआ- पूरे सब्र और पूरी उम्मीद के साथ। चुपचाप।

लैंटाना से आगे दायीं तरफ किसी पार्क जैसी कुछ खुली जगह है। जहाँ बड़ी तादाद में आड़ू के पेड़ उगे हैं। इसी दिशा से हमें अब एक लाल बंदर की चेतावनी भरी आवाज़ सुनायी देती है। इसके एक सेकेंड बाद ही कम से कम पचास छोटे-बड़े बंदरों की उत्तेजना भरी चटर-पटर और चिल्लाने की आवाज़ सुनायी देती है। एक तेंदुआ निकला है और जिस ढंग से वह करीब-करीब खुली जगह में चल रहा है उससे यही लगता है कि फिलहाल वह शिकार पर नहीं निकला है और यदि यह बात सही है तो तेंदुआ इस वक्त उन गहरी खाइयों की तरफ जा रहा है जहाँ तेंदुए अक्सर गर्मी के मौसम में ठंडक पाने जाते हैं। आड़ू के पेड़ों के बीच से निकलते घुमावदार रास्ते का इस्तेमाल इंसान और जानवर दोनों ही करते हैं। करीब दो सौ गज आगे जाकर यह रास्ता, बरसाती पानी के उस रास्ते को काटता है जिसका जिक्र मैंने पहले कई बार किया है। मैं कह सकता हूँ कि करीब-करीब यह तय है कि तेंदुआ इसी रास्ते आयेगा और यदि हम जल्दी से डेढ़ सौ गज आगे जाकर बायीं तरफ वाले ऊँचे किनारे से टेक लगा कर बैठ जायें तो हमें तेंदुआ देखने को मिलेगा। बरसाती पानी का रास्ता यहाँ करीब पचास गज चौड़ा है। बायीं तरफ पेड़ों पर लंगूरों की बड़ी फौज कब्जा जमाये बैठी है। लाल बंदरों की चेतावनी का असर लंगूरों पर हुआ है और झुंड में मौजूद सारी मांओं ने अपने बच्चों को कसकर छाती से चिपका लिया है। सभी लंगूरों की आंखें उसी तरफ है जिधर से चेतावनी सुनायी दी थी।

आपको इस पगडंडी पर निगाहें जमाये रखने की जरूरत नहीं है क्योंकि पगडंडी के सबसे नज़दीक खड़े पेड़ की सबसे ज्यादा आगे तक फैली हुई डाली के सबसे बाहरी छोर पर बैठा लंगूर हमें तेंदुए की आमद से खबरदार करेगा। तेंदुआ दिखने

पर लंगूरों का बर्ताव लाल बंदरों से अलग होता है। इसकी वजह शायद यह है कि लंगूर अपने लाल सहोदरों के मुकाबले ज्यादा बेहतर ढंग से लामबंद होते हैं और लाल बंदरों के मुकाबले थोड़े कम बहादुर भी। किसी झुंड के सारे लाल बंदर तेंदुआ दिखने पर चटर-पटर करते हैं और भौंकते भी हैं। जहाँ मुमकिन हो तो पेड़ों की डालियों पर कूदते-फांदते काफी दूरी तक तेंदुए का पीछा भी करते हैं। लंगूर दूसरे ढंग से बर्ताव करते हैं। तेंदुए की निगाहबीनी करने वाला नौजवान लंगूर जब तेंदुआ देखता है तो 'खोक्-खोक्-खोक्' की आवाज़ निकालने लगता है। जब झुंड का लीडर नौजवान लंगूर की निगाह के सहारे या खुद तेंदुए को देख लेता है तो चेतावनी देने का काम वह खुद संभाल लेता है और नौजवान लंगूर चुप हो जाता है। इसके बाद झुंड का लीडर और उम्र में सबसे बड़ी मादा की चेतावनी की आवाज़ छींक से मिलती-जुलती होती है। तेंदुए को देख लेने के बाद उसका पीछा करने की कोई कोशिश नहीं की जाती। अब शुरूआती चेतावनी देने वाला नौजवान लंगूर अपने चारों पैरों पर खड़ा हो गया है और वह अपना सिर आगे को किये हुए है और दोनों तरफ झटके दे-देकर देख रहा है। हाँ, उसे यकीन है वह तेंदुए को देख सकता है इसलिये वह फिर भौंकता है। उसके पीछे बैठे उसके एक-दो साथियों पर भी इसी तरह चिल्लाने का दौरा पड़ता है। झुंड के लीडर की निगाह अब अपने खतरनाक दुश्मन पर पड़ती है और वह भौंकता है। इसके एक पल बाद ही बूढ़ी मादा लंगूर भी चेतावनी देती है। उसकी 'ट्च-ट्च' आवाज़ छींक जैसी लगती है। छोटे लंगूर अब एकदम शांत हो गये हैं और उनकी हरकतें सिर्फ मुंडी उचका-उचका के देखने और टेढ़े-मेढ़े मुंह बनाने तक ही सिमट कर रह गयी है।

बंदरों के झुंड को थोड़ी देर में कुदरती तौर पर ही यह अहसास होता है कि बसंत की इस सुहानी सुबह उन्हें तेंदुए से डरने की जरूरत नहीं है। यदि तेंदुआ भूखा होता और शिकार के इरादे से निकला होता तो यूं इस तरह खुले में सूखे बरसाती नाले में नहीं चल रहा होता बल्कि वह बगैर उनकी निगाह में पड़े दबे पांव आता और उनके एकदम नज़दीक आ पहुंचता। तेंदुआ, लंगूर जितना ही फुर्तीला और वजन में उनसे थोड़ा ज्यादा होता है और लंगूर को अपना शिकार बनाने में उसे कोई मुश्किल नहीं होती। लाल बंदरों का मामला अलग है। तेंदुआ आने पर वे पतली से पतली टहनियों

के आखरी छोर पर पहुंच जाते हैं। तेंदुए का सिर शान से ऊपर को तना है। सबेरे के सूरज की रौशनी उसकी खूबसूरत चित्तीदार खाल को और सुंदर बना रही है। अब वह पचास गज की खुली जगह पार कर रहा है और पेड़ों पर चिपटे लंगूरों के झुंडों की उसे रत्ती भर भी परवाह नहीं है। वह इसी तरफ आ रहा है। हम बगैर हिले-डुले चुपचाप बैठे हैं इसलिए उसका ध्यान हमारी तरफ नहीं जाता। वह एक बार ऊपर-नीचे देखता है और अपने बेफिक्र अंदाज़ में धीमे-धीमे आगे बढ़ने लगता है और ऊंची किनारे पर चढ़कर उस पार चला जाता है। वह हमारी आंखों से तो ओझल हो गया है लेकिन जब तक वह ऊंचे पेड़ों पर बैठे लंगूरों को दिखता है तब तक वे अपनी चेतावनी भरी आवाज़ से जंगल के दूसरे जानवरों को खबरदार करते रहते हैं।

आइये, अब जरा तेंदुए की पगछाप का जायजा लें। जहाँ यह रास्ता सूखे बरसाती नाले को काटता है वहां की मिट्टी लाल रंग की है। इंसानों के नंगे पैरों तले दब कर यह मिट्टी कड़ी हो चुकी है। इस सख्त लाल मिट्टी के ऊपर बारीक सफेद धूल की तह जमी हुई है—लिहाजा हमारे मकसद के हिसाब से हर चीज एकदम दुरुस्त है। फिलहाल चलिये, हम यह मान लेते हैं कि हमने तेंदुए को देखा नहीं है और यूं ही अचानक हमें उसकी पगछाप दिखायी दे गयी है। जो पहली बात हमारे ध्यान में आती है वह यह है कि हर पगछाप चीख-चीख कर बता रही है वह एकदम नयी बनी हैं-इससे हम यह कह सकते हैं कि तेंदुआ यहाँ से हाल ही में गुजरा है। पगछाप के नये होने का अहसास हमें इस बात से होता है कि जहाँ तेंदुए का वजन पड़ा है वहां की धूल एकदम चपटी हो गयी है और तेंदुए के पैर की गद्दी और नाखूनों के निशान बताने वाले धूल के उठान एकदम साफ सुथरे और करीब-करीब सीधे खड़े हैं। थोड़ी देर में हवा चलने से और सूरज की गरमी से दबी हुई धूल वापस उठ जायेगी और गद्दी और नाखूनों के निशान बताने वाली धूल की दीवारें धसक जाएगी। चींटियां और दूसरे कीड़े-मकोड़े इन पगछापों के ऊपर से गुजरेंगे, आसपास की धूल उड़ कर पगछापों पर बैठ जायेगी, घास के टुकड़े और सूखी पत्तियां उड़कर इन पर आ बैठेंगी या सीधे ऊपर से इन्हीं पर आ गिरेंगी और ऐसे करके धीरे-धीरे ये पगछापें गायब हो जायेंगी। ऐसा कोई पक्का नियम नहीं है जिसका इस्तेमाल कर आप यह पता लगा सके कि कोई

पगछाप कब बनी है, यह पगछाप शेर की है या तेंदुए की, कोई निशान सांप के चलने के से बना है या हिरण के पैरों से। लेकिन बारीकी से देखकर कई बातों को अपनी सोच के दायरे में लेकर आप काफी कुछ पता लगा सकते हैं। वे बातें हैं कि पगछाप खुले में है या छांव में, रात में कौन से कीड़े-मकोड़े निकलते हैं और दिन में कौन से, हवा आमतौर पर किस वक्त बहती है, ओस कब गिरनी शुरू होती है — इन सब बातों को ध्यान में रखकर आप करीब-करीब सटीक अंदाज लगा सकते हैं कि पगछाप कब बनी है।

फिलहाल, मौजूदा मामले में तो हम यह तसल्ली कर चुके हैं कि ये पगछाप ताज़ी दिखती हैं लेकिन इन पगछापों के बारे में सिर्फ यही अकेली दिलचस्प बात नहीं है। अभी तो हमें यह भी पता लगाना है कि यह तेंदुआ क्या था। नर या मादा? जवान या बूढ़ा? और यह कि यह जानवर छोटा था या बड़ा। पगछापों की गोलाई हमें बताती है कि यह तेंदुआ नर था। पांव की गद्दी में चटकन या झुर्री न होने से पंजों की गोलाई से और पूरी पगछाप की सुघड़ता से हमें पता लगता है यह तेंदुआ जवान था। जहाँ तक जानवर के साइज का पता लगाने की बात है—यहां आपकी निगाह की बारीकी और आपका तजुर्बा ही आपकी मदद कर सकते हैं। जब आपको काफी तजुर्बा हो जायेगा तो आप किसी तेंदुए या शेर की लंबाई बता सकते हैं—फर्क निकलेगा तो बस एक-दो इंच का ही। मिर्ज़ापुर के कोल जाति के लोगों से जब शेर के साइज़ के बारे में पूछा जाता है तो वे घास की पत्ती लेकर उससे पगछाप नापते हैं और फिर घास की पत्ती को रखकर उसे अपनी अंगलियों की मोटाई से नापते हैं। मैं यह नहीं बता सकता कि उनका यह तरीका कितना सटीक है। जहां तक मेरी अपनी बात है मैं तो पूरी पगछाप का मोटे तौर पर जायज़ा लेता हूं और साइज़ का अंदाज़ा लगाता हूँ। बात यह है कि साइज़ का अंदाज़ा लेने का कोई भी तरीका क्यूं न अपनाया जाये रहेगा तो वह अंदाज़ा ही।

जहाँ पगडंडी सूखे नाले को काटती है वहाँ से थोड़ा आगे रेत की एक पट्टी है। इस पट्टी की रेत मजबूती से अपनी जगह जमी है और पट्टी के एक तरफ़ चट्टानें हैं और दूसरी तरफ ज़मीन का ऊँचा उठाव है। जंगल में जब आप हों तो यह पता लगाने

में बड़ा मज़ा आता है कि सांभर या हिरणों के किसी झुंड में कुल कितने जानवर हैं। झुंड के जानवरों में एक-एक को यदि आप पहचानने लगें तो आपको और भी ज्यादा मजा आयेगा। यदि आप ऐसा करते हैं तो अगली बार किसी झुंड को देखकर बता सकते हैं इनमें कोई किसी शेर-तेंदुए का शिकार बनकर कम हुआ है क्या। अलावा इसके, जब आप किसी झुंड को पहचानने लगते हैं तो आपके दिल में उस झुंड के लिये दोस्ती का जज़्बा पैदा हो जाता है। आपको इस बात में खुशी मिलती है कि इस पूरे झुंड को आप पहचानते हैं।

यदि झुंड खुले मैदान में है तो हिरणों की गिनती करने में कोई मुश्किल नहीं — बस सबके सीगों का साइज़ और उनकी बनावट नोट करते चलिये, मादाओं और बच्चों की गिनती करते जाइये। कभी-कभी मामला ऐसा भी होता है कि झुंड का एक हिरण दिखायी देता है और बाकी हिरण-हिरणियाँ दरख्तों या झाड़ियों के पीछे होते हैं। पीछे छिपे इन हिरणों का बाहर निकालने का एक तरीका मैं आपको बताता हूँ जो दस में से नौ बार कामयाब साबित होगा। जो हिरण आपको दिख रहा है उसके जितना नजदीक भी आप दबे पाँव पहुँच सकते हैं — पहुँच जाइये और फिर किसी पेड़ या झाड़ी के पीछे लेट जाइये और तेंदुए की आवाज़ निकालिये। सभी जानवर कुदरती तौर पर यह ताड़ जाते हैं कि आवाज़ कहाँ से आ रही है और जब हिरण आपकी तरफ देखने लगे तो पेड़ की आड़ में से अपना कंधा बाहर निकालिये ओर एक-दो बार ऊपर-नीचे हिलाइये या जिस झाड़ी के पीछे आप छिपे हैं उसकी पत्तियों को हिला दीजिये। यह हरकत देखकर हिरण चेतावनी भरी आवाज़ निकालेगा और छिपे हुये सब हिरण बाहर निकल कर इस हिरण के आजू-बाजू आ खड़े होंगे। कई बार यही करके मैं पचास-पचास हिरणों के झुंड को खुले में बुलाकर बड़े मजे से उनके फोटो खींच चुका हूँ। बहरहाल एक हिदायत भी मैं आपको देना चाहूँगा। तेंदुए या किसी और जानवर की आवाज़ निकालने की हिमाकत तब तक मत कीजिये जब तक कि आपको इस बात की पूरी तसल्ली न हो कि आसपास के इलाके में आपके अलावा कोई और इंसान मौजूद नहीं है। यह तसल्ली करने के बाद भी आप अपने चारों तरफ निगाह दौड़ा कर देखते रहिये कि आपको कोई खतरा तो नहीं है। आपको खबरदार करने की वजह भी

मैं बता रहा हूँ। एक रात मैंने बार-बार तेंदुए की आवाज़ सुनी और आवाज़ के उतार-चढ़ाव से मैं इस नतीजे पर पहुँचा कि तेंदुआ किसी भारी मुसीबत में है। अगले दिन भोर के पहले ही मैं यह पता करने निकल पड़ा कि तेंदुए के साथ क्या गड़बड़ हुई है। रात में तेंदुए ने अपनी पोज़ीशन बदल ली थी और अब वह नजदीक ही एक पहाड़ी पर मौजूद था और अब भी आवाज़ें निकाल रहा था। घास के मैदान की तरफ जाती जानवरों की आवाजाही से बनी एक पगडंडी पर मैंने अपने लिये एक ऐसी जगह चुन ली जिसका फायदा यह था कि तेंदुआ मुझे देखे-इसके पहले मैं उसे देख लेता। यहाँ एक चहारदीवारी के खंभे के पीछे मैं लेट गया और तेंदुए की पुकार का जवाब मैंने दिया। इसके बाद करीब आधे घंटे या थोड़ी ज्यादा देर पुकार के जवाब में पुकार का सिलसिला चलता रहा। तेंदुआ इस तरफ आ तो रहा था लेकिन, बड़े बेमन से और बड़ी चौकसी के साथ। जब तेंदुआ मुझसे करीब सौ गज दूर बचा तो मैंने आवाज़ निकालनी बंद कर दी। मैं जमीन पर औंधा लेटा हुआ था, मेरी कोहनियाँ जमीन पर टिकी थीं और ठुड्डी हाथों में टिकी थी। जिस पल मैं तेंदुए के नमूदार होने की उम्मीद कर रहा था उसी पल मुझे घास की हल्की सी सरसराहट अपने पीछे की तरफ से सुनायी दी और ज्यों ही मैंने घूमकर पीछे देखा तो खुद को सीधे राइफल की नाल में झाँकते पाया। पिछली शाम काफी देर से नैनीताल का डिपुटी कमिश्नर (कलेक्टर) कैसल्स और कर्नल वॉर्ड फारेस्ट बंगले में आ पहुँचे थे और यह बात मेरी जानकारी में नहीं थी कि उन्होंने एक तेंदुए के बच्चे को मार दिया है। रात भर इसी बच्चे की माँ की पुकार मुझे सुनायी देती रही थी और पौ फटते ही कर्नल वॉर्ड हाथी पर सवार होकर माँ का शिकार करने निकल पड़ा था। ज़मीन ओस से भीगी थी और महावत बड़ा होशियार था — इसीलिये बड़े बेआवाज़ तरीके से यूँ मेरे सिर पर वे आन खड़े हुये थे। वॉर्ड मुझे देख सकता था लेकिन अब वह उतना जवान नहीं था जितना कुछ बरस पहले तक वह था। इसके अलावा इतने सबेरे रौशनी भी बहुत अच्छी नहीं थी और वह राइफल की मक्खी का मिलान मेरे कंधे से नहीं कर पा रहा था इसलिये उसने महावत को हाथी थोड़ा और आगे बढ़ाने का इशारा किया था। यह तो हम सबकी खुशकिस्मती थी कि जब हाथी ने पेड़ों की डालियाँ हटायी थीं, जब वह मुझसे दस गज दूर था, जब बूढ़े महावत

ने मेरी तरफ इशारा किया था और जब वॉर्ड ने दुबारा मेरा निशाना लिया था - उसी वक्त हाथी ने वह टहनी छोड़ दी जिसे वह अपनी सूंड से पकड़े हुआ था। यही आवाज़ सुनकर मैं पलटा था और खुद को वॉर्ड की भारी राइफल की नाल में झांकते पाया था।

चीतलों के जिस झुंड की पगछाप हम दिलचस्पी के साथ देख रहे हैं, वह झुंड पिछली शाम रेत की पट्टी से होकर गुजरा था। रात में घूमने वाले कीड़े इन पगछापों के ऊपर से निकल चुके हैं और यहाँ खड़े पेड़ की पत्तियों से ओस की बूँदें भी इन पगछापों पर गिर चुकी हैं — इससे यही साबित होता है कि ये निशान पिछली शाम को बने हैं। अब यह हमसे एक मील दूर या पाँच मील दूर कहीं घास के मैदान में होगा या पेड़ों की आड़ में छिपा होगा लेकिन फिर भी हम झुंड में शामिल हिरणों की गिनती कर सकते हैं। गिनती कैसे की जायेगी — यह तरीका मैं आपको बताता हूँ। हम यह मान लेते हैं कि जब हिरण खड़ा हो तो उसके अगले और पिछले खुरों के बीच की दूरी तीस इंच होती है। अब अपने हाथ में एक छड़ी लीजिये और रास्ते पर एक लकीर खींच दीजिये। अब इस लकीर से तीस इंच की दूरी माप कर एक लकीर और खींच दीजिये। तीस इंच मापना इसलिये आसान है क्योंकि आपका जूता दस इंच लम्बा है। दोनों लकीरों का समानांतर होना जरूरी है। अब अपनी छड़ी की मदद से इन दोनों लकीरों के बीच में आने वाले खुरों के निशानों को गिनते चलिये। जिन छापों को आप गिन रहे हैं उन पर छड़ी की नोंक से निशान बनाते जाइये ताकि किसी छाप को दुबारा गिनने की गफलत न हो। आपकी गिनती का नतीजा निकला है तीस। इस संख्या को दो से भाग दे दीजिये और अब आप यह मान सकते हैं कि यहाँ से पंद्रह चीतल गुजरे थे। चाहे जंगली जानवर हों या पालतू यदि उनकी संख्या ज्यादा बड़ी नहीं है तो उनकी गिनती करने का यह तरीका एकदम सटीक साबित होगा। यदि जानवरों की तादाद दस तक है तो नतीजा एकदम सटीक निकलेगा और तादाद यदि ज्यादा है तो नतीजा करीब-करीब सही निकलेगा बशर्ते जानवरों के अगले और पिछले पैरों के बीच की दूरी आपको ठीक से पता हो। जंगली कुत्तों, सुअरों और भेड़ जैसे छोटे जानवरों के मामले में यह दूरी तीस इंच से कम होगी और सांभर और मवेशियों के मामले में यह दूरी तीस इंच से ज्यादा होगी।

आप में से जो लोग उन दिनों जंगल वॉरफेयर (गेरिल्ला लड़ाई) की ट्रेनिंग में मेरे साथ नहीं थे, उनकी जानकारी के लिये मैं यह बताना चाहता हूँ कि जंगल में इंसानों के पैरों के निशानों से भी कई बातें पता लगायी जा सकती हैं। इंसानी पैरों के निशान चाहे एक सड़क पर हों, कच्चे रास्ते पर हों या जानवरों के गुजरने वाले रास्ते पर या कहीं भी क्यूं न हों — वे चलते-फिरते इंसानों के बारे में कुछ न कुछ बताते जरूर हैं। चलिये, थोड़ी देर के लिये हम मान लेते हैं कि हम दुश्मन के मुल्क में हैं और हम जानवरों के गुजरने वाले एक ऐसे रास्ते पर आ जाते हैं जिस पर इंसानी पगछाप मौजूद है। यहाँ इन पगछापों में देखने वाली कई बातें हैं - साइज़, शक्ल, कीलों की मौजूदगी या गैर मौजूदगी, जूते में गट्टा लगा है या नहीं, एड़ी लोहे की नाल वाली है या सादी, जूते चमड़े के हैं या रबड़ के और इस तरह की कई ओर बातें। इन सब बातों से हमें पता चलता है कि ये निशान हमारी फौज के आदमियों की आवाजाही से नहीं बल्कि दुश्मन की फौज की किसी टुकड़ी के चलने से बने हैं। एक बार यह तय होने के बाद अब हमें यह पता करना है कि यह टुकड़ी यहाँ से कब गुजरी और टुकड़ी में कितने आदमी थे। पगछाप देखकर वक्त का पता लगाना आपको आता ही है। टुकड़ी में शामिल लोगों की तादाद पता करने के लिये हम एक लकीर खीचेंगे और एक पैर की उंगलियाँ इस लकीर पर टिका कर तीस इंच लंबा एक डग भरेंगे और एक दूसरी लकीर खींच देंगे। इन दोनों लकीरों के बीच एड़ी के जितने निशान हैं उतने ही आदमी यहाँ से गुजरे हैं। पैरों के निशान से कई और दिलचस्प बातें भी पता चलती हैं मसलन इन आदमियों के चलने की रफ्तार क्या थी। जब कोई इंसान आपनी मामूली रफ्तार से चलता है तो उसके बदन का वजन उसके पैर के निशान पर बराबरी से बंटा होता है और उसका एक कदम शरीर की ऊँचाई के मुताबिक तीस से बत्तीस इंच लंबा होता है। जैसे ही चलने की रफ्तार बढ़ती है तो वजन एड़ी पर कम और पंजे पर ज्यादा पड़ता है। एड़ी की छाप हलकी होती चली जाती है और पंजे की छाप भारी। यह फर्क हमें रफ्तार के साथ बढ़ता हुआ साफ दिखायी देता है। पूरी रफ्तार पर भागते इंसान के पैरों के निशानों में सिर्फ पैर के गोले ओर पंजे का दबाव ही दिखायी देता है। यदि टुकड़ी में सिर्फ दस या बारह ही लोग हों तो यह बताना भी मुमकिन है कि इनमें कोई

लंगड़ा कर भी चल रहा था क्या और यदि जमीन पर खून के निशान भी हैं तो यह बताया जा सकता है कि पलटन में कितने लोग जख्मी थे।

भगवान न करे कभी—लेकिन यदि कभी जंगल में कोई ज़ख्म लग जाये तो मैं आपको एक छोटा सा और बेहद मामूली सा पौधा दिखाऊंगा जो न सिर्फ आपके ज़ख्म को पकने से रोकेगा बल्कि ज़ख्म को इतना अच्छे से भर देगा कि कुछ पूछिये मत। ज़ख्म का इससे बेहतर इलाज मैंने तो कभी देखा नहीं है। बारह इंच की ऊंचाई तक बढ़ने वाला यह पौधा हिन्दुस्तान के सभी जंगलों में पाया जाता है और इसकी पतली, लंबी टहनी पर डेज़ी जैसा फूल खिलता है। इसकी पत्तियां खूब मांसल और दांतों के समान उगी होती हैं। पत्तियां देखने में गुलदाउदी की पत्तियों जैसी लगती है। इस्तेमाल के लिए आप कुछ पत्तियां तोड़ें और यदि आसपास पानी मौजूद है तो इन्हें धो लें ताकि इन पर बैठी धूल धुल जाये। अब अंगूठे और उंगली के बीच दबाकर इनका खूब सारा रस घाव पर निचोड़ लें। अब आपको कोई इलाज कराने की जरूरत नहीं है और यदि घाव बहुत गहरा नहीं है तो एक-दो दिन में एकदम ठीक हो जायेगा। इस पौधे का नाम भी बहुत खूब रखा गया है- ब्रह्मबूटी यानी 'भगवान का फूल।'

जंग के दिनों मे आपमें बहुत से लोग हिन्दुस्तान और बर्मा के जंगलों में मेरे अच्छे साथी रहे हैं। तब वक्त की कमी को देखते हुए यदि मैंने आपको सख्ती से ट्रेनिंग दी थी आपने काफी अरसा पहले मुझे इस सख्ती के लिए माफ कर दिया होगा। और मैं उम्मीद करता हूं कि जो उस ट्रेनिंग के दौरान आपने सीखा था, उसे आप भूले नहीं होंगे। मसलन आपको याद होगा कि जंगल में कौन से फल या फूल खाये जा सकते हैं। खाने लायक कंद-मूल हमें कहां ढूंढ़ने चाहियें। चाय या काफी की जगह क्या पिया जा सकता है। कौन से पौधों, पेड़ की छालों और पत्तियों का इस्तेमाल बुखार, चोट या गले के इलाज में किया जा सकता है। यह भी आपको याद होगा कि कौन से पेड़ों की छाल या बेलों का इस्तेमाल मरीज ढोने वाले स्ट्रेचर बनाने में किया जा सकता है। गहरी खाइयों और नदियों पर से भारी सामान और बंदूके वगैरह पार कराने के लिए रस्सी कैसे बनायी जाये। पैरों को गलने से बचाने और घमौरियों से बचने के लिए क्या करना चाहिए। बगैर माचिस या लाइटर के आग कैसे पैदा की जाती है, गीले जंगल

में सूखा ईंधन कैसे हासिल किया जा सकता है, बगैर बंदूक के शिकार कैसे करते हैं, बगैर बरतनों के खाना या चाय कैसे बनाते हैं। नमक न हो तो कैसे उनकी कमी पूरी करते हैं, सांप काटे का इलाज कैसे करते हैं, चोट कैसे ठीक करते हैं और पेट की बीमारियों से कैसे निजात पाते है- ये सब भी आपको अभी याद होगा। और यह तो आपको याद होगा ही कि जंगल में अपनी तंदरुस्ती कैसे बनाये रखें और जंगल में जानवरों के साथ बगैर झंझट के कैसे रहें। ये सब बातें और दूसरी ढेरों बातें आपने और मैंने साथ-साथ सीखीं। हममें से कोई हिन्दुस्तान के पहाड़ों से था तो कोई मैदानी इलाकों से, कोई इग्लैंड के शहर या गांव से था तो कोई संयुक्त राज्य अमेरिका से। कनाडा, ऑस्ट्रेलिया और न्यूजीलैण्ड के अलावा कई मुल्कों के और लोग भी हमारे साथ थे। ये सब बातें सीखने का यह मकसद कतई नहीं था कि हमें अपनी बाकी ज़िन्दगी जंगलों में गुज़ारनी है बल्कि मकसद यह था कि अनजानी बातों का डर हम अपने दिल से निकाल सकें और अपने दुश्मनों को यह साबित कर के दिखा दें कि हम उनसे बेहतर लोग हैं। एक-दूसरे के साथ रहते हुए जितना कुछ हमने सीखा वह सिर्फ चुटकी भर था क्योंकि कुदरत की किताब का कोई अंत नहीं- ठीक वैसे ही जैसे इस किताब की कोई शुरुआत भी नहीं।

बसंत की इस खुशनुमा सुबह हमारे पास अभी कुछ और वक्त है। अब हम तलहटी वाले इलाके में आ गये हैं। यहाँ की वनस्पति उस मैदानी इलाके से अलग है जहां से होकर अभी हम आ रहे हैं। यहां फाइकस और आडू के ढेरों दरख्त हैं। आडू के पेड़ों पर फल खाने वाले कई तरह के पंछी आ पहुंचे हैं। इनमें से सबसे दिलचस्प पंछी है बड़ा धनेश यानी हॉर्नबिल। हॉर्नबिल पेड़ की कोटरों में घर बनाते हैं और उनकी अजीब आदत यह है कि वे मादा को घोंसले में बंद कर देते हैं। इस आदत का खमियाजा नर धनेश को काफी मेहनत की शक्ल में चुकाना पड़ता है। मादा धनेश के नये पंख आते हैं और गर्भावस्था में बहुत मोटी हो जाती है। वह आमतौर पर दो अंडे देती है और अंडों के सेने के दौरान भी वह उड़ने लायक नहीं रहती। इसीलिए नर धनेश को पूरे परिवार के लिए खाना जुटाना पड़ता है।

बेडौल-बेढ़ब शरीर, बहुत बड़ी चोंच, चोंच के भीतर साउंड-बॉक्स और बड़ी

मुश्किल भरी, भारी सी उड़ान वाले इस पंछी को देखकर यही लगता है जब दुनिया बदल रही थी तो बदलाव के दौर में धनेश पीछे छूट गया होगा। अपनी मादा को कोटर में सीलबंद करने और खाने के लिए उसकी चोंच की नोक बराबर जरा सा छेद छोड़ने की यह आदत धनेश ने मुमकिन तौर पर हज़ारों बरस पहले इसलिये अपनायी होगी क्योंकि तब उसके ज्यादा ताकतवर दुश्मन रहे होंगे। आज तो उसके ऐसे कोई दुश्मन नहीं हैं जिनकी वजह से उसे अपनी मादा और बच्चों के लिए ऐसी किलेबंदी करनी पड़े। ऐसे सब पंछी जो पेड़ की कोटर में घर बनाते हैं या पेड़ के तने में छेद कर घोंसला बनाते हैं, उनके दुश्मन भी एक जैसे होते हैं। इनमें से कुछ पंछी जैसे रॉबिन और हुदहुद तो अपनी हिफाज़त के मामले में बड़े कमज़ोर होते हैं और इसीलिये सवाल यह उठता है कि इतनी बड़ी और ताकतवर चोंच की वजह से धनेश अपने दुश्मनों का मुकबला अच्छे कर सकता है तो पेड़ों पर घोंसला बनाने वाले सारे परिंदों में सिर्फ धनेश क्यों ऐसी किलेबंदी करता है। धनेश की एक और अनोखी और अजीब आदत है जो दूसरे पंछियों से मेल नहीं खाती। यह आदत है अपने पंखों को रंग से सजाने की। धनेश अपनी पूंछ के ऊपर एक थैलीनुमा जगह में पीला रंग लेकर चलता है और अपनी चोंच की मदद से अपने पंखों पर बनी सफेद पट्टियों पर इसे फैला लेता है। यह रंग इतना कच्चा होता है कि इसे रुमाल से पोंछ कर साफ किया जा सकता है। अपने पंखों की सफेद पट्टियों को धनेश पीले रंग से क्यों रंगता है- वह भी ऐसे रंग में जो पहली बरसात में ही धुलकर साफ हो जाता है? मैं इस सवाल का यही जवाब दे सकता हूं कि वह ऐसा खुद को कैमोफ्लाज करने दुश्मनों की निगाह से बचने के लिए करता है ताकि अपने दुश्मन या दुश्मनों की निगाह में आने से बच जाये। उसकी यह आदत उस गुज़रे जमाने की है जब उसके ऐसे कोई दुश्मन रहे होंगे। अब तो उसका इकलौता दुश्मन तेंदुआ है जिसका वह कभी-कभी शिकार बन जाता है और कैमोफ्लाज तेंदुए से उसकी हिफाजत के लिए एकदम बेकार है क्योंकि तेंदुआ तो रात को शिकार पर निकलता है।

फाइकस और आडू के पेड़ों पर धनेश के अलावा भी कई और परिंदे हैं। इनमें दो तरह के हरे कबूतर भी हैं- एक तो बंगाली और दूसरा सुई जैसी पूंछ वाला। दो तरह की भुनिया हैं—एक तो लाल छाती वाली और दूसरी आमतौर पर दिखने वाली हरी

मुनिया। चार तरह की बुलबुलें भी यहां हैं- हिमालय वाली काली बुलबुल, बंगाली बुलबुल, लाल मूंछों वाली बुलबुल और सफेद गालों वाली बुलबुल। तीन तरह के लंबी दुम वाले तोते हैं। ज़मीन पर गिरी पत्तियों को कुरेद-कुरेद कर दूसरे परिंदों के गिराये पके फल ढूंढ़ने वाली पचास एक चिलबल चिड़िया भी यहां मौजूद हैं। इन चिलबिलों ने पहाड़ों में अपने घर सबसे आखिर में छोड़े थे और अब लौटने वाले परिंदों ने सबसे पहला नंबर इन्हीं का होता है।

फाइकस के दरख्त के पास से एक फायर ट्रैक गुजर रहा है और इस फायर ट्रैक को काटते हुए जानवरों के चलने से बनी एक पगडंडी सीधे पहाड़ पर पहुंच जाती है जहां चट्टानी नमक चाटने जानवर आते हैं। नमक की चट्टान के पास ही एक तश्तरीनुमा जोहड़ है। एक छोटे से चश्मे से आने वाला पानी जोहड़ को खाली नहीं होने देता। नमक की चट्टान और पानी के बीच एक ठूंठ खड़ा है। यहां पहले कुसुम का एक ठिगना सा पेड़ था। इस पेड़ की डालियों पर चोरी से शिकार करने वाले लोग खूब मचान बांधा करते थे। यूं तो नमकीन चट्टानों और जानवरों के पानी पीने की जगहों पर शिकार की मनाही है लेकिन चोरी से शिकार करने वालों को कानून-कायदों की क्या परवाह। मैंने वहां से कई बार अपने हाथों मचान तोड़ फेंके लेकिन जब इससे कोई फायदा होता नहीं दिखा तो मैंने यह पेड़ ही काट डाला। मैंने कई जगह यह सुन रखा है कि नमकीन चट्टानों और पानी के पास मांसखोर जानवर भी दूसरे जानवरों को नहीं मारते। दुनिया के बाकी हिस्सों में मांसखोर जानवरों के दिल में कितनी दया होती है इसका मुझे पता नहीं लेकिन नमक चाटते हिरणों को खाने में हिन्दुस्तान के मांसखोर जानवरों की आत्मा जरा भी नहीं कचोटती। सच्चाई तो यह है कि इन्हीं जगहों पर मांसखोर जानवर अपना ज्यादातर शिकार करते हैं। इस नमकीन चट्टान के पास हमको ऐसी हड्डियों और सींगों के ढेर देखने को मिलेंगे जिन्हें सेहियों ने आधा खाकर छोड़ दिया है। हड्डियों और सींगों के ऐसे ढेर हमको ऐसी सभी नमकीन चट्टानों के पास मिल जाएंगे जिनके आसपास के जंगलों में हिरण और बंदर रहते हैं।

आइये, अब हम नमक वाली चट्टान से आगे निकल कर पहाड़ी पर और ऊंचे चढ़ जायें। यहां से निचली पहाड़ियों और उनके पैरों में बिछे जंगलों का नज़ारा वैसा

ही देखने को मिलता है जैसा कि किसी ऊंचे उड़ते पंछी को। हमारे सामने वही जंगल है जिसे पार करके हम यहां तक आये हैं। जहां से हमने आज का यह सफर शुरू किया था वह नहर भी हमें दिखायी दे रही है। यह जंगल बिलकुल वैसे का वैसा ही है जैसा कुदरत ने इसे बनाया था क्योंकि यहां कीमती इमारती लकड़ी नहीं पायी जाती और इसीलिए आदमी के हाथों बरबाद होने से यह जंगल बचा हुआ है। सामने की तरफ हलके हरे रंग के जो टुकड़े हमें दिख रहे हैं, वह शीशम की नयी पौध है। बरसाती धाराओं में शीशम के जो बीज बह कर आते हैं उन्हीं से यह पौध पैदा हुई है। ये पौधे जब बड़े हो जायेंगे तो बैलगाड़ी के पहियों और फर्नीचर के लिए शानदार मजबूत लकड़ी इनसे मिलेगी। गाढ़े हरे रंग के जो टुकड़े आपको दिखायी दे रहे हैं वे रुनी के पेड़ हैं। उन्हीं के बीच लाल बेरियों के झुंड हमको दिख रहे हैं। रुनी के पेड़ों से एक खास किस्म का पाउडर निकलता है जिनका तिजारती नाम 'कमला' है। यह कमला लाल रंग का पाउडर होता है जो रुनी के बेरी जैसे फल के साथ चिपका रहता है। ठंड के महीनों में जिस तरह पंछी खाने और गर्मी की तलाश में ऊंचे पहाड़ों से निचले पहाड़ों पर आ जाते हैं उसी तरह ऊंचे पहाड़ों पर रहने वाले गरीब लोग भी नीचे आ जाते हैं। वे यहां आकर मेहनत-मजदूरी करते हैं और जब भी मजदूरी के बीच उन्हें एकाध दिन का वक्त मिलता है तो बूढ़े, जवान, बच्चे सब मिलकर कमला पाउडर इकट्ठा करने जंगलों में आ जाते हैं। पाउडर इकट्ठा करने का तरीका यह है कि वे रुनी की डालियां काटकर इनसे बेरियां झाड़ लेते हैं। कम गहराई वाली बड़ी-बड़ी टोकरियों में बेरियां भरने के बाद टोकरी की भीतरी दीवारों से वे बोरियों को अपने हाथों से रगड़ते हैं। इस तरह बोरियों से रगड़ कर अलग किया गया पाउडर टोकरियों की दरारों में से झरते हुए नीचे बिछी चीतल की खाल या चौकोर कपड़े पर इकट्ठा होता जाता है। जब पाउडर की पैदावार भरपूर हो तो पांच लोगों का एक परिवार मियां-बीवी और तीन बच्चे मिल कर चार पाउंड (एक किलो में 2.2 पाउंड होते हैं) पाउडर इकट्ठा कर लेते हैं जिनकी बाजारी कीमत एक-दो रुपये होती है। हिन्दुस्तान और खाड़ी के मुल्कों में इस पाउडर का इस्तेमाल ऊन रंगने में होता है। यदि कुछ बेईमान बिचौलिये कमला पाउडर में ईंट के चूरे की मिलावट करना शुरू नहीं करते तो अमेरिका में मक्खन रंगने के लिए

इसका इस्तेमाल बंद नहीं होता। इस पाउडर का इस्तेमाल कई बीमारियों के इलाज में भी होता है। सरसों के तेल में रुनी की बेरियां उबाल कर इस्तेमाल करने से गठिया के दर्द में भी आराम मिलता है।

शीशम की पौध और रूनी के पेड़ों के बीच कुछ पेड़ खैर के हैं जिनकी पत्तियां पंखों जैसी भरी-भरी और नर्म हैं। खैर के ये पेड़ हलों के लिए तो लकड़ी देते ही हैं साथ ही यूनाइटेड प्रॉविन्सेस (संयुक्त प्रांत) के दसियों हज़ारों गरीब लोगों को घरेलू रोज़गार भी मुहैया कराते हैं। यह रोज़गार ऐसा है जो सर्दियों के चार महीनों में हज़ारों घरेलू कारखानों को दिन-रात चालू रखता है। इन कारखानों में जो माल तैयार होता है उसे कारोबारी ज़ुबान में कैटे च्यू कहते हैं। इसे बनाने में एक बाइप्रोडक्ट भी निकलता है जो कपड़ों और मछली के जालों को खाकी रंग में रंगने के लिए इस्तेमाल किया जाता है। जहां तक मेरा सोचना है, मिर्ज़ा नाम के मेरे एक दोस्त ने इसकी खोज की थी और ये खोज यूं ही खामख्वाह, गलती से हो गयी थी। हुआ यह कि मिर्ज़ा एक दिन बड़े-बड़े कड़ाहों में झांककर खैर के उबलते हुए टुकड़ों का जायजा ले रहा था कि उसके हाथ में पकड़ा सफेद रुमाल एक कड़ाहे में गिर गया। रुमाल बाहर निकलवाकर मिर्ज़ा ने धोबी के पास भिजवा दिया। जब रुमाल धुलकर आया तो मिर्ज़ा ने पाया कि सफेद रुमाल पर चढ़ा रंग रत्ती भर भी कम नहीं हुआ था। मिर्ज़ा ने धोबी को खूब डांटा और रुमाल को अच्छे से धोने की ताकीद की। धोबी जब दुबारा रुमाल लेकर आया तो उसने मिर्ज़ा को कसमें खाकर बताया कि अपने पेशे के सारे गुर उसने आज़मा लिए थे लेकिन रंग था कि छूटने का नाम ही नहीं ले रहा था। इस तरह मिर्ज़ा ने एक ऐसा पक्का रंग खोज निकाला जिनके दम पर आज इज्ज़तनगर में मिर्ज़ा ने बड़ा भारी रंगाई कारखाना खड़ा कर दिखाया है।

हरियाली की मिली-जुली छटाओं के बीच और भी कई रंग बिखरे पड़े हैं- हर पेड़ का अपना रंग है- नारंगी, सुनहरे, हल्के बैंगनी, गुलाबी और लाल रंग अपनी पूरी शिद्दत के साथ यहां मौजूद हैं। आप जिन पेड़ों पर नारंगी रंग के फूल देख रहे हैं वे ढांक के पेड़ हैं जो लाल माणिक के रंग वाला गोंद पैदा करते हैं। इस गोंद से बेहतरीन किस्म की रेशम रंगी जाती है। तीन-फुट लंबी सुनहरी डोरियों से चमकते पेड़

अमलतास के हैं। इसके बीज दो फुट लंबी नली की शक्ल वाले खोल में होते हैं। खोल में बीजों के साथ मीठी जैली भी होती है। पूरे कुमाऊं में इस मीठी जैली का इस्तेमाल पेट साफ करने के लिए दस्तावर के तौर पर होता है। हल्के बैंगनी फूलों वालों पेड़ कचनार के हैं। गुलाबी छटा वाले पेड़ कुसुम के हैं। हल्के गुलाबी से लेकर गहरे लाल तक की सारी छटायें जो इन पेड़ों पर दिख रही हैं वे फूलों की नहीं बल्कि कोंपलों और ताज़ी पत्तियों की हैं। कुछ महीनों बाद सेमल के फूल झड़ जायेंगे और उनकी जगह लकड़ी जैसे कठोर बीजों के कवच उग आयेंगे। अप्रैल के महीने में जब गर्म हवा चलनी शुरू होती है तो ये बीज कवच ऐसी ज़ोर की आवाज़ करते हुए फटते हैं जैसे कि हवाई जहाज़ गिराने वाली तोप के गोले छूट रहे हों। इनके फटने के साथ ही इनके भीतर से सफेद रेशमी रुई का गुबार सा निकलता है और इसका हर हिस्सा एक बीज के इर्दगिर्द फैला होता है। रुई का यह गुबार हवा में उड़कर लंबी दूरी तय करता है और बीजों को दूर-दूर तक पहुंचा देता है ताकि कुदरत के बगीचे में जीवन का चक्र चलता रहे। दरअसल जो बीज जानवरों या परिंदों के सहारे से एक जगह से दूसरी जगह नहीं पहुंचते, कुदरत ने ऐसे पंख दिये हैं, जिनके सहारे जरा सी हवा चलने पर वे उड़ने लगते हैं और कहीं से कहीं पहुंच जाते हैं। लेकिन कुछ अपवाद भी हैं। ऐसा ही एक पेड़ है जिसका फल छोटे हरे सेब की शक्ल का होता है जिसे कोई जानवर या पंछी नहीं खाता। यह पेड़ नदियों के किनारे ही उगता है और इसके बीजों के लिए बहता पानी वही काम करता है, जो बाकी बीजों के लिए पंछी, जानवर या हवा करती है। ऐसा ही एक फल नारियल का है जिसके खोल पर इतनी जटा जूट होती है कि वह पानी में तैरते हुए समंदर के एक किनारे से दूसरे किनारे तक पहुंच जाता है।

जहां से हमने अपना आज का सफर शुरू किया था—नहर के उस पार हमारा गांव है। चमकते हुए हरे और सुनहरे रंगों में खेतों के टुकड़े हैं जहां गेहूं के अंकुर फूटने लगे हैं और सरसों की फसल पूरे शबाब पर आ गयी है। गांव के सिरे पर सफेद लकीर सी दिख रही वह चहारदीवारी है जिसे बनने में पूरे दस बरस लगे थे। दीवार के उस पार लगातार वहां तक जंगल है जहां आसमान धरती से मिलता है। पूरब से पश्चिम तक जहां तक हमारी निगाह पहुंच सकती है हमारी दोनों तरफ जंगल ही जंगल है—

और हमारे पीछे की तरफ पहाड़ियों के उठाव-दर-उठाव लगातार तब तक ऊपर की तरफ बढ़ते दिखायी देते हैं जब तक कि वे हिमालय हज़ारों सदियों से जमी बर्फ का हिस्सा नहीं बन जाते।

बुलंदी से खड़े हिमालय की छांव में जिस खूबसूरत और शांत जगह पर हम बैठे हैं, जहां हमारे चारों तरफ जंगल ने बसंत की नयी-नयी झीनी चदरिया ओढ़ रखी है, जहां हवा का हर झोंका फलों की खुशबू लेकर आता है, जहां पूरा माहौल बेहिसाब पंछियों के खुशी भरे तरानों से गूंज रहा है—ऐसी जगह में एक पल के लिए तो अपनी दुनिया की तमाम परेशानियां भूलकर जंगल के इन साथियों की दुनिया को अपनी सांसों, अपनी आंखों और अपने कानों के जरिये हम अपने भीतर समेट सकते हैं। यहां जंगल में तो जंगल का ही कानून चलता है। जंगल का कानून तमाम इंसानी कानूनों से ज्यादा पुराना और उनसे हज़ारों-लाखों गुना बेहतर भी है। यह ऐसा कानून है जो हर जीव को अपनी जिंदगी जीने की इजाज़त देता है और इस ज़िंदगी में आने वाले कल की मुश्किलों और दुखों की फिक्र करने की गुंजाइश नहीं होती। खतरे हैं तो सबके लिए हैं। लेकिन ये खतरे जिंदगी में और जान फूंक देते हैं। इन खतरों की वजह से जंगल का हर बाशिंदा हमेशा चौकस-चौकन्ना और हमेशा तैयार रहता है लेकिन ये खतरे ज़िंदगी के मज़े को ज़रा भी कम नहीं करते। ज़िंदगी का यही मज़ा, यही आनंद अभी आपके चारों तरफ बिखरा पड़ा है। आप अब एक ऐसे इंसान हैं जो यह बता सकता है कि कौन सी आवाज़ कहां से आ रही है, जो हर जानवर या परिंदे को उसकी आवाज़ से पहचान सकता है और यह भी बता सकता है कोई जानवर या परिंदा यह पुकार क्यों लगा रहा है। आप यह सब बता सकते हैं वह भी पुख्ता सबूत के साथ। हमारी बायीं तरफ कहीं से एक मोर मिलन के लिए दीवाना हुआ जा रहा है। उसकी आवाज़ से आप बता सकते हैं कि वह अपने पूरे पंख खोलकर नाच-नाच कर अपने ऊपर वैसे ही रीझ रही मोरनियों के एक पूरे झुंड को रिझा रहा है। हमारे नज़दीक ही कहीं एक जंगल मुर्ग जबरन आसमान सिर पर उठाये हुए हैं- वह चिल्ला-चिल्ला कर जंगल में सबको यह बता रहा है कि उसे किसी की परवाह नहीं। उसकी इस बेपरवाही भरी बांगों का जवाब भी उसी के जैसे दूसरे जंगल मुर्ग दे रहे हैं और यही कह रहे हैं हमें भी किसी

की परवाह नहीं। न किसी कानून-कायदे की न किसी बाशिंदे की। परवाह न होना अलग बात है लेकिन जंगल में लड़ाई-झगड़े ज़रा कम ही होते हैं क्योंकि लड़ने वाले दोनों मुकाबले बाजों को दूसरों का शिकार बनने का खतरा उठाना पड़ सकता है। हमारी दायीं तरफ एक नर सांभर चेतावनी भरी पुकार से जंगल के दूसरे बाशिंदों को एक तेंदुए की मौजूदगी की खबर दे रहा है। सांभर की पुकार से यह भी जाहिर हो रहा है कि यह तेंदुआ इस वक्त खुली जगह में बैठकर धूप सेंक रहा है। यह वहीं तेंदुआ है जिसे घंटे भर पहले हमने देखा था। यह सांभर तब तक चिल्लाता रहेगा जब तक कि तेंदुआ, आराम करने के लिए घनी छाया वाले जंगल में न चला जाये। वहीं जाकर जंगल के इन जासूसों की पैनी निगाहों से वह बच पायेगा। जहां हम बैठे हैं वहां से कुछ नीचे एक झाड़ी में बीस से ज्यादा सफेद आंख वाले रामगंगरे, सफेद पंखों वाली बुलबुलें और भूरे सिर वाले दूधराजों ने मिलकर वहां पत्तियों से ढंकी आरामगाह में चैन से ऊंधते धब्बेदार छोटे उल्लू को खोज निकाला है और अब वे चिल्ला-चिल्ला कर अपने सब साथियों को बुला रहे हैं कि आओ और देखो हमने क्या ढूंढा है। उन्हें यह अच्छे से पता है कि इस समझदार पंछी के कान में घुसकर चिल्लाने में कोई खतरा नहीं है। यदि उल्लू अपने बच्चों की हिफाज़त कर रहा हो तो तभी वह कभी-कभार दिन की रौशनी में शिकार करता है। जहां तक इस छोटे उल्लू की बात है उसे यह अच्छे से मालूम है कि उसे तंग करने वाले ये पंछी सिर्फ मज़ा ले रहे हैं। भले ही ये पंछी उससे कितना ही डरते क्यों न हों, कितनी ही नफरत क्यों न करते हों लेकिन इस वक्त वे सिर्फ अपना खेल खेल रहे हैं। जब वे इस खेल से थक जायेंगे तो खुद ही उसे छोड़ कर चले जायेंगे और एक बार फिर आराम से ऊंघ सकेगा। हमारे चारों तरफ इस वक्त पूरा माहौल तरह-तरह की आवाज़ों से गूंज रहा है और हर आवाज़ का कुछ खास मतलब है। जंगल के तरानों में गूंज रही सबसे खूबसूरत आवाज़ शमा की है जो इस वक्त अपनी शर्मीली जानेमन को अपने साथ चलने के लिए पटा रहा है। ठक-ठक की यह आवाज़ सुनहरी पीठ वाले कठफोड़वे की है जो एक सूखे पेड़ में अपना नया घर बसाने के लिए उसके तने में सूराख कर रहा है। और ये खर-खरी तेज आवाज़ उस नर चीतल की है जो अपने रकीब को मुकाबले के लिए मैदान में उतर आने को उकसा रहा है।

आसमान में खूब ऊपर एक सांपमार चील चीख रही है। उससे भी काफी ऊपर उकाबों यानी गिद्धों का एक झुंड बड़े सब्र के साथ चक्कर लगा रहा है। दरअसल, कल पहले तो एक नीली टिटहरी ने और फिर कौओं के जोड़े ने गिद्धों को इस बात का सुराग दिया था कि शेर ने अपना अधखाया शिकार कहां छिपाया है। यही वही जगह है जहां अभी मोर नाच रहा है। गिद्ध आसमान में गोल-गोल घूमते हुए जैसे-जैसे और ऊपर उठते जा रहे हैं वैसे-वैसे आज मिलने वाले खाने के खज़ाने के बारे में उनकी उम्मीदें भी आसमान छू रही हैं।

भले ही आप अकेले हों या किसी दोस्त के साथ यहां बैठकर आप पूरा, पक्का हिसाब लगा सकते हैं कि इस जंगल-ज्ञान का आपके लिए क्या मतलब है। आपको यह अहसास होगा कि इस जंगल-ज्ञान की वजह से अपने-आप में आपका भरोसा कितना बढ़ गया है और अब जंगल घूमने में आपको पहले से कई गुना ज्यादा मज़ा आयेगा। जंगल में अब डर नहीं लगता क्योंकि आपको पता है कि जंगल में आपको कोई खतरा नहीं है। अब आप इस लायक हो गये हैं कि ज़रूरत पड़ने पर जंगल में मिलने वाली चीज़ों से ही अपना पेट भर सकते हैं। आप जहां भी हों वहीं लेटकर नींद ले सकते हैं—वह भी मन में रत्ती भर डर महसूस किये बगैर। अब आपको दिशा पता करना आ गया है। आपको पूरे वक्त इस बात का ध्यान रहता है कि हवा किस तरफ से चल रही है- अब जंगल में आप बेफिक्री से घूम सकते हैं- वक्त दिन का हो या रात का आप भटक नहीं सकते। हालांकि शुरु में आपके लिए यह ज़रा मुश्किल जरुर था लेकिन अब आपकी निगाह का दायरा 180 डिग्री हो गया है और इस दायरे में होने वाली बारीक से बारीक बात भी आपकी नज़रों से बच नहीं सकती। अब आप जंगल के किसी भी बाशिंदे (जानवर या परिंदे) की ज़िंदगी में शामिल हो सकते हैं क्योंकि आप उनकी भाषा समझने लगे हैं। आपको मालूम है कि कोई आवाज़ कहां से आ रही है- इसलिए आप आसानी से जानवरों की हर हलचल का पता लगा सकते हैं। अब आप एकदम बेआवाज़ तरीके से चलना सीख चुके हैं और आपका निशाना एकदम सध चुका है। अब यदि जंगल में आपको दुश्मन की फौज में किसी का सामना करना पड़े आप उसका सामना बगैर हीनभावना से कर सकते हैं। भले ही दुश्मन की

काबिलियत की कितनी ही तारीफ आपने सुन रखी हो आप खुद को उससे बेहतर ही पायेंगे क्योंकि आपकी ट्रेनिंग उससे ज्यादा बेहतर ढंग से हुई है- न तो आपको उससे कुछ सीखने की जरूरत है, न ही उससे डरने की।

अब वक्त हो गया है कि हम घर का रास्ता पकड़ें क्योंकि घर दूर है। जाना भी ज़रूर है—मैगी नाश्ते पर हमारी बाट जोह रही होगी। जिस राह हम आये थे, उसी से हम वापस लौटेंगे। रेतीले रास्ते पर जहां हमने चीतलों की गिनती उनके खुरों के निशानों से की थी, जहां तेंदुए ने पानी की धारा पार की थी। जहां पहाड़ियों से बहकर आयी महीन मिट्टी की सतह बिछी थी और जहां से रास्ता एक्वीडक्ट के नीचे से गुजरता है- वहां-वहां से गुजरते वक्त हम अपने पीछे पत्तेदार टहनी घसीटते हुए चलेंगे। ऐसा करने से हमारे पैरों के निशान मिटते चले जायेंगे। जानवरों के जितने निशान देखे हैं वे भी इस टहनी से मिटा देंगे ताकि कल या परसों या और अगले दिन जब हम जंगल में जायेंगे तो हमें यह पता रहेगा कि जो भी निशान हमें मिलेंगे वे आज हमारे यहां से लौटने के बाद ही बने हैं।

12

❋ जिन दिनों आप जंगल ज्ञान को अपने भीतर समा रहे होते हैं तब यह मुमकिन है कि आप में एक ऐसी संवेदना पैदा हो जाये, जिसे मैं किसी बेहतर लफ़्ज़ की तलाश में फिलहाल 'जंगल-संवेदना' कह रहा हूं। यह संवेदना जंगल में रहकर ही हासिल की जा सकती है- वह भी जंगल जीवन के साथ काफी नजदीकी रिश्ता कायम करके। इस संवेदना का मतलब है आपके अवचेतन का ऐसा विकास जो आपको खतरों से आगाह कर सके।

बहुत से लोग इस बात की कसम खा सकते हैं कि कई बार उन्हें अचानक ही कुछ महसूस हुआ और इस अहसास की वजह से उन्होंने जो कदम उठाया उससे वे किसी बड़े खतरे से बच गये। ये अहसास कहां से आया- इसका कोई जवाब नहीं है। कभी ऐसा होता है कि आपको अपने भीतर से चेतावनी मिलती है कि इस गली में और आगे न चलें और कुछ ही पलों बाद गली में बम फट जाता है। कभी ऐसा भी होता है कि आप किसी पेड़ की छांव में खड़े हैं और आप वहां से हटते ही हैं कि उसी पल पेड़ पर बिजली गिर जाती है। ऐसे किसी भी खतरे से जब आप बच जाते हैं तो वजह यह होती है कि आपको अपने भीतर अचानक कुछ महसूस होता है और आप एक झटके में खतरे से खुद को दूर कर लेते हैं। ऐसे मामलों में खतरा आपको 'मालूम' होता है या आपको खतरे का कुछ अंदाज़ होता है। गली में बम फटने का खतरा जंग या दंगे के दौरान हर कोई महसूस कर सकता है। बरसात में बिजली गिरने का डर भी लोगों के मन में होता है।

चौगढ़ आदमखोर के शिकार की कहानी में मैंने आपको दो वाकये बताये हैं जिनमें मुझे मेरे अवचेतन (Subconscious) दिमाग ने चेतावनी दी। यह चेतावनी मुझे उस वक्त मिली जब मेरा पूरा ध्यान इस आदमखोर के हाथों न मारे जाने पर लगा हुआ था। जो चेतावनी मुझे मिली वह यह थी कि आदमखोर मुझ पर हमला करने आने वाला है—पहले मामले में वहां लगे चट्टानों के ढेर से वह हमला कर सकता था और दूसरे मामले में उस ऊंची चट्टान से वह मुझ पर हमला कर सकता था जिसके नीचे से मुझे गुजरना था। इस तरह की चेतावनी बड़ी जायज़ और समझ में आने लायक थी। अब मैं आपको एक अन्य उदाहरण देना चाहता हूं जिसमें मुझे अपने अचेतन दिमाग से उस खतरे की चेतावनी मिली जिसका कोई अंदाज़ मुझे नहीं था। यह चेतावनी एक ऐसे खतरे के बारे में भी जिसके बारे में न तो मैंने सोचा था और न ही जिसका कोई शुबहा मेरे मन में था। इस मामले में जिस चीज़ ने मेरी जान बचायी उसे किसी बेहतर शब्द की तलाश में मैं फिलहाल 'जंगल संवेदना' (Jungle Sensitiveness) कह कर काम चला रहा हूं।

सर्दी के मौसम में हमारे कालाढुंगी वाले मकान में रहने के दौरान यह एक तरीके का रिवाज ही बन गया था कि गांव वालों की दरख्वास्त पर मैं कभी-कभार उनके लिए एकाध चीतल या हिरण मार गिराता था ताकि उन्हें गोश्त का स्वाद मिल सके। आमतौर पर खरीद कर गोश्त खाना उनके लिये बड़ा मुश्किल था और शिकार करने की उन्हें इजाज़त नहीं थी। एक शाम गांव के लोग मिलजुल कर मेरे पास आये और उन्होंने मुझे याद दिलाया कि कई दिनों से मैंने उनके लिए गोश्त का कोई इंतजाम नहीं किया है। साथ ही उन्होंने कहा कि कल उनका त्यौहार है और इस मौके पर मैं एक चीतल मार गिराऊँ तो वे अपना त्यौहार धूमधाम से मना लेंगे।

उन दिनों जंगल एकदम सूखा था। सूखी पत्तियों पर बेआवाज़ ढंग से चल पाना बड़ा मुश्किल था और जब तक मैं उनके लिए एक हट्टा-कट्टा नर हिरण ढूंढ कर गिरा पाता, उसके पहले ही अंधेरा छा चुका था। बहरहाल, अपनी पसंद का हिरण मार गिराने के बाद मैंने पाया कि हिरण को गांव तक ले जाने के लिए देर हो चुकी है तो मैंने हिरण को वहीं छोड़ देने का फैसला किया। हिरण को मैंने अच्छे से ढंक कर छिपा दिया। ताकि

तेंदुए, भालू और सूअर की लालची निगाहें उस पर न पड़ें। यह करने के बाद मैं घर की तरफ चल पड़ा। इरादा यह था कि सबेरे गांव वालों के साथ आकर मैं हिरण उठवा लूंगा।

मेरी गोली की आवाज़ गांव में लोगों ने सुन ली थी और घर पहुंचने पर मैंने पाया कि मज़बूत बांसों और रस्से से लैस दर्जन भर आदमी हमारी कॉटेज की सीढ़ियों पर मेरा इंतज़ार कर रहे हैं। मैंने उन्हें बताया कि मैंने उनके लिए एक बढ़िया हिरण का शिकार कर लिया है और सबेरे सूरज निकलने के वक्त यदि वे मुझे गांव के गेट पर मिलें तो उनके साथ जाकर मैं बता दूंगा कि हिरण मैंने कहां छिपाया है। गांव के ये आदमी तो घर से ही तय करके चले थे कि हिरण को अभी उठा लायेंगे। उन्होंने मुझसे कहा कि यदि मैं हिरण की निशानदेही कर दूं तो वे खुद अभी जाकर हिरण लाने की कोशिश करेंगे। इसके पहले मैंने जब भी गांव वालों के हिरण मारा था मैं रास्ते पर कुछ निशानियां छोड़ कर आता था जिनके सहारे वे शिकार तक पहुंच जाते थे। इस जंगल को वो भी उतनी अच्छी तरह जानते थे जैसे कि मैं जानता था। मुझे सिर्फ यह बताना होता था मेरी बनायी निशानियां किस फायर ट्रैक पर, किस मवेशियों वाले रास्ते पर या किस जंगली जानवरों वाले रास्ते पर कहां-कहां हैं। मारे गये जानवर को ढूंढ़ने का यह तरीका कभी फेल नहीं हुआ था लेकिन आज तो हिरण का शिकार मैंने सूरज ढलने के बाद किया था और चांद भी नहीं निकला था, इसलिए मैं कोई निशानियां नहीं छोड़ पाया था। और ये आदमी त्यौहार की तैयारियों में हिरण के गोश्त का बंटवारा रात को ही कर लेने पर उतारू थे। मैं उन्हें नाउम्मीद भी नहीं करना चाहता था इसलिए मैंने उन्हें कहा कि वे पोवालगढ़ वाले फायर ट्रैक पर ढाई मील तक चलें और वहां हल्दू के बड़े पेड़ के नीचे मेरा इंतज़ार करें। हल्दू का यह पेड़ बड़ा पुराना था और रास्ते की निशानी के तौर पर हम सब इसे अच्छे से जानते थे। जब एक-एक करके सब आदमी काटेज के गेट से बाहर निकल गये तो मैं चाय पीने बैठ गया। मैगी ने मेरे लिए चाय बना रखी थी।

अकेला आदमी जब चलता है तो वह आदमियों के झुंड के मुकाबले ज्यादा तेज़ी से रास्ता तय करता है—यह सोच मैंने आराम से, धीरे-धीरे चाय की चुस्कियां लेनी

शुरू कीं। अपनी राइफल उठाकर जब मैं इन आदमियों के पीछे निकला तो तब तक खासा अंधेरा हो चुका था। दिन में मैं कई मील चल चुका था लेकिन एक तंदरुस्त इंसान होने के नाते पांच-छह मील और चलने में मुझे ज़रा भी दिक्कत नहीं थी। हांलाकि इन आदमियों ने शुरुआत तो तेज चलने से की थी लेकिन अभी वे हल्दू के पेड़ तक नहीं पहुंच पाये थे कि मैं उनसे जा मिला। हिरण ढूंढ़ने में मुझे कोई मुश्किल नहीं हुई। जब उन्होंने हिरण को बांस पर बांध कर कंधों पर लाद लिया तो मैं उन्हें एक शॉर्टकट से गांव ले आया। इस शॉर्टकर्ट से आधा मील कम चलना पड़ता था। जब मैं वापस घर पहुंचा तो डिनर का वक्त हो चुका था। मैंने मैगी से कहा कि मैं अभी नहाने के बजाय, सोने के पहले नहाऊंगा। खाना लगवाने के लिए मैगी को कहकर मैं हाथ-मुंह धोने चला गया।

उस रात नहाने के लिए जब मैं कपड़े उतार रहा था तो मुझे यह देखकर बड़ा ताज्जुब हुआ कि मेरे रबरसोल वाले जूते लाल रंग की धूल से अटे पड़े थे और इसी महीन धूल की परत मेरे पैरों पर भी चढ़ी हुई थी। मैं अपने पैरों की साफ-सफाई का खासतौर पर बड़ा ध्यान रखता हूं, और इसी का नतीज़ा है कि मुझे कभी भी पैरों में कोई तकलीफ या बीमारी नहीं हुई। अब इस वक्त मैं समझ नहीं पा रहा था कि इतनी बड़ी लापरवाही मैं कैसे कर गया कि मेरे पैर इतने गंदे हो रहे थे।

छोटी-छोटी बातें हमारी याददाश्त को लगातार कुरेदती रहती हैं। कुरेदने का यह काम हमारे मन में लगातार चलता रहता है। जिन बातों का जवाब हम कोशिश करके भी नहीं ढूंढ पाते वह जानकारी खुद ही हमारे दिमाग की गहराइयों से निकलकर हमारे सामने आ जाती है।

काठगोदाम तक रेल शुरू होने के पहले जिस पुरानी ट्रंक रोड से सारी आवाज़ाही होती थी वह बिलकुल सीधी लकीर जैसे हमारे गेट से बोआर पुल तक जाती है। पुल से तीन सौ गज आगे यह रोड बायें मुड़ जाती है। इस मोड़ के दायीं तरफ उस वक्त पोवालगढ़ वाला फायर ट्रैक यहां आकार ट्रंक रोड से मिलता था। यह फायर ट्रैक कुछ सौ गज़ तक मौजूदा पोवालगढ़ मोटर रोड के साथ-साथ चलता था। बोआर पुल से पचास गज आगे दायीं तरफ उत्तर दिशा से आ रही कोटा रोड इस सड़क से मिलती

है। इन दो सड़कों के जोड़ और मोड़ के बीच सड़क थोड़ी गहराई से गुजरती है। बैलगाड़ियों की भारी आवाजाही की वजह से यहां की मिट्टी एकदम बारीक लाल धूल में तब्दील हो चुकी है। यहां सड़क पर इस बारीक लाल धूल की परत छह इंच मोटी है। इस गहरी धूल से बचने के लिए सब लोग सड़क और जंगल के बीच बची एक पतली सी पट्टी का इस्तेमाल करते थे। मोड़ की तरफ करीब तीन फुट तक रोड और पगडंडी दोनों एक छोटी पुलिया के ऊपर से गुज़रते हैं। इस पुलिया की दीवारें एक फुट मोटी और डेढ़ फीट ऊंची हैं ताकि बैलगाड़ियां रोड से नीचे ना गिरें। यह पुलिया कई बरसों से यूं ही बेकार पड़ी थी और इसकी निचली तरफ जहां कि पतली पगडंडी है वहां करीब दस वर्गफुट में रोड की बराबरी में रेत की मोटी परत थी।

मेरे पैर गंदे क्यूं हुए इसकी जानकारी मेरी याददाश्त में वापस आ गयी थी। चाय पीने के बाद जब मैं गांव वालों के पीछे पतली पगडंडी पर जा रहा था तब मैंने छह इंच मोटी धूल की परत पार की थी- मैंने सड़क का दाहिना किनारा पकड़ लिया था और पुलिया को पार करने के बाद मैंने दुबारा रोड पार की थी और फिर पगडंडी पकड़े रहा था। मैंने ऐसा क्यों किया था? अपनी कॉटेज से निकलने से लेकर अपने आदमियों से हल्दू के पेड़ के नजदीक जा मिलने तक मैंने ऐसी कोई आहट भी नहीं सुनी थी जिससे मुझे किसी तरह का शक-शुबहा होता और मेरी नज़र में भी शक पैदा करने वाली कोई बात नहीं आयी थी। मैंने ऐसा कुछ भी नहीं देखा था जिससे मुझे घबराहट हो। मुझे दिखती भी कैसे क्योंकि रात अमावस की थी। मुझे समझ में नहीं आया कि पुलिया पार करने के बाद मैंने रोड पार क्यों की थी और फिर दुबारा से रोड पार कर इस तरफ मैं क्यों आया था? क्या वजह थी? वही सोच-सोचकर मैं परेशान हो रहा था।

इस किताब में पहले मैंने ज़िक्र किया है कि जिस दिन मैंने यह ढूंढ़ निकाला था कि डैनसे की चुड़ैल की भायनक आवाज़ कुछ और नहीं बल्कि दो चिकनी टहनियों की आपसी रगड़ से पैदा हो रही आवाज़ थी, उसी दिन से जंगल में सुनी या देखी हर अजीबोगरीब चीज़ की वजह पता करने का शगल मैंने पाल लिया था। और हां, यहां तो मामला वाकई अजीबोगरीब था। इसका पता लगाना तो और भी जरूरी था इसलिये सड़क पर कोई आवाज़ाही शुरू होने के पहले ही अलस्सुबह मैं वहां पहुंच गया ताकि

मैं पिछली रात के वाकये की तह में जाने की कोशिश कर सकूं।

पिछली शाम हमारे गेट से निकलने के बाद गांव के आदमी एक झुंड की शक्ल में सड़क पर आगे बढ़े थे और गांव के गेट पर उन्हें तीन आदमी और मिल गये थे। अब कुछ चौदह आदमी हो गये थे। बोआर पुल पार करने के बाद इन लोगों ने झुंड के तौर पर चलते हुए पगडंडी पकड़ ली थी; फिर पुलिया पार की थी और मोड़ पर आकर उन्होंने 'बायें से दायें रोड पार की थी और फायर ट्रैक पकड़ लिया था। ये सब कहानी वहां बनी पगछापें बता रही थीं- चाहे वे इंसानों की हों या जानवरों की। उनके फायर ट्रैक पकड़ने के थोड़ी ही देर बाद एक शेर कोटा रोड से आ पहुंचा। उसने दोनों रास्तों के जोड़ पर मौजूद एक झाड़ी के नज़दीक अपने पंजों से ज़मीन कुरेदी, ट्रंक रोड पार की और फिर उसने भी पगडंडी पकड़ ली। यहां शेर की पगछापें मेरे आदमियों के पैरों के निशान के ऊपर छपी थीं। जब शेर पगडंडी पर करीब तीस गज तय कर चुका था तो पुल पर मैं आ पहुंचा था।

यह पुल लोहे का है और जाहिर तौर पर शेर मेरी आहट पा चुका था क्योंकि मैं तेज़ चल रहा था और अपनी चाल को बेआवाज़ बनाने की कोई कोशिश भी मैंने नहीं की थी। जब शेर को यह पता लगा कि कोटा रोड नहीं पकड़ रहा हूं बल्कि उसी की तरफ आ रहा हूं तो वह जल्दी से पगडंडी पर आगे बढ़ गया, पुलिया पर पहुंच कर उसने पगडंडी छोड़ दी और वहां पड़ी रेत पर लेट गया। उसका चेहरा सड़क की तरफ था और उसका सिर पगडंडी से सिर्फ एक गज दूर था। पगडंडी पर तो मैं शेर के पीछे ही चला आया था और जब मैं पुलिया से पांच गज के भीतर ही था तो मैं दायें मुड़ गया था। दायें मुड़कर मैंने छह इंच गहरी धूल में चलकर सड़क पार की थी और सड़क की दायीं किनार का घेरा काटते हुए मैं आगे बढ़ा था और पुलिया पार करने के बाद फिर से रोड क्रॉस करके पगडंडी पर आ गया था। और ये सब मैंने अनजाने में किया था ताकि शेर के एक गज नज़दीक से मुझे न निकलना पड़े।

मेरा यकीन है कि यदि मैं पगडंडी पर सीधा भी चलता रहता और शेर को इतने नज़दीक से पार कर लेता तो भी मेरा कोई नुकसान नहीं होता बशर्ते कि--

(क) मैं अपनी चाल से सीधा अपने रास्ते चला होता (ख) अपने मुंह से कोई

आवाज़ नहीं निकालता (ग) मैं कोई झटकेदार हरकत नहीं करता। मुझे मारन का कोई इरादा शेर के मन में नहीं था लेकिन उसके नज़दीक से गुज़रते वक्त यदि मैं जंगल की कोई आवाज़ या आहट सुनने की कोशिश करता, खांस देता, छींक देता या नाक छिनक देता- या फिर यूं ही राइफल को एक कंधे से दूसरे पर बदलता तो इस बात का खतरा था कि शेर घबराकर मुझ पर हमला कर देता। मेरा अवचेतन मन यह जोखिम लेने को तैयार नहीं था और मेरी जंगल संवेदना इस मौके पर मेरी ढाल बन गयी। मेरी यह जंगल संवेदना एक तरह से मेरी उंगली थाम कर मुझे एक बड़े संभावित खतरे से दूर ले गयी।

मेरे लिए यह बताना मुमकिन नहीं कि कितने मौकों पर अपनी जंगल संवेदना की वजह से मैं कितनी तरह के खतरों से बचने में कामयाब रहा हूं लेकिन यह अंदाज़ आप लगा सकते हैं कि इतने लंबे अरसे तक जंगल में रहने के दौरान सिर्फ एक ही बार मैं किसी खतरनाक जानवर से जिस्मानी तौर पर टकराया हूं। यही इस बात का सबूत है कि कोई चीज़ है जिसे आप मेरी जंगल संवेदना कहें या इसे मेरा फरिश्ता कहें जो ज़रूरत के वक्त मेरे साथ होता है और मेरी हिफाज़त करता है।